高等学校规划教材

化工实训

姜国平　主编

刘海　靳菲　靳治良　副主编

化学工业出版社

·北京·

《化工实训》以介绍化工仿真操作、实物投料生产、机械设备拆装为主线，注重培养学生规范操作、规范装配、安全生产、节能环保、团结合作等职业素质，通过运用实物、半实物或数字化动态模型，深层次地提升教学内容，使学生得到必要的分析能力训练和技能训练，为更好地适应工作岗位打下坚实基础。

《化工实训》共9章，重点介绍了化工阀门拆装、化工管路拆装、化工设备拆装等实训内容，同时介绍了典型煤化工产品——煤制甲醇生产过程（工段级）的仿真操作实训DCS操作方法，包括煤气化、变换、净化、合成、精馏共五个工段，结合现场安装的煤制甲醇流程模型进行内外操作训练，以及胶水制备、碳酸钙制备、二氧化碳吸收-解吸、乙酸乙酯产品生产四个实物投料生产过程的训练，此外还包括化工虚拟仿真实训等。

《化工实训》可作为本科和高职高专化工、医药、轻工等专业的教学用书，也可作为技术培训、岗位培训用书。

图书在版编目（CIP）数据

化工实训/姜国平主编．—北京：化学工业出版社，2018.7（2021.9重印）
高等学校规划教材
ISBN 978-7-122-32358-3

Ⅰ.①化… Ⅱ.①姜… Ⅲ.①化学工程-高等学校-教材 Ⅳ.①TQ02

中国版本图书馆CIP数据核字（2018）第121994号

责任编辑：徐雅妮 任睿婷　　装帧设计：关 飞
责任校对：边 涛

出版发行：化学工业出版社（北京市东城区青年湖南街13号 邮政编码100011）
印　　装：北京建宏印刷有限公司
787mm×1092mm 1/16 印张 $13\frac{1}{2}$ 字数324千字 2021年9月北京第1版第2次印刷

购书咨询：010-64518888　　售后服务：010-64518899
网　　址：http://www.cip.com.cn
凡购买本书，如有缺损质量问题，本社销售中心负责调换。

定　　价：39.00元

序言

随着新工科理念的提出，全国各高校以培养德学兼修、德才兼备、具有可持续竞争力的高素质创新型工程科技人才为目标，积极开展教学改革与转型。而转型的关键之处在于改变传统理念，解决工科大学生工程实践能力培养过程中存在的问题——工程实践能力不强。该问题的具体表现有：①学生在观念上对工程实践能力的重要性认识不足；②学生对工程实践的专业知识储备不足，对专业实践设备、工具了解、掌握得比较少，操作程序、操作技能知识储备不够；③学生个人实践技能欠缺。为解决以上问题，国内很多高校积极筹建校内工程实训基地，开设工程实训课程，以强化学生工程思维与能力的培养。

高校应该按照专业认证人才培养规律与目标，为学生提供工程技术应用能力训练的学习过程。如果高校能够建设属于自己的工程训练基地，就会和社会培训机构、企业入职培训融为一体，为学生提供更好的、全方位的工程技能培训。实训基地是实训教学过程实施的训练场所，其基本功能为：完成工程实训教学与职业素质训导，并逐步发展为培养高等工科教育人才的实践教学、工程技能及企业技术人员鉴定和高新技术推广应用的重要基地。实训基地包括两个方面：校内实训基地和校外实训基地，应该将校内实训和校外企业实习相结合，充分发挥各自的优势。工程实训的最终目的是全面提高在校工科类大学生和企业入职新员工的职业素质，最终达到"学生满意就业""企业满意用人"。

工科类大学生的工程实训意义深远，《化工实训》一书的出版正好满足了当前的人才培养需求。书中以介绍化工仿真操作、实物投料生产、机械设备拆装为主线，注重培养学生规范操作、规范装配、安全生产、节能环保、团结合作等职业素质，通过运用实物、半实物或数字化动态模型，深层次地提升教学内容，使学生得到必要的分析能力训练和技能训练，为更好地适应工作岗位打下坚实基础。

北方民族大学校长

郭旭国

二〇一八年六月六日

前言

目前，我国已经建成了世界上最大规模的高等教育体系，为现代化建设做出了巨大贡献。随着经济发展进入新常态，人才供给与需求关系发生变化，面对经济结构深刻调整、产业升级步伐加快、社会文化建设不断推进，特别是创新驱动发展战略的实施，地方高校要真正增强为区域经济社会发展服务的能力，为行业技术进步服务的能力，以及为学习者创造价值的能力。为此，国内很多高校筹建校内工程实训基地，开设工程实训课程，强化学生工程技能，从而满足行业发展、人才需求与学生就业的有机衔接。

工程实训是指在大学生即将毕业走进社会前期，经过工程装置的操作训练，加强实际动手操作能力和工程素养，从而为将来进入职场打下坚实的基础，也为顺利进入职场增加一定的竞争优势。

工科类大学生为何要进行工程实训呢？近些年大学生就业形势看紧，尤其是化工类专业的学生，虽然目前岗位求大于供，但是很多公司和企业依旧招不到合适的人才，应届毕业生的技能无法满足企业的任职需求。在这种情况下，大学生参加工程实训无疑是解决问题的最佳途径。化工类的工程实训，就是根据企业用人的需求，结合前沿技术开展大学生实训，让大学生通过专业的、系统的“工程实战”，提高工程实践能力，从而达到企业的用人标准。

随着我国社会经济的迅猛发展和职业资格准入制度的不断推进，对从事石油与化工行业的生产工程技术人员进行职业技能培训与鉴定尤为重要。为尽快适应经济与行业发展需求，本着提升石油与化工专业大学生的理论知识水平与实际操作技能的目的，我们编写了这本工程实训教材。本书遵循“坚持标准、结合实际，立足现状、着眼发展，突出技能、体现特色，内容精炼、深浅适度”的指导思想，从有利于教师教学和方便大学生及企业新员工培训学习出发，力求做到教材内容适应当前化工技术的发展，满足现代化生产人才的技能要求。

本书的主要特点有：

① 以化工单元操作和岗位操作技术为主线，着重介绍岗位操作必须掌握的

基本知识、基本理论、操作规范和设备维护等，考虑到化工工艺与化工装备的统一性，增加了机械类拆装项目，力求做到理论联系实际。

② 以目前化学工业中广泛使用的成熟技术及工艺为重点，同时介绍了近年来在化工生产中采用的新标准、新技术、新工艺和新设备，力求体现行业的技术发展趋势，如煤制甲醇仿真流程实训装置采用的就是目前国内煤化工比较先进的生产工艺路线。

③ 由浅入深、由易到难地提出问题、分析问题和解决问题。在每章后编入适量的习题，以帮助读者巩固所学知识，检验学习效果。

本书由北方民族大学姜国平主编，刘海、靳菲、靳治良副主编。第一～七章由姜国平编写，第八章、第九章由刘海、靳菲、靳治良编写。

在此，向对本书给予帮助和支持的天津市睿智天成科技发展有限公司、杭州言实科技有限公司等合作单位表示感谢。

限于编者水平，虽经努力，仍恐书中有不妥之处，敬请读者批评指正。

编者

2018 年 6 月

目录

第一章 化工阀门拆装实训 /1

第四章 离心泵拆装实训 /34

第五章 热交换器拆装实训 /41

第六章　塔设备拆装实训 /51

第七章　空气压缩机拆装实训 /59

第八章　煤制甲醇仿真实训 /66

第九章 实物投料生产操作实训 /149

参考文献 /203

第一章
化工阀门拆装实训

第一节　概　述

一、阀门的作用及特点

阀门是流体管路的控制装置，其基本功能是接通或切断管路介质的流通，改变介质的流通状态和流动方向，调节介质的压力和流量，保证管路中的设备正常运行。

工业阀门的大量应用是在瓦特发明蒸汽机之后。近二三十年来，由于石油、化工、电站、冶金、船舶、核能、宇航等方面的需要，对阀门提出了更高的要求，促使人们研究和生产高参数的阀门，其工作温度从超低温−269℃到高温1200℃，甚至高达3430℃，工作压力从超真空1.33×10^{-8}MPa到超高压1460MPa，阀门通径从1mm到600mm，甚至达到9750mm，阀门的材料从铸铁、碳素钢发展到钛合金和高强度耐腐蚀钢等，阀门的驱动方式从手动发展到电动、气动、液动、程控、数控、遥控等。

随着现代工业的不断发展，阀门需求量不断增长，一个现代化的石油化工装置就需要上万只各式各样的阀门，由此可见阀门使用量很大。由于阀门开闭频繁，加之制造、使用选型、维修不当，发生跑、冒、滴、漏现象，由此引起燃烧、爆炸、中毒、烫伤事故，或者造成产品质量低劣、能耗提高、设备腐蚀、物耗提高、环境污染，甚至造成停产等事故，因此化工企业希望获得高质量的阀门，同时也要求提高阀门的使用和维修水平。这对阀门的操作人员、维修人员以及工程技术人员，提出了新的要求，除了要精心设计、合理选用、正确操作阀门之外，还要及时维护、修理阀门，使阀门的“跑、冒、滴、漏”及各类事故的发生概率降到最低限度。

二、阀门的分类

阀门的用途广泛，种类繁多，分类方法也比较多。总体可分为两大类：

① 自动阀门：依靠介质（液体、气体）本身的能力而自行动作的阀门，如止回阀、安全阀、调节阀、疏水阀、减压阀等。

② 驱动阀门：借助手动、电动、液动、气动来操纵动作的阀门，如闸阀、截止阀、节流阀、蝶阀、球阀、旋塞阀等。

此外，阀门的分类还有以下几种方法。

（1）按结构特征分类（根据关闭件相对于阀座移动的方向）

① 截门型：关闭件沿阀座中心移动。

② 闸门型：关闭件沿垂直阀座中心移动。

③ 旋塞和球型：关闭件是柱塞或球，围绕自身的中心线旋转。

④ 旋启型：关闭件围绕阀座外的轴旋转。

⑤ 碟型：关闭件的圆盘围绕阀座内的轴旋转。

⑥ 滑阀型：关闭件在垂直于通道的方向上滑动。

（2）按用途分类

① 开断用：用来接通或切断管路介质，如截止阀、闸阀、球阀、蝶阀等。

② 止回用：用来防止介质倒流，如止回阀。

③ 调节用：用来调节介质的压力和流量，如调节阀、减压阀。

④ 分配用：用来改变介质流向、分配介质，如三通旋塞、分配阀、滑阀等。

⑤ 安全阀：在介质压力超过规定值时，用来排放多余的介质，保证管路系统及设备安全，如安全阀、事故阀。

⑥ 其他特殊用途：如疏水阀、放空阀、排污阀等。

下面主要以闸阀、截止阀、回转式调节阀、旋塞式调节阀、止回阀、弹簧式安全阀、隔膜阀、球阀、蝶阀为例进行拆装实训。

三、阀门拆装实训的目的

① 通过实训使学生和企业新员工认识工程中常用的阀门，了解其功用、结构特点和应用场合。

② 掌握常用阀门的工作原理和调整维护方法。

③ 掌握常用阀门的拆装操作要领和注意事项。

第二节　闸　阀

一、闸阀的结构特点

闸阀是指关闭件（闸板）沿通路中心线的垂直方向移动的阀门。闸阀在管路中只能作全开和全关切断用，不能作调节和节流用。闸阀是一种使用范围很广的阀门，一般口径 $DN \geqslant 50\text{mm}$ 的切断装置都选用闸阀，有时口径很小的切断装置也选用闸阀。闸板有两个密封面，最常用的楔式闸阀的两个密封面形成楔形，楔形角随阀门参数而异，通常为 50°，介质温度不高时为 52°。楔式闸阀的闸板可以做成一个整体，称为刚性闸板；也可以做成能产生微量变形的闸板，以改善其工艺性，弥补密封面角度在加工过程中产生的偏差，这种闸板称为弹性闸板。闸阀关闭时，密封面可以只依靠介质压力来密封，即依靠介质压力将闸板的密封面压向另一侧的阀座来保证密封面的密封，这就是自密封。大部分闸阀是采用强制密封的，即阀门关闭时，要依靠外力强行将闸板压向阀座，以保证密封面的密封性。闸板随阀杆一起做直线运动的闸阀为升降杆闸阀（又称明杆闸阀）。通常在升降杆上有梯形螺纹，通过阀门顶端的螺母以及阀体上的导槽，将旋转运动变为直线运动，也就是将操作转矩变为操作推力。开启阀门时，当闸板提升高度等于阀门通径时，流体的通道完全畅通，但在运行时，此位置是无法监控的。实际使用时，是以阀杆的顶点作为标志，即开不动的位置作为它的全开位置。为考虑温度变化出现锁死现象，通常在开到顶点位置后，再倒回 1/2～1 圈，作为全开阀门的位置。因此，阀门的全开位置，按闸板的位置（即行程）来确定。

1. 闸阀的优点

① 流体阻力小　因为闸阀阀体内部介质通道是直通的，介质流经闸阀时不改变其流动方向。

② 启闭力矩小，开闭较省力　因为闸阀启闭时闸板运动方向与介质流动方向垂直、与截止阀相比，闸阀的启闭较省力。

③ 介质流动方向不受限制，不扰流、不降低压力　介质可从闸阀两侧任意方向流过，均能达到使用的目的，更适用于介质的流动方向可能改变的管路中。

④ 结构长度较短　因为闸阀的闸板是垂直置于阀体内的，而截止阀阀瓣是水平置于阀体内的，因而结构长度比截止阀短。

⑤ 密封性能好　全开时工作介质的冲蚀比截止阀小。

⑥ 结构比较简单，铸造工艺较好，适用范围广。

2. 闸阀的缺点

① 密封面易损伤　启闭时闸板与阀座相接触的两密封面间有相对摩擦，易损伤，影响密封件性能与使用寿命，维修比较困难。

② 启闭时间长，高度大　由于闸阀启闭时须全开或全关，闸板行程大，开启时需要一定的空间，外形尺寸高，安装所需空间较大。

③ 结构复杂　闸阀一般都有两个密封面，给加工、研磨和维修增加了一些困难。闸阀零件较多，制造与维修较困难，成本比截止阀高。闸阀外形及结构见图 1-1。

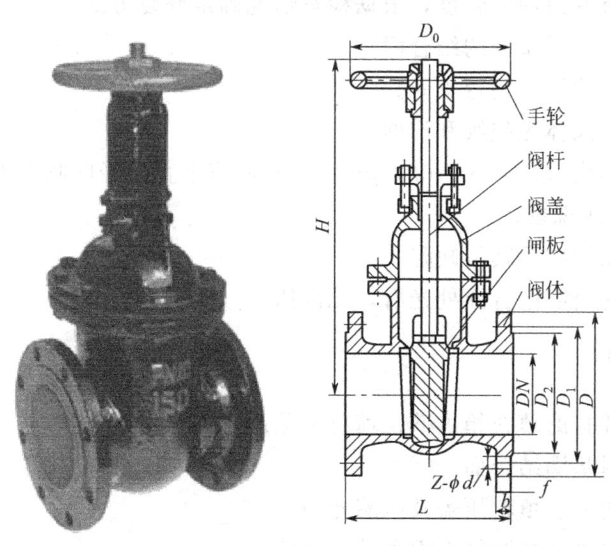

图 1-1　闸阀外形及结构示意图

二、阀体外部检查

① 清除脏物，拆除保温（实训过程阀门拆装与企业阀门检修情况不同）。

② 检查阀体外部缺陷，确保阀体无砂眼、无裂纹。

三、阀门的解体

① 解体前做好配合记号。

② 解体时阀门应处于开启状态。

③ 注意拆卸顺序。

④ 不要损伤零部件。

⑤ 清洗卸下的螺栓及零件。

⑥ 对合金钢阀门的内部零件应进行光谱复查。

⑦ 螺栓及零部件均应完好。

四、阀杆检查修理

① 清理干净阀杆表面污垢，检查阀杆缺陷。

② 必要时进行校直或更换。

③ 视情况进行表面氮化处理。

④ 阀杆弯曲度不大于阀杆全长的1‰，不圆度小于0.05mm。

⑤ 阀杆应光滑，无麻点、无划痕、无裂纹。阀杆与填料接触部位的均匀点蚀深度不大于0.3mm，其他部位无缺陷。

⑥ 阀杆螺纹完好，当磨损超过原厚度1/3时应更换。

五、闸板、阀座和阀体检查修理

① 检查闸板、阀座和阀体有无裂纹、沟槽等缺陷。

② 用红丹粉检查密封面吻合度，根据检查情况确定修复方式。

③ 打磨阀体与自密封垫圈的结合面。

④ 检查阀座与阀体结合是否牢固。

⑤ 闸板、阀座、阀体无裂纹和沟槽。

⑥ 密封面的粗糙度 Ra 应小于0.10μm，密封面应平直，径向吻合度不低于80%，且密封面接触均匀，无断线现象。

⑦ 阀体内部应无异物及其他缺陷。

⑧ 阀体与自密封垫圈结合面处光滑，无沟槽。

六、阀盖检查修理

① 清理填料箱并打磨填料箱内壁、填料压盖及座圈。

② 打磨阀盖与封垫圈结合面。

③ 确保填料箱内壁、填料压盖及座圈光洁。

④ 确保阀盖与自密封垫圈结合面平整、光洁。

七、支架检查修理

① 清洗止推轴承并检查轴承有无磨损、锈蚀和破碎。

② 检查支架上的阀杆螺母。

③ 检查支架有无损伤。

④ 打磨阀体结合面。

⑤ 检查轴承质量是否符合要求，若不符合，必须更换。

⑥ 检查阀杆螺母是否完好。

⑦ 检查支架有无损伤。

⑧ 检查阀体结合面是否光滑平整。

八、四合环（六合环）、垫圈等的检查修理

① 打磨四合环、垫圈。

② 检查四合环材质、硬度。

③ 确保四合环、垫圈光滑，无锈蚀。四合环厚度均匀，无破损、无变形现象。垫圈无变形、无裂纹等缺陷。

④ 四合环材质、硬度应符合要求。

九、组装

① 阀门组装时，阀门应处于开启状态。

② 按配合顺序组装。

③ 补充润滑剂。

④ 更换填料。

⑤ 调整闸板与阀座的接触面积。

⑥ 按顺序装入四合环。

⑦ 均匀紧固各部连接件。

⑧ 检查各部间隙。

⑨ 阀门在关闭状态下，闸板中心应比阀座中心高（单闸板为2/3密封面高度，双闸板为1/2密封面高度）。

⑩ 阀杆与闸板连接牢靠，阀杆吻合良好。

⑪ 各部间隙如下：垫圈与阀体阀盖间隙为0.10～0.30mm；阀杆与压盖间隙为0.10～0.30mm；填料与压盖间隙为0.10～0.15mm；阀杆与座圈间隙为0.10～0.20mm；座圈与填料箱间隙为0.10～0.15mm。

⑫ 附件及标牌应齐全。

⑬ 确保阀体保温良好。

十、开关试验

校对开关开度指示，检查开关情况，保证阀门在开关全行程无卡涩和虚行程。

十一、更换新阀门

① 除生产厂家有特殊要求外，闸阀都要进行解体检查及光谱复查。

② 对焊口进行100%探伤检查。

③ 必要时按规程要求做水压试验。

④ 各零部件应完好，材质及阀门质量应符合要求。

⑤ 焊口质量合格。

⑥ 水压试验时各结合面、密封面无泄漏。

第三节　截止阀

一、截止阀的结构特点

截止阀又称截门，是使用最广泛的一种阀门，它之所以广受欢迎，是由于开闭过程中密封面之间摩擦力小，比较耐用，开启高度不大，制造容易，维修方便，不仅适用于中低压，而且适用于高压。截止阀的闭合原理是，依靠阀杆压力使阀瓣密封面与阀座密封面紧密贴合，阻止介质流通。

阀门对其所在的管路中的介质起着切断和节流的重要作用，截止阀作为一种极其重要的截断类阀门，其密封是通过对阀杆施加扭矩，阀杆在轴向方向上向阀瓣施加压力，使阀瓣密封面与阀座密封面紧密贴合，阻止介质沿密封面之间的缝隙泄漏来实现的，截止阀结构见图 1-2。

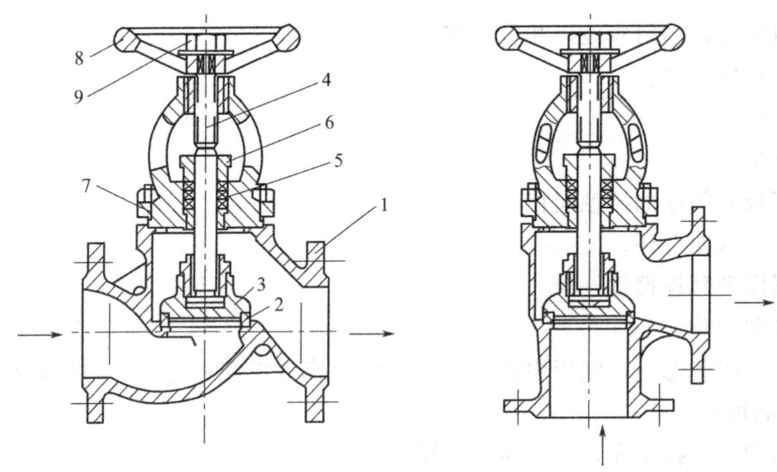

图 1-2　截止阀结构图

1—阀体；2—阀座；3—阀瓣；4—阀杆；5—填料；6—填料压盖；7—阀盖；8—手轮；9—螺母

截止阀的密封副由阀瓣密封面和阀座密封面组成，阀杆带动阀瓣沿阀座的中心线做垂直运动。截止阀启闭过程中开启高度较小，易于调节流量，且制造维修方便，压力适用范围广。

与工业生产中另外一种常用的截断类阀门闸阀相比，截止阀结构简单，便于制造和维修。从使用寿命上来说，截止阀密封面不易磨损及擦伤，阀门启闭过程中阀瓣与阀座密封面之间无相对滑动，因此对密封面的磨损与擦伤较小，所以提高了密封副的使用寿命。截止阀在全开全闭过程中阀瓣行程小，其高度相对闸阀较小。截止阀的缺点是启闭力矩较大，且难以实现快速启闭，因阀体内流道比较曲折，流体流动阻力大，造成流体动力在管路中损失较大。

二、阀体外部检查

① 清除脏物，拆除保温（实训过程阀门拆装与企业阀门检修情况不同）。

② 检查阀体表面有无重皮、裂纹、砂眼。

三、阀门的解体

① 解体前做好配合记号。

② 解体时阀门应处于开启状态。

③ 注意拆卸顺序。

④ 不要损伤零部件。

⑤ 清洗卸下的螺栓及零件。

⑥ 对合金钢阀门的内部零件应进行光谱复查。

⑦ 螺栓及零部件均应完好。

四、阀杆检查修理

① 清理干净阀杆表面污垢，检查阀杆缺陷。

② 必要时进行校直或更换。

③ 视情况进行表面氮化处理。

④ 阀杆弯曲度不大于阀杆全长的1‰，不圆度小于0.05mm。

⑤ 阀杆应光滑，无麻点、无划痕、无裂纹。阀杆与填料接触部位的均匀点蚀深度不大于0.3mm，其他部位无缺陷。

⑥ 检查阀杆螺纹是否完好，当磨损超过原厚度1/3时应更换。

五、阀座、阀体与阀瓣检查修理

① 检查阀座、阀体、阀瓣有无裂纹和沟槽。

② 用红丹粉检查密封面的吻合度，根据检查情况确定修复工艺。

③ 打磨阀体与自密封垫圈结合面，无法修复的可卸式阀座应更换。

④ 阀座、阀体、阀瓣应无裂纹，无沟槽。

⑤ 密封面应平直，密封面的粗糙度 Ra 应小于0.20μm，径向吻合度不低于80%，且密封面接触均匀，无断线现象。

⑥ 阀体内部应无异物及其他缺陷。

⑦ 阀体与自密封垫圈结合面处光滑，无沟槽。

六、阀盖检查修理

① 清理填料箱并打磨填料箱内壁、填料压盖及座圈。

② 打磨阀盖与封垫圈结合面。

③ 填料箱内壁、填料压盖及座圈应光洁。

④ 阀盖与自密封垫圈结合面应平整、光洁。

七、支架检查修理

① 清洗止推轴承并检查轴承有无磨损、锈蚀和破碎。

② 检查支架上的阀杆螺母。

③ 检查支架有无损伤。

④ 打磨阀体结合面。

⑤ 检查轴承质量是否符合要求，若不符合，必须更换。

⑥ 检查阀杆螺母是否完好。

⑦ 检查支架有无损伤。

⑧ 检查阀体结合面是否光滑平整。

八、四合环（六合环）、垫圈等的检查修理

① 打磨四合环、垫圈。

② 检查四合环材质、硬度。

③ 确保四合环、垫圈光滑，无锈蚀。四合环厚度均匀，无破损、无变形现象。垫圈无变形、无裂纹等缺陷。

④ 四合环材质、硬度应符合要求。

九、组装

① 阀门组装时，阀门应处于开启状态。

② 按配合顺序组装。

③ 补充润滑剂。

④ 更换填料。

⑤ 调整闸板与阀座的接触面积。

⑥ 按顺序装入四合环。

⑦ 均匀紧固各部连接件。

⑧ 检查各部间隙。

⑨ 阀门在关闭状态下，闸板中心应比阀座中心高（单闸板为2/3密封面高度，双闸板为1/2密封面高度）。

⑩ 阀杆与闸板连接牢靠，阀杆吻合良好。

⑪ 各部间隙如下：垫圈与阀体阀盖间隙为0.10～0.30mm；阀杆与压盖间隙为0.10～0.30mm；填料与压盖间隙为0.10～0.15mm；阀杆与座圈间隙为0.10～0.20mm；座圈与填料箱间隙为0.10～0.15mm。

⑫ 附件及标牌应齐全。

⑬ 确保阀体保温良好。

⑭ 填料及密封垫圈的质量应符合要求。

第四节　回转式调节阀

一、回转式调节阀的结构特点

回转式调节阀适用于中、低压锅炉给水管道和高压加热器疏水管道，通过转动圆筒形阀瓣使其与阀座形成的窗口面积改变，从而实现调节流量的目的。调节阀的回转启闭角度为60°，由调节阀上方的开度指示板来指示。可配用电动执行装置，实行远程自动化操作。回

转式调节阀结构见图 1-3。

回转式调节阀的主要结构特点有：

① 主要由阀体、阀座、阀瓣、阀杆、阀盖、指示板等组成。

② 阀门的流量调节通过圆筒形的阀瓣和阀座的相对回转以改变阀瓣上窗口面积来实现。

③ 阀门的开关范围由阀门上方的开度指示板指示，所指示的开关范围与阀门的开关范围一致。

④ 回转调节阀通过远距离控制器来操纵，回转角度为 60°。

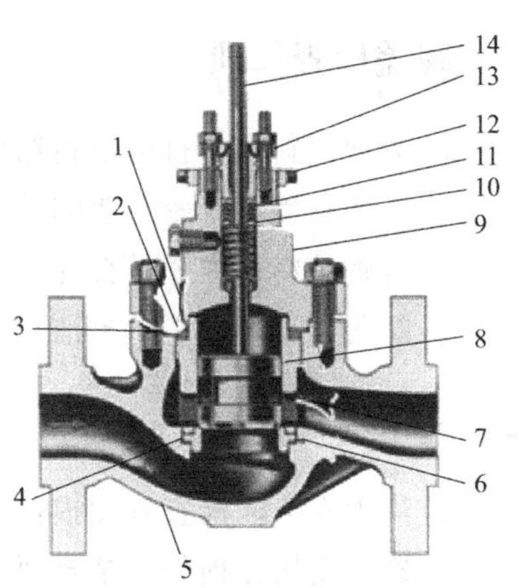

图 1-3 回转式调节阀结构图

1—阀盖垫片；2—缠绕垫片；3—阀笼垫片；4—阀座环；5—阀体；6—阀座环垫片；7—阀笼；8—阀芯；9—阀盖；10—填料函；11—填料；12—支架锁紧螺母；13—填料法兰；14—阀杆

二、阀体外部检查

① 清除脏物，拆除保温（实训过程阀门拆装与企业阀门检修情况不同）。

② 确保阀体无砂眼、无裂纹。

三、阀门的解体

① 解体前做好配合记号。

② 注意拆卸顺序。

③ 不要损伤部件。

④ 清洗卸下的零件。

⑤ 各零部件应完好。

四、阀杆检查修理

① 清理干净阀杆表面污垢，检查阀杆缺陷。

② 必要时进行校直或更换。

③ 视情况进行表面氮化处理。

④ 阀杆弯曲度不大于阀杆全长的 1‰，不圆度小于 0.05mm。

⑤ 阀杆应光滑，无麻点、无划痕、无裂纹。阀杆与填料接触部位的均匀点蚀深度不大于 0.3mm，其他部位无缺陷。

⑥ 检查阀杆螺纹是否完好，当磨损超过原厚度 1/3 时应更换。

五、阀座、阀体与阀瓣检查修理

① 打磨阀座套筒内壁，检查内孔有无损坏、变形。

② 检查阀瓣吹损情况及其不圆度。

③ 检查阀座与阀瓣磨损情况。

④ 阀座套筒内壁应光洁，无毛刺。

⑤ 阀瓣汽蚀、冲刷深度应小于 0.01mm，表面光洁，不圆度 $Ra<0.15$mm。

⑥ 阀瓣在阀座套筒内转动灵活，间隙为 0.10～0.30mm，间隙超过 1mm 时要更换新阀门。

六、阀盖检查修理

① 清理填料箱，打磨填料箱内壁。
② 打磨阀盖与自密封垫圈的结合面，必要时进行探伤。
③ 检查填料箱内壁是否光洁。
④ 阀盖结合面应平整光洁，无裂纹、无砂眼。

七、支架检查修理

① 清理支架，检查有无损伤，打磨与阀体的结合面。
② 确保支架无损伤，结合面光洁平整。

八、密封环、垫圈的检查修理

① 四合环光洁无锈蚀，厚度均匀。
② 垫圈无变形、断裂，内外径不圆度 $Ra<0.30$mm。
③ 四合环的中心应对准阀体上的小孔。

九、组装

① 按照阀门配合顺序进行组装。
② 阀杆部位适当补充润滑剂，以减小摩擦。
③ 更换失效的填料。
④ 按顺序装入密封环。
⑤ 均匀使力紧固各连接件。
⑥ 调整好各部分零部件之间的间隙。
⑦ 注意将阀瓣与阀座套筒上的流量释放孔对齐。
旋转式调节阀组装质量验收标准为：
① 组装顺序是否正确，现场有无剩余零部件。
② 添加润滑剂质量合格，补充适量。
③ 更换填料质量符合要求。
④ 密封环中心应对准阀体上的小孔，确保流体的通道顺畅。
⑤ 阀门附件各连接件是否紧固完好。
⑥ 阀杆与阀瓣连接处间隙符合装配要求。
⑦ 阀瓣与阀座导筒上的流量释放孔对齐。

十、开关试验

① 校对开关开度指示，检查开关情况。
② 阀门投运前，做好流量特性曲线试验。
③ 开关位置指示正确。阀门在开关全行程无卡涩，无虚行程和松动现象。
④ 流量特性曲线应符合要求。

十一、更换新阀门

① 除生产厂家有特殊要求外，阀门都应进行解体检查及光谱复查。

② 对焊接口进行100%探伤，确保其强度要求，学生拆装因为与工业生产性质不同，焊缝无损检查这里可以省略。

③ 注意安装方向，阀门上都标注有显示流体流动方向的“箭头”。

④ 企业在用阀门，在使用前要做耐压试验，学员工程实训作为教学环节，耐压试验不作考虑。

⑤ 新换阀门质量必须符合要求。

⑥ 焊口探伤合格，一般阀门出厂有质量检验合格证。

⑦ 注意阀门的标注安装方向是否正确无误。

⑧ 水压试验时，各结合面、密封面无泄漏，流量及调节特性符合设计要求。

第五节 旋塞式调节阀

一、旋塞式调节阀的结构特点

旋塞阀是用带通孔的塞体作为启闭件的阀门。塞体随阀杆转动，以实现启闭动作。由于旋塞阀密封面之间运动带有擦拭作用，而在全开时可完全防止与流动介质的接触，故它通常也能用于带悬浮颗粒的介质。旋塞阀的另一个重要特性是它易于适应多通道结构，以致一个阀可以获得两三个，甚至四个不同的流道。这样可以简化管道系统的设计、减少阀门用量以及设备中需要的一些连接配件。为了扩大旋塞阀的应用范围，已研制出许多新型结构。油润滑旋塞阀是最重要的一种。特制的润滑脂从塞体顶端注入阀体锥孔与塞体之间，形成油膜以减小启闭力矩，提高密封性和使用寿命。它的工作压力可达64MPa，最高工作温度可达325℃，最大口径可达600mm。旋塞阀的通道有多种形式，常见的直通式主要用于截断流体，三通和四通式旋塞阀适用于流体换向，旋塞式调节阀结构见图1-4。

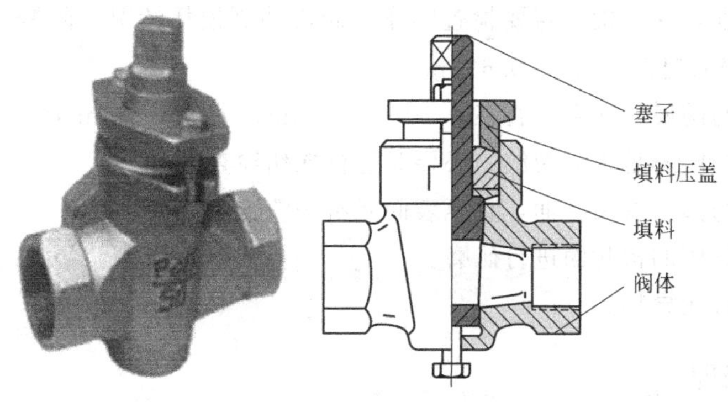

图1-4 旋塞式调节阀结构图

小型无填料的旋塞阀又称为旋塞阀“考克”。旋塞阀的塞体多为圆锥体（也有圆柱体），与阀体的圆锥孔面配合组成密封副。旋塞阀是使用最早的一种阀门，结构简单、开关迅速、流体阻力小。普通旋塞阀靠精加工的金属塞体与阀体间的直接接触来密封，所以密封性较差，启闭力大，容易磨损，通常只能用于低压（不高于 1MPa）和小口径（小于 100mm）的场合。

二、阀体外部检查

① 清除阀体外部脏物，如果有保温层，先拆除保温，企业很多阀门随同管道有保温层，实训中心阀门是独立的拆装件，没有保温层。

② 检查阀体外部缺陷：阀体有无砂眼及裂纹，阀门各附件是否齐全，螺栓等零部件是否松动。

三、阀门的解体

① 解体前做好配合记号。

② 注意拆卸顺序。

③ 注意不要损伤部件。

④ 清洗卸下的零件。

⑤ 对合金钢阀门的内部零件应进行光谱复查。

四、阀杆检查修理

① 清理干净阀杆表面污垢，检查阀杆缺陷。

② 必要时进行校直或更换。

③ 视情况进行表面氮化处理。

④ 阀杆弯曲度不大于阀杆全长的 1‰，不圆度小于 0.05mm。

⑤ 阀杆应光滑，无麻点、无划痕、无裂纹。阀杆与填料接触部位的均匀点蚀深度不大于 0.3mm，其他部位无缺陷。

⑥ 检查阀杆螺纹是否完好，当磨损超过原厚度 1/3 时应更换。

五、阀座（套筒）、阀瓣与阀体检查修理

① 在工矿企业，阀门检修需要检查阀座、阀瓣冲刷损坏情况。阀瓣与阀座的密封面应光洁，无伤痕。表面粗糙度 $Ra<0.63\mu m$。

② 检查阀座与阀瓣的间隙是否在 0.10～0.30mm，大于 1.0mm 时换新阀门。

③ 检查阀座与阀瓣是否无裂纹，必要时进行探伤检查。

④ 打磨阀体与阀盖的结合面，直至表面光滑平整。

⑤ 对阀瓣与阀座的密封面进行研磨。

⑥ 阀体内部应无异物。

六、阀盖检查修理

① 清理填料箱并打磨填料箱内壁、填料压盖及座圈。

② 打磨阀盖与封垫圈结合面。

③ 填料箱内壁、填料压盖及座圈光洁。

④ 阀盖与自密封垫圈结合面平整、光洁。

七、四合环、垫圈等的检查修理

① 打磨四合环、垫圈。

② 检查四合环材质、硬度。

③ 四合环、垫圈光滑，无锈蚀。四合环厚度均匀，无破损、无变形现象。垫圈无变形、无裂纹等缺陷。

④ 四合环材质、硬度符合要求。

八、组装

① 阀门组装时，阀门应处于开启状态。

② 按配合顺序组装。

③ 补充润滑剂。

④ 更换填料。

⑤ 按顺序装入四合环。

⑥ 均匀紧固各部连接件。

旋塞式调节阀组装质量验收标准为：

① 各部间隙符合要求。

② 组装顺序正确。

③ 润滑剂质量合格，补充适量。

④ 填料质量符合要求。

⑤ 附件及标牌齐全。

⑥ 阀杆与阀瓣连接良好。

⑦ 各部连接件紧固完好。

⑧ 各部间隙要求同闸阀。

九、开关试验

① 校对开关开度指示，检查开关情况。

② 阀门投运前，做好流量特性曲线试验。

③ 开关位置指示正确。阀门在开关全行程无卡涩，无虚行程和松动现象。

④ 流量特性曲线应符合要求。

十、更换新阀门

① 除生产厂家有特殊要求外，阀门都应进行解体检查及光谱复查。

② 对焊口进行100%探伤。

③ 注意安装方向。

④ 必要时按规程要求做水压试验。

⑤ 新换阀门质量必须符合要求。

⑥ 焊口探伤合格。

⑦ 安装方向正确无误。

⑧ 水压试验时，各结合面、密封面无泄漏，流量及调节特性符合设计要求。

第六节　止回阀

一、止回阀的结构特点

止回阀又称单向阀或逆止阀，其作用是防止管路中的介质倒流。水泵吸水开关的底阀也属于止回阀类。启闭件靠介质流动和力量自行开启或关闭，以防止介质倒流。止回阀属于自动阀类，主要用于介质单向流动的管道上，只允许介质向一个方向流动，以防止发生事故。

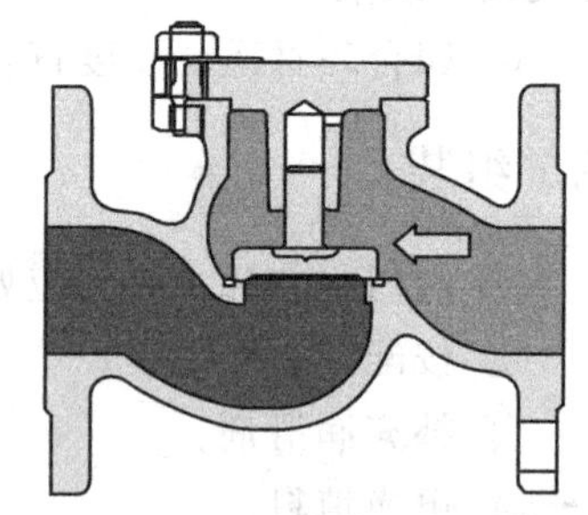
图 1-5　法兰式止回阀结构图

止回阀（check valve）按结构划分，可分为升降式止回阀、旋启式止回阀和蝶式止回阀三种。升降式止回阀可分为立式和直通式两种。旋启式止回阀分为单瓣式、双瓣式和多瓣式三种。蝶式止回阀分为蝶式双瓣、蝶式单瓣，以上几种止回阀在连接形式上可分为螺纹连接、法兰连接、焊接和对夹式连接四种。法兰式止回阀结构见图 1-5。

二、阀体外部检查

① 清除脏物，拆除保温。
② 检查阀体表面有无重皮、裂纹、砂眼。

三、阀门的解体

① 解体前做好配合记号。
② 注意拆卸顺序。
③ 注意不要损伤部件。
④ 清洗卸下的零件。
⑤ 对合金钢阀门的内部零件应进行光谱复查。

四、检查阀杆、弹簧

检查阀杆与弹簧有无裂纹、变形和腐蚀。

五、检查阀瓣与阀座密封面

研磨时要用研磨胎或研磨棒分别研磨阀瓣与阀座，不可对研，也可用专用研磨工具研磨。阀门研磨工艺，密封面表面粗糙度 Ra 应小于 0.20μm。

六、检查阀体及其连接焊缝

检查阀体及其连接焊缝有无砂眼、裂纹等缺陷。

七、检查翻板式止回阀旋转轴

① 检查旋转轴变形、裂纹、磨损和腐蚀情况。

② 检查翻板开关情况。

③ 检查旋转轴有无变形、裂纹、磨损和腐蚀等缺陷。

④ 检查翻板开关是否灵活。

八、阀盖检查修理

① 清理填料箱并打磨填料箱内壁、填料压盖及座圈。

② 打磨阀盖与封垫圈结合面。

③ 填料箱内壁、填料压盖及座圈应光洁。

④ 阀盖与自密封垫圈结合面应平整、光洁。

九、检查导向轴、四合环

① 检查导向轴变形、裂纹、磨损和腐蚀情况。

② 打磨四合环、垫圈。

③ 检查四合环材质、硬度。

④ 四合环、垫圈应光滑，无锈蚀。四合环厚度均匀，无破损、无变形现象。垫圈无变形、无裂纹等缺陷。

⑤ 四合环材质、硬度符合要求。

⑥ 导向轴无变形、裂纹等缺陷。

十、组装

① 按配合顺序组装。

② 按顺序装入四合环。

③ 均匀紧固各部连接件。

十一、开关试验

校对开关开度指示，检查开关情况，阀门在开关全行程无卡涩和虚行程。

十二、更换新阀门

① 除生产厂家有特殊要求外，阀门都应进行解体检查及光谱复查。

② 对焊口进行100%探伤。

③ 注意安装方向。

④ 必要时按规程要求做水压试验。

⑤ 新换阀门质量必须符合要求。

⑥ 焊口探伤合格。

⑦ 安装方向正确无误。

⑧ 水压试验时，各结合面、密封面无泄漏，流量及调节特性符合设计要求。

十三、检查弹簧

① 测量弹簧工作长度，做好标记和记录。

② 标记和记录各定位尺寸和位置。

③ 检查弹簧有无裂纹、严重锈蚀和变形，弹簧性能是否良好。

④ 弹簧与弹簧座应吻合良好。

第七节　弹簧式安全阀

一、弹簧式安全阀的结构特点

弹簧式安全阀依靠弹簧的弹性压力将阀的瓣膜或柱塞等密封件闭锁。当压力容器的压力异常后，产生的高压将克服安全阀的弹簧压力，顶开闭锁装置，形成的泄压通道将高压泄放掉。弹簧式安全阀结构见图 1-6。

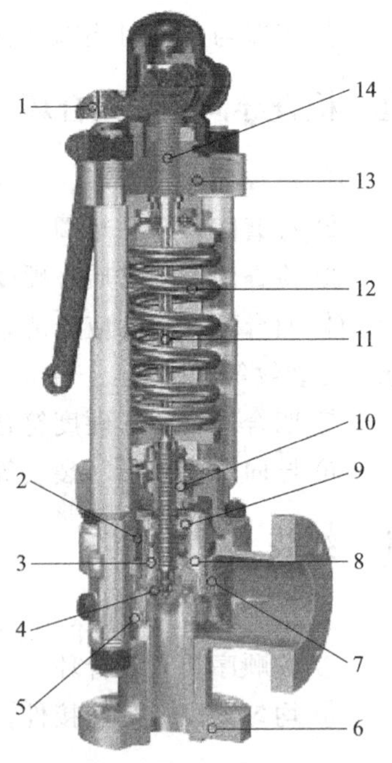

图 1-6　弹簧式安全阀结构图

1—提升传动装置；2—导承；3—阀瓣环；4—阀芯；5—下调整环；6—阀体；7—上调整环；8—阀芯压环；9—开度止动块；10—重叠套环；11—阀杆；12—弹簧；13—轭架；14—压缩螺丝

安全阀按结构形式可分为垂锤式、杠杆式、弹簧式和先导式（脉冲式）；按阀体构造可分为封闭式和不封闭式。封闭式安全阀即排出的介质不外泄，全部沿着出口排泄到指定地点，一般用在有毒和腐蚀性介质中。对于空气和蒸汽，多采用不封闭式安全阀。根据阀瓣开启高度不同又分为全起式和微起式两种。全起式泄放量大，回弹力好，适用于液体和气体介质，微起式只适用于液体介质。对于安全阀产品的选用，应按实际密封压力来确定。对于弹簧式安全阀，在一定公称压力（*PN*）范围内，具有几种工作压力级的弹簧。

二、检查阀瓣、阀座

① 密封面如有表面损坏，或微小裂纹，且深度不超过 1.40mm，可先用车削办法修复后再研磨。

② 检验密封面是否有微小缺陷时，可用着色等无损探伤方法进行确认。

③ 密封面深度小于 0.4mm 的微小缺陷可用研磨方法消除。

④ 密封面损坏深度超过 1.4mm 时应更换。

⑤ 密封面的粗糙度 *Ra* 应小于 0.10μm，密封面应平直，径向吻合度不低于 80%，且密封面各处接触均匀，无断线现象。

三、检查阀杆

① 清理干净阀杆表面污垢，检查阀杆缺陷。

② 必要时进行校直或更换。

③ 视情况进行表面氮化处理。

④ 阀杆弯曲度不大于阀杆全长的 1‰，不圆度小于 0.05mm。

⑤ 阀杆应光滑，无麻点、无划痕、无裂纹。阀杆与填料接触部位的均匀点蚀深度不大于 0.3mm，其他部位无缺陷。

⑥ 检查阀杆螺纹是否完好，当磨损超过原厚度 1/3 时应更换。

四、检查螺栓、螺母

检查螺栓、螺母是否完好，无裂纹，无变形。是否装配灵活，无松动现象。

五、检查阀体及与阀门连接管座焊接

检查阀体及其连接焊缝有无砂眼、裂纹等缺陷。

六、检查弹簧提杆

① 检查弹簧提杆是否完好。
② 按配合顺序、解体的标记和定值尺寸进行装复。
③ 内轴承、螺栓顶端等活动部位应涂上润滑油。
④ 注意不要损伤密封面，不要将连接轴倒装。
⑤ 调整弹簧长度。

七、组装

① 按正确顺序组装。
② 确保密封面完好，连接轴安装方向正确。
③ 弹簧长度应与检修前长度一致。

八、安全门动作试验

① 阀瓣起跳高度符合设计规定（全启式高度不小于喉径的 1/4）。

② 安全门校验时起跳压力允许误差为±0.6％，回座压力为起跳压力的 93％～96％，最低不低于起跳压力的 90％。

第八节　隔膜阀

一、隔膜阀的结构特点

隔膜阀结构简单，只由阀体、隔膜和阀盖组合件三个主要部件构成，易于快速拆卸和维修，更换隔膜可以在现场及短时间内完成。

隔膜阀适用于输送超纯介质或有污染性的流体，十分黏稠的液体、气体、腐蚀性或惰性介质的管路中，因管线中，隔膜阀的操作机构不暴露在运送流体中，故不具污染性，也不需要填料，阀杆填料部也不可能会泄漏。与控制设备相结合时，隔膜阀更能取代其他传统控制系统，尤其适用于固体和易污染的惰性介质。隔膜阀主要应用于生物制药、食品行业以及电力、化工、电镀等行业的工业水处理中，还被应用于半导体晶圆的生产中，隔膜阀适用于运送有腐蚀性、有黏性的流体，例如泥浆、食品、药品等。

隔膜阀的特点有：

① 隔膜把下部阀体内腔与上部阀盖内腔隔开，使位于隔膜上方的阀杆、阀瓣等零件不受介质腐蚀，省去了填料密封结构，且不会产生介质外漏。

② 采用橡胶或塑料等软质密封制作的隔膜，密封性较好。由于隔膜为易损件，应视介质特性而定期更换。受隔膜材料限制，隔膜阀适用于低压和温度相对不高的场合。

二、阀门的解体

隔膜阀结构简单，通常分为屋脊式和直流式，详见图 1-7。该阀易于快速拆卸和维修，更换隔膜可以在现场及短时间内完成，一般按以下程序进行：

① 解体前做好配合记号，按顺序进行拆卸，并做好记录。

② 解体时阀门应处于开启状态。

③ 注意拆卸顺序，并做好记录。

④ 注意填料的保护，不能硬撬，以免损伤填料，不要损伤零部件表面。

⑤ 用干布擦干净卸下的螺栓及零件。

⑥ 对合金钢阀门的内部零件应进行观察，了解其密封结构。

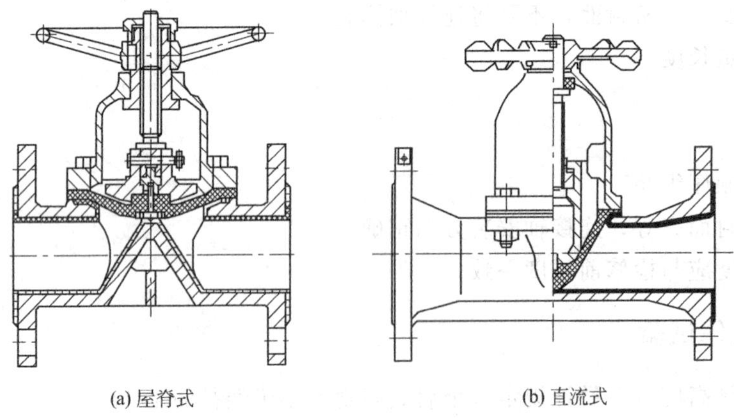

(a) 屋脊式　　(b) 直流式

图 1-7　隔膜阀结构图

三、组装

① 按阀门配合顺序进行组装。

② 注意不要损伤零部件及密封面。

③ 隔膜的位置要放置到位，不要有偏离。

④ 阀座组装后，阀杆应能灵活开启、关闭。

⑤ 阀盖与阀体的四周缝隙均匀，不得有偏差。

⑥ 阀盖与阀体的螺栓紧固不能太紧，防止将隔膜损伤。

第九节　球　阀

一、球阀的结构特点

球阀和闸阀是同属一个类型的阀门，区别在于它的关闭件是球体，球体绕阀体中心线做旋转来实现阀门的开启、关闭。球阀在管路中主要用来切断、分配和改变介质的流动方向。球阀是近年来被广泛采用的一种新型阀门，球阀根据阀芯球体的固定情况分为浮动球式和固定球式两类，详见图 1-8。

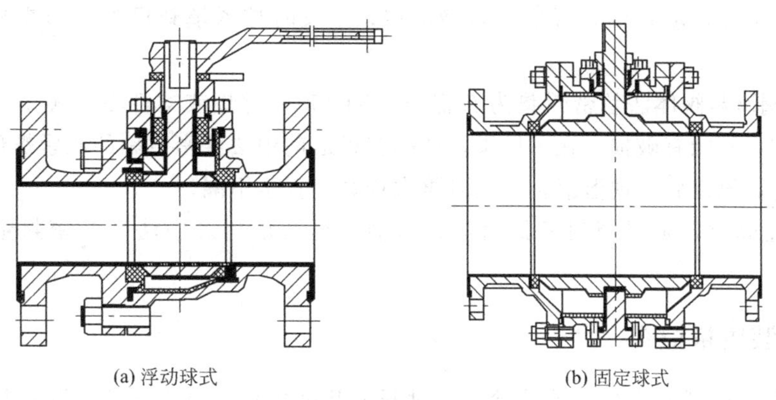

图 1-8　球阀结构图

球阀具有以下优点：

① 流体阻力小，其阻力系数与同长度的管段相等。

② 结构简单、体积小、质量轻。

③ 紧密可靠，目前球阀的密封面材料广泛使用塑料，密封性好，在真空系统中也已广泛使用。

④ 操作方便，开闭迅速，从全开到全关只要旋转 90°，便于远距离的控制。

⑤ 维修方便，球阀结构简单，密封圈一般都是活动的，拆卸更换都比较方便。

⑥ 在全开或全闭时，球体和阀座的密封面与介质隔离，介质通过时，不会引起阀门密封面的侵蚀。

⑦ 适用范围广，通径从几毫米到几米，压力从高真空至高压力都可应用。

二、阀门的解体

① 解体前做好配合记号，按顺序进行拆卸，并做好记录。

② 解体时阀门应处于开启状态。

③ 注意拆卸顺序，并做好记录。

④ 注意填料的保护，不能硬撬，以免损伤填料，不要损伤零部件表面。

⑤ 用干布擦干净卸下的螺栓及零件。

⑥ 对合金钢阀门的内部零件应进行观察，了解其密封结构。

三、组装

① 组装前应按与球阀解体时相反的顺序进行。如发现密封面有损伤，需重新研磨，组装后转动手柄，不得有卡阻现象。

② 组装前，阀体内应吹扫干净，以免杂物损伤密封面，造成阀门零部件装配不到位；若在工厂就会导致阀门泄漏事故。

③ 阀门应按阀体上所示介质流向安装在管道上，阀门可以垂直安装，也可以水平安装，但不可倒装。

④ 球阀的填料函内，一般装有条形填料，有时也装柔性石墨填料，学生在组装后填料压盖螺母不能拧太紧，以免影响开闭。在工厂里，阀门投运前将填料压盖处的活节螺栓螺母拧紧（填料函处填料压缩量约为填料总高度的 10%），以免运行中填料被介质冲坏产生严重泄

漏；如在投运中发现填料函处冒泡或轻微泄漏，须及时拧紧填料函处活节螺栓螺母，直至不漏。

⑤ 球阀阀座与阀体法兰密封垫为石棉板（XB450）衬垫或柔性石墨缠绕垫片，组装时注意放置到位，不能有破损。在工厂里，球阀在投运前中法兰密封副的压紧螺母必须对称拧紧，用力均匀，投运后发现泄漏，须及时再次拧紧，直至不漏。

⑥ 停炉检修时，须对阀门密封面进行研磨，更换填料及中法兰处密封垫，重新组装调试。

四、球阀组装质量检查

① 对组装后的球阀进行开关试验，校对开关开度指示，检查开关情况，阀门在开关全行程无卡涩和虚行程。

② 检查手柄上的压盖螺母是否拧紧，检查压盖有无损伤。

③ 阀座与阀体结合牢固，无松动现象。

④ 阀盖与自密封垫圈结合面平整、光洁，填料压盖位置合理。

⑤ 检查填料部位是否压紧，既保证填料的密封性，也要保证阀杆开启灵活。

第十节　蝶　阀

一、蝶阀的结构特点

蝶阀是用圆形蝶板作启闭件并随阀杆转动来开启、关闭和调节流体通道的一种阀门。蝶阀的蝶板安装于管道的直径方向。在蝶阀阀体圆柱形通道内，圆盘形蝶板绕着轴线旋转，旋转角度为0°～90°，旋转到90°时，阀门则呈全开状态。

蝶阀具有结构简单、体积小、质量轻、材料耗用省、安装尺寸小、开关迅速、90°往复回转、驱动力矩小等特点，用于截断、接通、调节管路中的介质，具有良好的流量控制特性和关闭密封性能。蝶阀处于完全开启位置时，蝶板是介质流经阀体时唯一的阻力，因此通过该阀门所产生的压力降很小，故具有较好的流量控制特性。蝶阀密封有弹性密封和金属密封两种。弹性密封阀门的密封圈可以镶嵌在阀体上或附在蝶板周边。

采用金属密封的软密封电动对夹蝶阀一般比弹性密封的阀门寿命长，但很难做到完全密封。金属密封能适应较高的工作温度，弹性密封则具有受温度限制的缺陷。如果要求蝶阀作为流量控制阀门使用，需正确选择阀门的尺寸和类型。蝶阀的结构原理尤其适合制作大口径阀门。

蝶阀不仅在石油、煤气、化工、水处理等一般工业上得到广泛应用，而且还应用于热电站的冷却水系统。常用的蝶阀有对夹式蝶阀、法兰式蝶阀、对焊式蝶阀三种。对夹式蝶阀是用双头螺栓将阀门连接在两管道法兰之间；法兰式蝶阀是阀门上带有法兰，用螺栓将阀门上两端法兰连接在管道法兰上；对焊式蝶阀的两端面与管道焊接连接。蝶板的流线形设计，使流体阻力损失小，可谓是一种节能型产品。阀杆为通杆结构，经过调质处理，有良好的综合力学性能，抗腐蚀性和抗擦伤性。蝶阀启闭时阀杆只做旋转运动而不做升降运行，阀杆的填料不易破坏，密封可靠。与蝶板锥销固定，外伸端为防冲出型设计，以免阀杆与蝶板连接处意外断裂时阀杆崩出。

有些蝶阀内部结构为橡胶注塑成型，阀门属于一次性消耗件，不能拆装，工程训练应该采购可拆式蝶阀类型，蝶阀结构详见图 1-9。

蝶阀的结构主要包括：密封副合成橡胶阀座、合成橡胶＋聚四氟乙烯＋酚醛树脂复合阀座；合成橡胶＋聚四氟乙烯阀座、不锈钢阀座、双金属阀座；合成橡胶＋聚四氟乙烯阀座＋蝶板包覆聚四氟乙烯；中线密封、单偏心密封、双偏心密封、三偏心密封、斜板式三偏心密封；充压密封、自压密封、球面密封、金属密封、氟塑料衬里（衬里外另覆盖树脂、氟橡胶）、密封圈 C 形圈、U 形圈、O 形圈、Z 形聚甲醛；阀杆通杆、穿销钉、两节杆六方头连接结构。

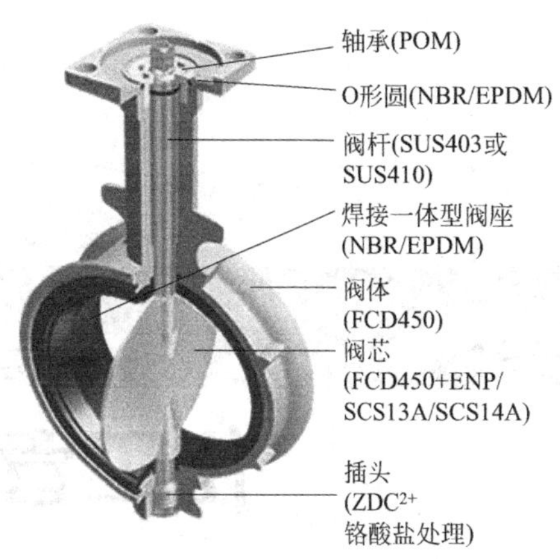

图 1-9　碟阀结构图

二、蝶阀拆装

①检查蝶阀拆装前拆卸工器具是否准备齐全。

②检查蝶阀外观，有无零部件缺少或者破损。

③拆卸蝶阀执行机构。

④拆卸蝶阀密封部件。

⑤拆卸蝶阀阀体。

⑥拆卸蝶阀阀板、连杆部件。

⑦清洗检查阀板（企业对阀门检修需要清洗零部件，学生实训拆装用棉纱擦干净即可，以下同）。

⑧清洗检查阀杆。

⑨清洗检查密封部件。

⑩清洗检查传动机构。

⑪ 回装涡轮蜗杆传动机构。

⑫ 回装阀体。

⑬ 回装密封元件。

⑭ 回装执行机构。

⑮ 现场清扫，学员拆装后要清理现场卫生，检查有无剩余零部件，将工器具放到工具箱，阀门放回指定位置。

三、蝶阀组装质量检查考核

① 各组学员互相配合，用手固定阀体，调整好蝶阀的紧度。

② 拧紧连接螺栓，并检查阀板是否动作灵活。

③ 填料安装完后，压盖必须给予适当预紧力，太松没有密封效果，过紧容易导致填料磨损加剧、温度升高，同时造成阀杆的磨损。

④ 阀杆转动灵活，无卡死现象。

第二章 化工管路拆装实训

第一节　概　述

管子的连接需要各种管件，流体流量的控制和调节需要各种阀门，管子和各种管件、阀门等统称为管路，化工管路在生产中的作用主要是用来输送各种流体介质（气体、液体），使其在生产中按工艺要求流动以完成各个化工过程。

一、化工生产中常用的管子类型

常用管材分为金属管和非金属管两大类，金属管包括有缝钢管、无缝钢管、铸铁管、合金管、有色金属管等；非金属管包括陶瓷管、塑料管、橡胶管等。

有缝钢管也称水煤气管，大多用低碳钢制成，通常用来输送压力较低的水、暖气、压缩空气等，又可以分为镀锌的白铁管和不镀锌的黑铁管；带螺纹的和不带螺纹的；普通的、加厚的和薄壁的。

无缝钢管是化工生产中使用最多的一种类型，特点是质地均匀、强度高，广泛应用于压强较高、温度较高的物料输送。

铸铁管通常用作埋于地下的给水总管、煤气管和污水管，也可以用来输送碱液和浓硫酸等腐蚀性介质，其优点是价格便宜，具有一定的耐腐蚀性，但比较笨重、强度低，不宜在有压力的条件下输送有毒、有害、容易爆炸以及如蒸汽一类的高温流体。

有色金属管常用的有铜管、铅管、铝管等，铜管（紫铜管）的导热性能特别好，适用于某些特殊性能的换热器，且特别容易弯曲变形，又可用于机械设备的润滑系统或油压系统以及某些仪表管路等。铅对硫酸和10%以下的盐酸具有良好的抗腐蚀性能，铅管适合作为这些料液的输送管路，但铅管的机械强度较低且笨重，在对机械强度要求较高的情况下，往往采用搪铅管（即在无缝钢管内表面搪上一层铅），从而同时满足机械强度和耐腐蚀性的要求，广泛用于输送浓硝酸、蚁酸、乙酸等物料。铝的导热性能好，也被广泛用来制造换热器。

塑料管最常用的有聚氯乙烯管、聚乙烯管，以及在金属表面喷涂丙烯、聚三氟乙烯的管道等，它具有良好的抗腐蚀性能以及质量轻、价格低、容易加工等优点，缺点是强度较低、耐热性差，但随着性能的不断改进在很多方面可以取代金属管。除此之外，还有常用来作临时管道的玻璃管和橡胶管，用作下水道或排放腐蚀性流体的陶瓷管等。

二、管件与阀门

管路中所用的各种零件统称为管件，可以根据其在管路中的作用分为五类：改变管路方向，如弯头；连接管路，如“三通”、“四通”；连接两段管道，如“管箍”、“对丝”、“油任”；改变管路直径，如“大小头”、“内外螺纹管接头（内外丝）”；堵塞管路，如“丝堵”、“盲板”。

阀门就是用来对管路中的流体流量和压强进行适当调节的装置，通常用铸铁、铸钢、不锈钢及合金钢制成，常用的有以下几种：

① 截止阀，也称球心阀。其关键零件是阀体内的阀座和阀瓣。通过手轮使阀杆上下移动可以改变阀瓣与阀座之间的距离，从而达到开启、切断及调节流量的目的。它的特点在于严密可靠，调节流量准确，但阻力较大，常用于蒸汽、压缩空气、真空管路及一般流体的管路中，但不能用于带有固体颗粒和黏度较大的介质管路中。安装时，应保证流体从阀瓣的下部向上流动，即下进上出。

② 闸阀，相当于在管道中插入一块和管径相等的闸门，闸门通过手轮来进行升降，从而达到启闭管路的目的。闸阀的体积较大，造价较高，制造维修均很困难，但全开时对流体的阻力小，常用于开启和切断，一般不用于调节流量或输送含有固体颗粒料液的管路中。

③ 旋塞是用来调节流体流量的阀门中最简单的一种，统称为“考克”。其主要部件是一个全空心铸件，中间插入锥形栓塞，栓塞中间有一个通孔，可以在阀体内自由旋转。当旋塞的孔正朝着阀体的进口时，流体从旋塞中通过，当它旋转90°时，其孔完全被阀门挡住，流体则不能通过而被完全切断。旋塞的优点是结构简单、启闭迅速，全开时对流体阻力小，可适用于带固体颗粒的流体，其缺点是不能精密地调节流量，旋转时比较费劲，不适用于口径较大、压力较高或温度较低的场合。

除此之外，还有用来控制流体只能朝一个方向流动、并能自动启闭的止回阀（又称单向阀），用于中、高压设备上当压力超过规定值时可自动泄压的安全阀，随着化工生产的发展，新工艺、新设备不断出现，对管件与阀件的要求也越来越高。

三、管子的连接

管路的连接包括管子与管子、管子与各种管件、阀门以及设备接口处的连接，目前工程上常用的是以下几种连接方式。

（1）法兰连接

法兰连接是工程上最常用的一种连接方式，法兰与钢管通过螺纹或焊接连在一起，铸铁管的法兰则与管身铸为一体，法兰与法兰之间装有密封垫片，比较常用的垫片材料有石棉板、橡胶或软金属片等。其优点是拆装方便，密封可靠，适用的温度、压力、管径范围大，缺点是价格稍高。

法兰连接主要用于需要拆卸、检修的管路上，例如水泵、水表、阀门等带法兰盘的附件在管路上的安装。

（2）螺纹连接

螺纹连接是借助于一个带有螺纹的“活管接头”将两根管路连接起来的一种连接方式，主要用于管径较小（＜65mm）、压力也不大（＜10MPa）的有缝钢管，先在管的连接端绞出外螺纹丝口，然后用管件“活管接头”将其连接。为了保证密封，通常在螺纹连接处缠以涂有油漆的麻丝、聚四氟乙烯薄膜等。螺纹连接的优点是拆装方便，密封性能比较好，但可靠性没有法兰连接好。一般管径在 150mm 以下镀锌管路（如水、煤气管）常用螺纹连接的方法。

（3）承插连接

适用于铸铁管、陶瓷管和水泥管，它是将管子的小端插在另一根管子大端的插套内，然后在连接处的环隙内填入麻绳、水泥或沥青等密封物质。它的优点是安装比较方便，允许两个管段的中心线有少许偏差，缺点是难以拆卸，耐压不高，主要用于埋在地下的给排水管道中。铸铁管、混凝土管、缸瓦管、塑料管等常用承插连接，承插接口根据使用的材料不同分为铅接口、石棉水泥接口、沥青水泥接口、膨胀性填料接口、水泥砂浆接口、柔性胶圈接口等。

（4）焊接

焊接是比上述方法更为经济方便，也更严密的一种连接方式。煤气管和各种压力管路（蒸汽、压缩空气、真空）以及输送物料的管路都应当尽量采用焊接，但它只能用在不需拆卸的场合。为了检修的方便，决不能把全部管路都采用焊接。

（5）密封填料

以上四种连接方式中，以螺纹连接最为常见，下面着重介绍其连接方法。

① 常用工具：管道螺纹连接时常用的工具是管钳（俗称水管钳）、链钳、活动扳手、呆扳手等，扳手适用于内接等带方头的管件及小规格阀门的连接。

② 常用填料：螺纹连接的两连接面间一般要加填充材料，填充材料有两个作用，一是填充螺纹间的空隙以增加管螺纹接口的严密性，二是保护螺纹表面不被腐蚀。

③ 连接步骤：a. 缠绕（或涂抹）填料：连接前清除外螺纹管端上的污染物、铁屑等，根据输送的介质、施工成本选择合适的填料；当选用水胶布或麻丝时，应注意缠绕的方向必须与管子（或内螺纹）的拧入方向相反（或人对着管口时顺时针方向），缠绕量要适中，过少起不了密封作用，过多则造成浪费，缠绕前在螺纹上涂上一层铅油可以较好地保护螺纹不锈蚀。b. 拧接管件：缠绕（或涂抹）填料后，先用手将管子（或管件、阀门等）拧入连接件中 2～3 圈，再用管钳等工具拧紧，如果是三通、弯头、直通之类的管件拧劲可稍大，但阀门等控制件拧劲不可过大，否则极易将其胀裂。注意，连接好的部位一般不要回退，否则容易引起渗漏。

另外，在实训场地和化工厂的某些场合，在压力不是很高的情况下，还可以采用软连接，即用塑料等材料制成的软管将两金属硬管连接，连接处用包箍密封。

四、实训目的

① 为了更好地实现管道拆装及流体实验参数的测定，本管道拆装系统的管道多采用法兰连接，并配用转子流量计、温度计、压力表、液面计等检测仪表。通过本章实训内容可树立工程概念，特别是大化工观点的认知，强化手动操作技能训练（各动手单元如管子拆装、管件更换、基本检测器的接线、仪表参数整定、设置的故障检修点诊断等）。学生通过自行设计流程、组装管路及调试，可以提升动手能力和解决问题的能力，为今后实际工作打下一定的专业基础。

② 了解和熟悉化工生产过程中常见离心泵的控制方法及工作原理，了解各种仪表的性能、使用方法和使用场合。

③ 了解并掌握工业控制中仪表、测量、执行器的成套方法，学会按照实际手动被控系统要求进行实际控制系统的设计和实现，了解各种阀门的结构及适用场合，合理选用并进行管路组装。

④ 提升观察问题、分析问题和实验数据处理的能力，提高相关学科知识的综合运用能力。

⑤ 了解和掌握用科学实验解决工程问题的方法。

五、基本要求

(1) 实训前的预习

要求学员做好实训前的预习，明确实训目的、原理、要求、拆装步骤、实训需测定的数据，了解所使用的设备、仪器、仪表及工具。

(2) 实训中的操作训练

学员在实训过程中应细心操作，仔细观察，发现问题，思考解决方法，在实训中培养自己严谨的科学作风，养成良好的学风。

(3) 实训后的总结

实训完成后，认真整理数据，根据实训结果及观察到的现象，加以分析，给出结论，并按规定要求提交实训报告。实训报告内容包括：实训目的、实训流程、操作步骤、数据处理、实训结论及问题讨论。实训报告是考核实训成绩的主要方面，应认真对待。

六、思考题

① 为什么流量越大，入口处真空表的读数越大，出口处压力表的读数越小?

② 谈谈对离心泵的操作如先充液，封闭启动，选在高效区操作的理解。

第二节 设备拆装及方法

一、拆装实训设备

本实训用化工管道拆装系统进行实训，其装置如图 2-1 所示。离心泵用三相电动机带动，将水从水槽中吸入，然后由压出管排至水槽。在吸入管内进口处装有滤水器。以免污物进入水泵，滤水器上带有单向阀，以便在启动前可使泵内灌满水。在泵的吸入口和压出口处，分别装有真空表和压力表，以测量水的进出口处的压力，泵的出口管线装有转子流量计，用来计量水的流量，并装有阀门，用来调节水的流量或管内压力，另用三相瓦特计测量电动机输入功率，装置工艺简图见图 2-1，管道拆装实训装置实物图见图 2-2。

二、拆装实训方法

① 了解设备，熟悉流程及所用仪表，特别是压力表、真空表要阅读使用说明。

② 检查轴承润滑情况，用手转动联轴节视其是否转动灵活。

③ 检查水箱的水位是否合适，旋开泵进水阀门，向泵内自动灌水至满。

④ 充满水后，关闭泵的出口阀门，此时转子流量计要关闭。

上述工作准备妥当，经指导教师同意，可接通电源启动电动机，使泵运转，在运转中要

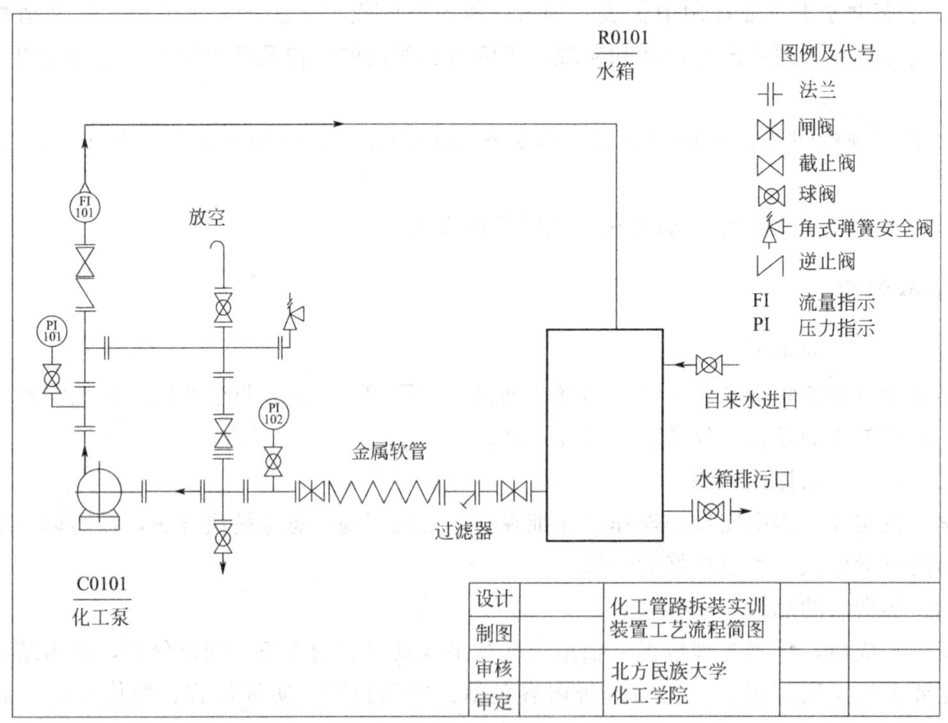

图 2-1　管道拆装实训装置流程图

图 2-2　管道拆装实训装置实物图

注意安全，防止触电及注意电机是否过热、有噪声或其它故障，如有不正常现象，应立即停车，与指导教师讨论其原因及处理办法。

⑤ 水泵启动后，慢慢开启出口阀，让水流经流量计，调节流量计的开度，可以读出泵的实际流量。

⑥ 用出口阀调节流量，从零到最大或反之，观察流量、压力的变化，关闭出口阀，停泵。

⑦ 实训结束后，打开管路上部的放空阀排气，并关闭泵进口阀门，排出泵内存水。

第三节　拆装注意事项

① 首先按照化工管道的拆装要求及相关的设备、阀门、仪表等配备相应的拆装工器具，包括高处管路拆装时需要准备两个木凳，以便于拆装。

② 拆装时首先要将动力电源关闭，并挂警示牌，检查无误后才准许工作。

③ 化工管路拆装一般是拆卸与安装顺序正好相反，拆卸时一般是从高处往下逐步拆卸，注意拆卸每一零部件都要按顺序进行编号，并按照顺序依次摆在地面上，小组同学间在拆装时要相互配合，防止管道或管件掉落而砸伤手脚或地面。仪表拆装时要轻拿轻放，防止破碎。

④ 认真观察各种阀门的结构和区别，了解其使用特点，拆装时要注意阀门的方向和具体位置。

⑤ 所有密封部位的密封材料一般在拆装后需要更换，将原来的密封垫拆下来，按原样用剪刀进行制作并更换，密封垫位置要放置合适，不能偏移，所有螺栓都应该按照螺母在上方的顺序紧固。

⑥ 紧固螺栓时必须对角分别用力紧固，然后再依次紧固，防止法兰面倾斜发生泄漏，另外螺栓紧固用臂力即可，不需要套管紧固。

⑦ 装配过程中应使用水平尺进行度量，要注意保证管道的横平竖直，严禁发生倾斜。管路支架固定可靠，不能松动。

⑧ 水泵电机接线盒及电源控制箱属于电气部分，不需要学生拆卸，要防止拆装时有水分进入，导致短路事故发生。

⑨ 拆装完成后进行管路的试漏检验，在启动水泵前务必由指导教师进行开车前检查，没有问题后才准许送电运行。

⑩ 运行后若局部有泄漏，不需要断电。可用工具进行紧固，若还是不能解决问题，需要停泵后检查垫片的情况。

⑪ 拆装过程中要树立团结协作、严肃认真、安全第一的指导思想，服从实训指导教师的统一安排。

第四节　管路拆装装置组成

一、流体输送管路拆装实训装置配置明细表（见表 2-1）

表 2-1　流体输送管路拆装实训装置配置明细表

分项	说　明
装置功能	强化手动操作技能训练
	考查学生全面分析系统、辨别正误和迅速决策等能力，在实践中结合了识图能力、出具规范零部件清单、安全操作等各项理论功底
	配套流体输送机械、化工仪表和机械制图等多门课程的教学实践，如管件识辨、流量计安装和四大化工参量的安装、检测、显示等
设计参数	液体流量：0～8m^3/h
	液体温度：常温

续表

<table>
<tr><th>分项</th><th colspan="4">说　明</th></tr>
<tr><td rowspan="3">外形尺寸</td><td colspan="4">对象部分：3800×800×2200(长×宽×高，mm)，钢制花纹板喷塑底座(防腐)</td></tr>
<tr><td colspan="4">测控部分：开关盒集成于对象部分之上</td></tr>
<tr><td colspan="4">外配设备：无</td></tr>
<tr><td rowspan="3">公用工程</td><td colspan="4">水：装置自带贮水箱，实训前用清洁水源灌注满，实训过程中可循环使用，实训结束后排空即可</td></tr>
<tr><td colspan="4">电：电压 AC380V，功率 4kW，三相四线制(三火线一零线)。每个实验室需配置 1～2 个接地点(安全地及信号地)</td></tr>
<tr><td colspan="4">气：无</td></tr>
<tr><td>实训物料</td><td colspan="4">清洁自来水</td></tr>
<tr><td rowspan="9">对象组成</td><td colspan="4">水箱：不锈钢材质，带贮水排空底阀，进水管路设置专用接口</td></tr>
<tr><td colspan="4">循环水泵：机械密封卧式连轴化工泵，供电为三相 380VAC，功率为 3kW</td></tr>
<tr><td colspan="4">水泵进口管路：不锈钢材质，DN50，配合法兰安装阀门及过滤器</td></tr>
<tr><td colspan="4">水泵出口管路：不锈钢材质，DN32 及 DN40，配合法兰安装阀门</td></tr>
<tr><td colspan="4">回流管路：不锈钢材质，DN40</td></tr>
<tr><td colspan="4">安全泄压管路：不锈钢材质，DN25</td></tr>
<tr><td colspan="4">灌泵管路：不锈钢材质，专用灌泵管路，方便操作检验</td></tr>
<tr><td colspan="4">耐压测试管路：不锈钢材质，专用管路耐压测试接口</td></tr>
<tr><td colspan="4">电源设备：布线槽，带漏电保护的空气开关盒</td></tr>
<tr><td rowspan="5">仪控检测系统</td><td>变量</td><td>检测机构</td><td>显示机构</td><td>执行机构</td></tr>
<tr><td>离心泵
进口压力</td><td>压力表
精度：1.5%FS</td><td>压力表
就地显示</td><td>无</td></tr>
<tr><td>离心泵
出口压力</td><td>压力表
精度：1.5%FS</td><td>压力表
就地显示</td><td>管路出口阀
(手动)</td></tr>
<tr><td>流体流量</td><td>玻璃转子流量计
精度：4%FS</td><td>流量计
就地显示</td><td>管路出口阀
(手动)</td></tr>
<tr><td>流体温度</td><td>双金属温度计
精度：1.5%FS</td><td>温度计
就地显示</td><td>无</td></tr>
<tr><td rowspan="15">设备装置系统</td><td>名称</td><td>规格</td><td>数量</td><td>备注</td></tr>
<tr><td>循环水泵</td><td>机械密封卧式连轴化工泵</td><td>1</td><td>国标</td></tr>
<tr><td>水箱</td><td>镜面不锈钢，ϕ500mm×600mm</td><td>1</td><td></td></tr>
<tr><td>过滤器</td><td>不锈钢</td><td>1</td><td>国标</td></tr>
<tr><td>闸阀</td><td>不锈钢，法兰式，DN50</td><td>2</td><td>国标</td></tr>
<tr><td>铜球阀</td><td>螺纹式，DN15</td><td>4</td><td>国标</td></tr>
<tr><td>止逆阀</td><td>不锈钢，DN40</td><td>1</td><td>国标</td></tr>
<tr><td>安全阀</td><td>不锈钢，DN25</td><td>1</td><td>国标</td></tr>
<tr><td>截止阀</td><td>不锈钢，法兰式，DN40</td><td>1</td><td>国标</td></tr>
<tr><td rowspan="3">法兰</td><td>不锈钢，DN32</td><td rowspan="3">1 组</td><td rowspan="2">国标</td></tr>
<tr><td>不锈钢，DN40</td></tr>
<tr><td>不锈钢，DN50</td><td>国标</td></tr>
<tr><td>活接、三通、弯头等</td><td>不锈钢，与管路配套</td><td>1 组</td><td>国标</td></tr>
<tr><td rowspan="2">管路</td><td>不锈钢管
DN25、DN32、DN40、DN50</td><td>1 组</td><td>国标</td></tr>
<tr><td>不锈钢软管</td><td>1</td><td>国标</td></tr>
</table>

续表

分项	说　明	
电气组成	电气元件	数量
	电源插头	1个
	4P空气开关	1个
	8路开关盒等	1组

注：上述不锈钢均为SUS304材质。

二、拆装仪表明细表（选用知名品牌，见表2-2）

表2-2　拆装仪表明细表

序号	名称	形式	单位	数量
1	压力表	压力表 精度：1.5%FS	只	2
2	转子流量计	玻璃转子流量计， 精度：4%FS	台	1
3	双金属温度计	双金属温度计 精度：1.5%FS	只	1

三、化工管路拆装装置制作说明

由于该装置主要是由标准件及设备（泵）和非标零部件及设备（水箱）组装而成，为训练学员的动手能力，控制部分以手动为主，这样也降低了制造成本，根据实际情况，可以选用非标制作，以便于根据拆装需要改变工艺路线，提高装置的灵活性和针对性。

第三章

甲醇（乙醇）蒸馏装置拆装实训

第一节　实训目的及基本要求

一、实训目的

① 本拆装实训系统为了更好地实现管道拆装及传热实验参数的测定，管道多采用法兰连接，并配用转子流量计、温度计、压力表、液面计、安全阀等检测仪表和阀门，通过本实训需树立工程概念，特别是大化工观点的认知，强化手动操作技能训练，如管子拆装、管件更换、基本检测器的接线、仪表参数整定。通过对甲醇蒸馏流程、组装管路及搅拌系统的运转调试提升自身的动手能力和解决工程问题的能力。

② 熟悉化工生产过程中常见离心泵的控制方法及工作原理，了解蒸馏过程中加热系统的控制和保温措施，了解流量计、热电偶等仪表的性能、使用方法和使用场合。

③ 掌握工业控制中仪表、测量、执行器的连锁成套技术，学会按照手动操作被控系统要求进行实际控制系统的设计，了解各种阀门的结构及适用场合，合理选用阀门并进行管路组装。

④ 该装置中有釜式反应器、冷凝器、储罐及离心泵，设备种类多且动、静设备组合，通过拆装实训需锻炼自身观察问题、分析问题和实验数据处理的能力，提高相关学科知识的综合运用能力。

⑤ 认识用科学拆装提高设备安全、经济、稳定运行的重要性。

二、基本要求

1. 实训前的预习

做好拆装实训前的预习，明确实训目的、原理、要求、拆装步骤、实训需测定的数据，了解所使用的设备、仪器、仪表及工具。

2. 实训操作

在实训过程中应细心操作，仔细观察，善于发现问题，积极主动和组员间讨论，并在指导教师的授权下处理基本的工程师问题。在实训中培养自己严谨的工作态度，养成良好的工程习惯。

3. 实训总结

拆装实训完成后，认真整理实训数据及资料，根据实训结果及观察到的现象，加以分析，给出结论，并按规定要求提交实训报告。实训报告内容包括：实训目的、实训流程、拆装实训操作步骤、零部件图测绘、实训结论及问题讨论。实训报告是考核实训成绩的主要依据之一，应认真对待。

4. 选做本实训学生的条件

蒸馏装置的拆装实训是基于学生在修完专业课程化工原理、化工工艺、过程流体机械后进行的实训环节，大三或大四学生可选作本实训。每次实训人数为10～15人。

第二节　设备拆装及方法

一、拆装实训设备

本拆装实训项目对象为甲醇（乙醇）蒸馏中试装置，其装置实物图如图3-1所示，工艺流程图见图3-2。本实训用新型装置采用搪瓷搅拌釜作为蒸馏装置的关键设备，蒸馏釜3筒体及封头材料采用碳钢内表面搪瓷的工艺手段，从而避免了因腐蚀引起的物料污染及设备寿命的降低。蒸馏釜3配有机械搅拌器，以保证物料的充分混合及传热效率的提高，搅拌器与釜体的密封采用机械密封，保证设备的动连接部位的密封效果，防止甲醇（乙醇）发生泄漏而污染环境甚至发生火灾。

图3-1　甲醇（乙醇）蒸馏装置实物图

蒸馏釜3的加热系统是依靠电加热，电加热的媒介是导热油，因而设计蒸馏釜3时考虑到了加热要求，在筒体外侧专门设计了

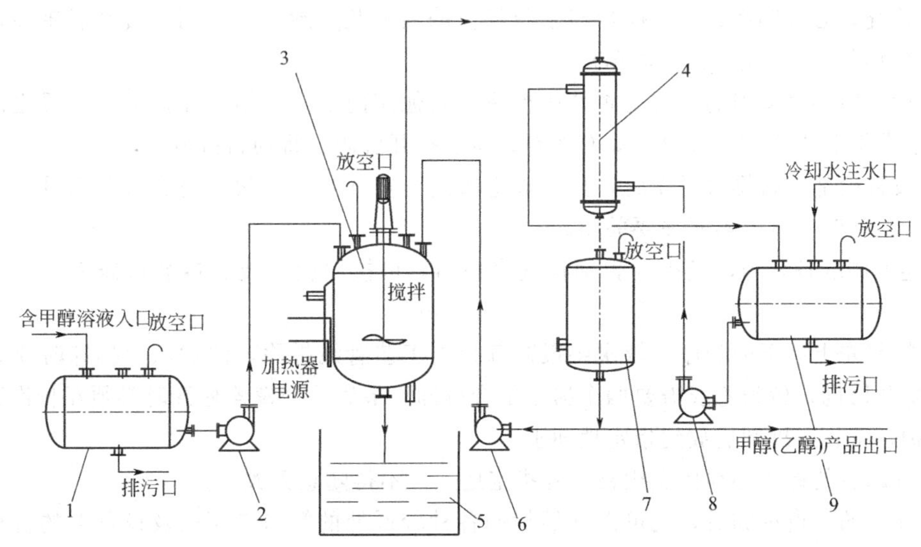

图3-2　甲醇（乙醇）蒸馏装置工艺流程图

1—甲醇（乙醇）废液储罐；2—废液输送泵；3—蒸馏釜；4—冷凝器；5—废渣收集池；6—冷凝液输送泵；7—冷凝液储罐；8—循环水输送泵；9—循环水储罐

夹套，夹套内充装导热油，导热油的温度依靠电加热棒来提升，电加热棒与外接电源控制器及夹套相连接，并做好与夹套之间的绝缘及密封措施，以防止漏电或者漏油。夹套内设置有传感器，通过温度传感器控制加热的功率，从而控制加热温度的变化范围，以保证甲醇（乙醇）蒸馏过程的正常运行。

在蒸馏釜 3 底部出口用球阀或者闸阀控制，可以将蒸馏后的残渣通过底阀及管道储存到废渣收集池 5 进行集中排污及二次处理。冷凝器 4 采用固定管板式结构，管程也进行了搪瓷处理，以保证换热管的防腐性能，使蒸馏后的物料不受污染而且延长了冷凝器 4 的工作寿命。

蒸馏釜 3 内部也设置了热电偶，以准确测量加热温度的变化趋势，保证蒸馏温度满足蒸馏工艺要求。蒸馏釜 3 封头上部设置了视镜，以保证观察釜内液面的高度。

冷凝液储罐 7 也是采用立式容器，筒体材料采用碳钢制作，筒体内部也采用了搪瓷处理。此外还设置有循环水储罐 9、循环水输送泵 8、含甲醇（乙醇）废液储罐 1 及废液输送泵 2。

采用本装置使蒸馏釜 3 搅拌轴所选用的机械密封有效防止了动密封容易泄漏的现象，延长了装置的使用期限，改善了操作实验环境。本装置中凡接触甲醇、乙醇的设备部分如蒸馏釜 3、冷凝器 4、冷凝液储罐 7 等均采用搪瓷结构，以确保成品乙醇、甲醇不被污染。蒸馏釜 3 采用可拆封头结构，在检修时可将搅拌器提出釜外，便于对热电偶管外壁及蒸馏釜 3 内壁进行清洗。本装置可间歇生产，也可半连续生产。另外，为保证装置的节能和高效，在装置的部分环节采用了保温措施，如蒸馏釜 3 及部分管道都采用了保温设置，一方面保证加热效率，降低能耗，另一方面也确保了操作过程的安全。

二、拆装实训方法

① 了解蒸馏实训装置所有设备的功能，熟悉蒸馏流程及所用仪表，特别是安全阀、压力表、热电偶等检测原理，提前预习。

② 检查离心泵轴承、釜式搅拌器轴封部位的润滑及密封情况，用手转动联轴器，检查其是否转动灵活（工业上称作盘车）。

③ 检查搅拌蒸馏釜的法兰是否紧固严密，其他阀门是否关闭。在拆装该装置之前确保储罐内、蒸馏釜内无物料存放，如有物料，需要打开底阀，将物料排放干净。

④ 设备内部物料排放干净后，打开放空阀进行空气吹扫，吹扫完成后关闭设备上的进出口阀门，此时所有电器开关要关闭。

上述工作准备妥当，经指导教师检查合格后，可按照化工装置拆装检修方案进行拆装实训。

⑤ 按照先上后下的顺序，依次将最高部位的工艺管线拆除，注意法兰拆卸时要确保有专人监护和协助，较长管线需要两个男生配合拆卸，最后一个螺栓松开时必须互相沟通，并做好保护，将管道拆卸后放到指定地面上。

⑥ 拆卸后的螺栓必须按照规格放到指定地点，不得随意丢放。

⑦ 高处的管道拆卸后，就可以开始拆卸各种较低处的管道、阀门及设备上的盲板、仪表等，各种被拆卸的零部件也要集中归类摆放好。

⑧ 各种拆卸的零部件、螺栓、仪表要轻拿轻放，不得损坏。

⑨ 拆卸法兰、阀门时要注意密封垫的保护，如密封垫无破损，可以继续使用，否则需

要更换。

⑩ 拆卸过程中注意工具的合理使用。

⑪ 装配时的顺序正好与拆卸相反，按照先下后上的原则，依次装配管线、阀门、仪表，不得发生阀门和仪表方向错误、法兰装配不严密、螺栓数量不足、垫片漏装等缺陷，发现问题及时整改，确保装配质量。

三、思考题

① 简述蒸馏与精馏的区别，工业上提高蒸馏效果有哪些措施？

② 现有甲醇蒸馏装置冷凝器为什么采用立式安装，如采用卧式安装对蒸馏有什么影响？

第三节　拆装注意事项

① 首先按照化工管道的拆装要求及相关的设备、阀门、仪表等配备相应的拆装工器具，包括高处管路拆装时需要准备两个木凳，以便于拆装。

② 拆装时首先要将动力电源关闭，并挂警示牌，检查无误后才准许拆装实训。

③ 化工管路拆装一般是拆卸与安装顺序正好相反，拆卸时一般是从高处往下逐步拆卸，注意拆卸每一零部件都要按顺序进行编号，并按照顺序依次摆在地面上，在拆装时要相互配合，防止管道或管件掉落而砸伤手脚或地面。

④ 仪表拆装时要轻拿轻放，防止破碎。拆装时要注意阀门的方向和具体位置。

⑤ 所有密封部位的密封材料一般在拆装后需要更换，将原来的密封垫拆下来，按原样用剪刀进行制作并更换，密封垫位置要放置合适，不能偏移，所有螺栓都应该按照螺母在上方的顺序紧固。

⑥ 紧固螺栓时必须对角分别用力紧固，然后再依次紧固，防止法兰面倾斜发生泄漏，另外螺栓紧固用臂力即可，不需要套管紧固。

⑦ 装配过程中应使用水平尺进行度量，要注意保证管道的横平竖直，严禁发生倾斜。管路支架固定可靠，不能松动。

⑧ 水泵电机接线盒及电源控制箱属于电气部分，不需要拆卸，要防止拆装时有水分进入，导致发生短路事故。

⑨ 拆装完成后进行管路的试漏检验，在启动水泵前务必由指导教师进行开车前检查，没有问题后才准许送电运行。

⑩ 运行后若局部有泄漏，不需要断电。可用工具进行紧固，若还是不能解决泄漏，需要停泵后检查垫片的情况。

⑪ 拆装过程中要树立团结协作、严肃认真、安全第一的指导思想，服从实训指导教师的统一安排。

第四章 离心泵拆装实训

第一节 离心泵的基本结构和工作原理

一、离心泵的基本结构

离心泵的基本部件是高速旋转的叶轮和固定的蜗牛形泵壳。具有若干个（通常为4～12个）后弯叶片的叶轮紧固于泵轴上，并随泵轴由电机驱动作高速旋转。叶轮是直接对泵内液体做功的部件，为离心泵的供能装置。泵壳中央的吸入口与吸入管路相连接，吸入管路的底部装有单向底阀。泵壳侧旁的排出口与装有调节阀门的排出管路相连接，离心泵结构见图4-1。

图4-1 离心泵

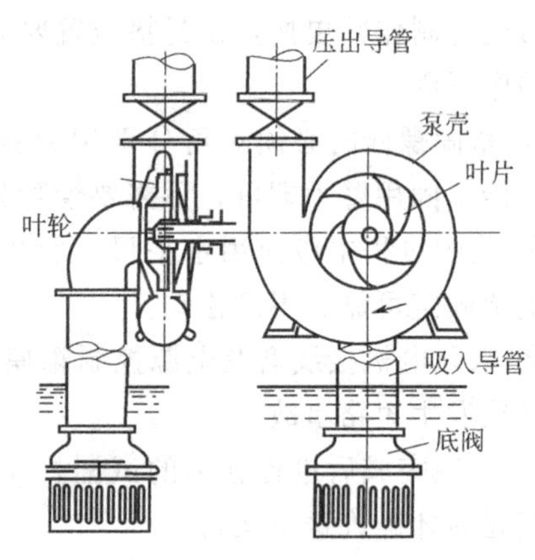

图4-2 离心泵装置简图

二、离心泵的工作原理

当离心泵启动后，泵轴带动叶轮一起做高速旋转运动，迫使预先充灌在叶片间的液体旋转，在惯性离心力的作用下，液体自叶轮中心向外周做径向运动。液体在流经叶轮的运动过程中获得了能量，静压能增高，流速增大。当液体离开叶轮进入泵壳后，由于壳内流道逐渐扩大而减速，部分动能转化为静压能，最后沿切向流入排出管路。所以蜗形泵壳不仅是汇集由叶轮流出液体的部件，而且也是一个转能装置。当液体自叶轮中心甩向外周的同时，叶轮中心形成低压区，在贮槽液面与叶轮中心总势能差的作用下，致使液体被吸进叶轮中心。依靠叶轮的不断运转，液体便连续地被吸入和排出。液体在离心泵中获得的能量最终表现为静压能的提高，离心泵装置简图见图 4-2。需要强调指出的是，若在离心泵启动前没向泵壳内灌满被输送的液体，由于空气密度低，叶轮旋转后产生的离心力小，叶轮中心区不足以形成吸入贮槽内液体的低压，因而虽启动离心泵也不能输送液体。这表明离心泵无自吸能力，此现象称为气缚。吸入管路安装单向底阀是为了防止启动前灌入泵壳内的液体从壳内流出。空气从吸入管道进到泵壳中会造成气缚。

三、离心泵的叶轮和其他部件

1. 离心泵的叶轮

叶轮是离心泵的关键部件。按其机械结构可分为闭式、半闭式和开式三种，如图 4-3 所示。闭式叶轮适用于输送清洁液体；半闭式和开式叶轮适用于输送含有固体颗粒的悬浮液，这类泵的效率低。

闭式和半闭式叶轮在运转时，离开叶轮的一部分高压液体可漏入叶轮与泵壳之间的空腔中，因叶轮前侧液体吸入口处压强低，故液体作用于叶轮前、后侧的压力不等，便产生了指向叶轮吸入口侧的轴向推力。该力推动叶轮向吸入口侧移动，引起叶轮和泵壳接触处的磨损，严重时造成泵的振动，破坏泵的正常操作。在叶轮后盖板上钻若干个小孔，可减少叶轮两侧的压力差，从而减轻了轴向推力的不利影响，但同时也降低了泵的效率。这些小孔称为平衡孔。

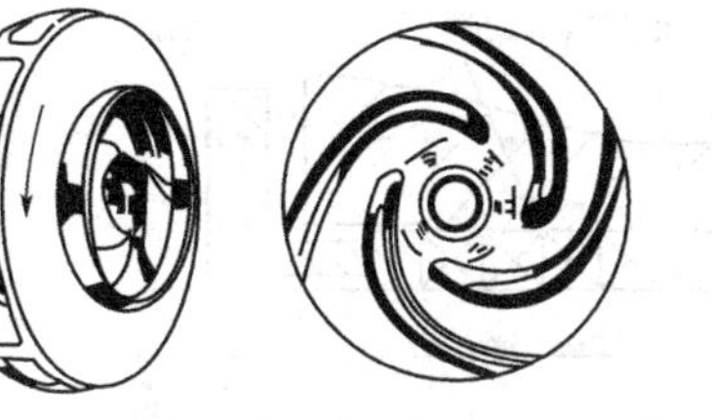

(a) 闭式　(b) 半闭式　(c) 开式

图 4-3　离心泵的叶轮

按吸液方式不同可将叶轮分为单吸式与双吸式两种，单吸式叶轮结构简单，液体只能从一侧吸入。双吸式叶轮可同时从叶轮两侧对称地吸入液体，它不仅具有较大的吸液能力，而且基本上消除了轴向推力。

根据叶轮叶片上的几何形状，可将叶片分为后弯、径向和前弯三种，由于后弯叶片有利于液体的动能转换为静压能，故而被广泛采用。

2. 离心泵的导轮

为了减少离开叶轮的液体直接进入泵壳时因冲击而引起的能量损失，在叶轮与泵壳之间有时装置一个固定不动的带有叶片的导轮。导轮中的叶片使进入泵壳的液体逐渐转向且流道连续扩大，使部分动能有效地转换为静压能。多级离心泵通常均安装导轮，泵壳与导轮装配关系见图 4-4。

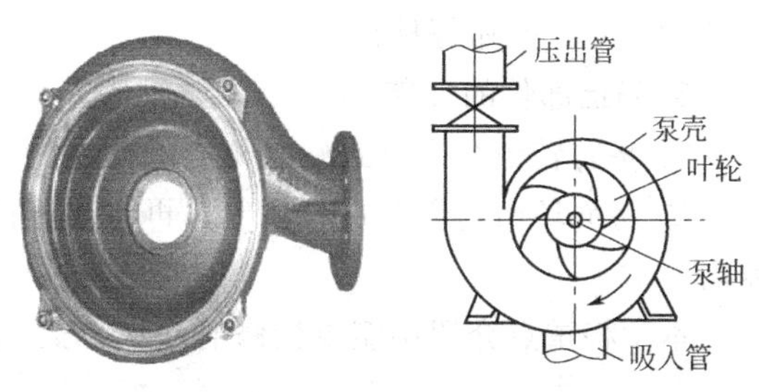

图 4-4　泵壳和导轮装配关系

蜗牛形的泵壳、叶轮上的后弯叶片及导轮均能提高动能向静压能的转化率，故均可视作转能装置。

3. 轴封装置

由于泵轴转动而泵壳固定不动，在轴和泵壳的接触处必然有一定间隙。为避免泵内高压液体沿间隙漏出，或防止外界空气从相反方向进入泵内，必须设置轴封装置。离心泵的轴封装置有填料函和机械（端面）密封，填料密封见图 4-5。填料函是将泵轴穿过泵壳的环隙作成密封圈，于其中装入软填料（如浸油或涂石墨的石棉绳等）。机械密封是由一个装在转轴上的动环和另一固定在泵壳上的静环所构成。两环的端面借弹簧力互相贴紧而做相对转动，起到了密封的作用。机械密封适用于密封要求较高的场合，如输送酸、碱、易燃、易爆及有毒的液体。

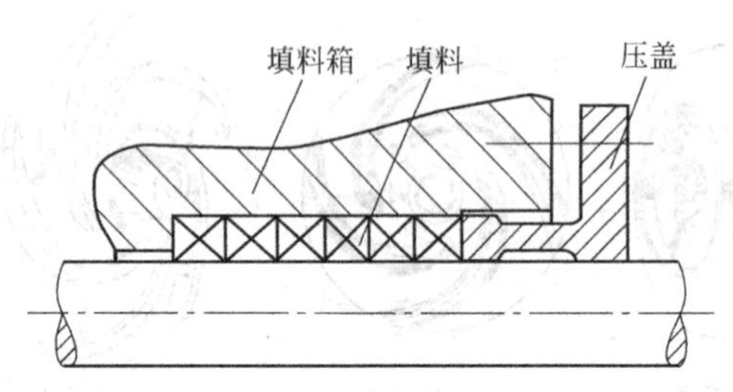

图 4-5　水泵泵轴填料密封结构图

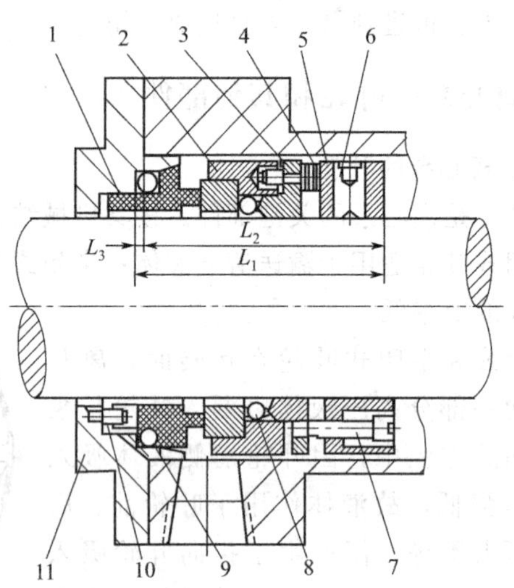

图 4-6　单端面内装式机械密封装置

1—静环；2—动环；3—压环；4—小弹簧；5—弹簧座；6—固定螺钉；7—传动螺钉；8—动环密封圈；9—静环密封圈；10—防转销；11—密封端盖

4. 机械密封安装位置的确定

确定机械密封的安装位置须在离心泵装配中调整并固定轴与密封体相对位置的基础上进行，确定方法有：

① 确定机械密封正常工作状态的安装尺寸。

② 在轴上标记密封箱端面垂直于轴的位置。

③ 以图 4-6 单端面内装式机械密封装置为例进行示范，由所标记的位置量出弹簧座固定端的位置，并做好标记。

5. 静止部件的安装

① 将防转销装入密封端盖相应的孔内。

② 将静环密封圈套在静环上，再将静环的凹槽对准密封端盖上的防转销，装入密封端盖内。

本章将重点介绍小型泵检修的基本步骤，以及一般性的要求等。

第二节　水泵的拆装工艺

离心泵的检修按程序来讲，就是拆卸、检查、组装三大步。由于泵的构造不同，具体的检修程序也不一样。

IS 型泵是根据国际标准 ISO 2858 所规定的性能和尺寸设计的，主要由泵体、泵盖、叶轮、轴、密封环、轴套及悬架轴承部件等组成，如图 4-7 所示。

IS 型的泵体和泵盖部分，是从叶轮背面处剖分的，即通常所说的后开门结构形式。其

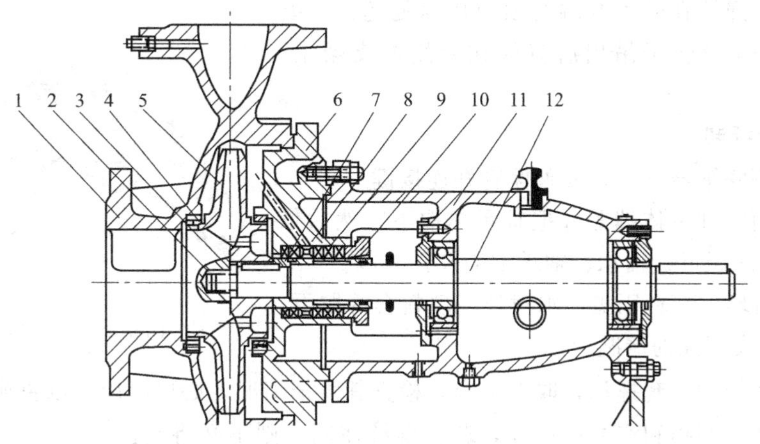

图 4-7　IS 单极单吸式离心泵结构

1—泵体；2—叶轮螺母；3—止动垫圈；4—密封环；5—叶轮；6—泵盖；
7—轴套；8—填料环；9—填料；10—填料压盖；11—悬架轴承部件；12—轴

优点是检修方便，检修时不动泵体、吸入管路、排出管路和电动机，只需拆下加长联轴器的中间连接件，即可退出转子部分进行检修。

泵的壳体（即泵体和泵盖）构成泵的工作室。叶轮、轴和滚动轴承等为泵的转子。悬架轴承部件支撑着泵的转子部分，滚动轴承受泵的径向力和轴向力。

为了平衡泵的轴向力，大多数泵的叶轮前、后均设有密封环，并在叶轮后盖板上设有平衡孔，由于有些泵轴向力不大，叶轮背面未设密封环和平衡孔。

泵的轴向密封环由填料压盖、填料环和填料等组成，以防止进气或大量漏水。泵的叶轮如有平衡孔，则装有软填料的空腔与叶轮吸入口相通，如叶轮入口处液体处于真空状态，则很容易沿着轴套表面进气，故在填料腔内装有填料环，通过泵盖上的小孔将泵室内压力水引至填料环进行密封。泵的叶轮如没有平衡孔，由于叶轮背面液体压力大于大气压，因而不存在漏气问题，故可不装填料环。

为避免轴磨损，在轴通过填料腔的部位装有轴套保护。轴套与轴之间有 O 形密封圈，以防止沿着配合表面进气或漏水。

泵的传动方式是加长弹性联轴器与电动机连接，泵的旋转方向从驱动端看为顺时针方向旋转。

一、解体步骤

1. 分离泵壳

① 拆除联轴器销子，将水泵与电机脱离。

② 拆下泵结合面螺栓及销子，使泵盖与下部的泵体分离，然后把填料压盖卸下。

③ 拆开与系统有连接的管路（如空气管、密封水管等），并用布包好管接头，以防止落入杂物。

2. 吊出泵盖

上述工作完成后，即可吊下泵盖。起吊时应平稳，并注意不要与其他部件碰磨。

3. 吊转子

① 将两侧轴承体压盖松下并脱开。

② 将钢丝绳拴在转子两端的填料压盖处起吊，要保持平稳、安全。转子吊出后应放在专用的支架上，并放置牢靠。

4. 转子的拆卸

① 将泵侧联轴器拆下，妥善保管好连接键。

② 松开两侧轴承体端盖并把轴承体取下，然后依次拆下轴承紧固螺母、轴承、轴承端盖及挡水圈。

③ 将密封环、填料压盖、水封环、填料套等取下，并检查其磨损或腐蚀的情况。

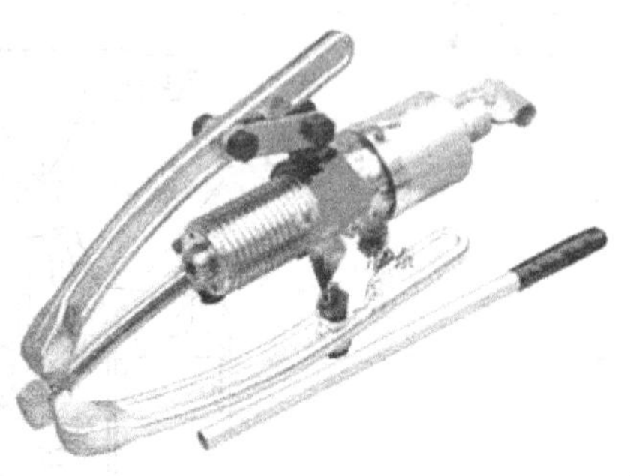

图 4-8　拆装叶轮工具

④ 松开两侧的轴套螺母，取下轴套并检查其磨损情况，必要时应予以更换。

⑤ 检查叶轮磨损和汽蚀的情况，若能继续使用，则不必将其拆下。如确需拆下时，要用专门的工具拔轮器（如图 4-8 所示）边加热边拆卸，以免损伤泵轴。

二、装配顺序

1. 转子组装

① 叶轮应装在轴的正确位置上，不能偏向一侧，否则会造成与泵壳的轴向间隙不均而产生摩擦。

② 装上轴套并拧紧轴套螺母。为防止水顺轴漏出，在轴套与螺母间要用密封胶圈填塞。组装后应保证胶圈被轴套螺母压紧且螺母与轴套已靠紧。

③ 将密封环、填料套、水封环、填料压盖及挡水圈装在轴上。

④ 装上轴承端盖和轴承，拧紧轴承螺母，然后装上轴承体并将轴承体和轴承端盖紧固。

⑤ 装上联轴器。

2. 吊入转子

① 将前述装好的转子组件平稳地吊入泵体内。

② 将密封环就位后，盘动转子，观察密封环有无摩擦。若有摩擦，应调整密封环直到盘动转子轻快为止。

3. 扣泵盖

将泵盖扣上后，紧固泵结合面螺栓及两侧的轴承体压盖。盘动转子，观察是否有异常，若无明显异常，即可连接空气管、密封水管等管路，加好填料，找正联轴器。

三、安装精度要求

这里给出的主要是联轴器对正的精度要求。泵与电机联轴器装好后，其间应保持 2～3mm 间隙，两联轴器的外圆上下、左右的偏差不得超过 0.1mm，两联轴器端面间隙的最大、最小值差值不得超过 0.08mm。

第三节　水泵的测量及计算

一、轴弯曲度的测量

泵轴弯曲后会引起转子的不平衡和动静部分的磨损，所以在大修时都应对泵轴的弯曲度进行测量，测量方法如图 4-9 所示。首先，把轴的两端架在 V 形铁上，V 形铁应放置平稳、牢固；再把千分表支好，使测量杆指向轴心。然后，缓慢地盘动泵轴，在轴有弯曲的情况下，每转一周则千分表有一个最大读数和最小读数，两读数的差值即表明了轴的弯曲程度。这个测量过程实际上是测量轴的径向跳动，即晃度。晃度的一半即为轴的弯曲值。通常，对泵轴径向跳动的要求是：中间不超过 0.05mm，两端不超过 0.02mm。

图 4-9　测量泵轴的弯曲度

二、转子晃度的测量

转子的晃度，即其径向跳动。测量转子的径向跳动，目的就是及时发现转子组装中的错误及转子部件不合格的情况。测量转子晃度的方法与测量轴弯曲的方法类同。通常，要求叶轮密封环的径向跳动不得超过 0.08mm，轴套处晃度不得超过 0.04mm，两端轴颈处晃度不得超过 0.02mm。

三、联轴器找中心的测量

水泵在大修之后必须进行联轴器找中心工作，这样水泵运转起来才能平稳。找中心原理和方法将在其他的内容中介绍。

四、相关的检修工作

1. 叶轮的静平衡

水泵转子在高转速下工作时，若其质量不均衡，转动时就会产生一个较大的离心力，造成水泵振动或损坏。转子的平衡是通过其上的各个部件（包括轴、叶轮、轴套、平衡盘等）的质量平衡来达到的，因此对新换装的叶轮都应进行静平衡校验工作。具体的方法是：

① 将叶轮装在假轴上，放到已调好水平的静平衡试验台上，如图 4-10 所示。试验台上有两条轨道，假轴可在其上自由滚动。

② 在叶轮偏重的一侧做好标记。若叶轮质量不平衡，较重的一侧总是自动地转到下面。在偏重地方的对称位置（即较轻的一方）增加重块（用面粘或是用夹子增减铁片），直至叶轮能在任意位置停住为止。

③ 称出加重块的质量并在较重侧通过减质量的方法来达到叶轮的平衡。减重时，可用铣床铣削或是用砂轮磨削（当去除量不大时），但注意铣削或磨削的深度不得超过叶轮盖板厚度的 1/3。经静平衡后的叶轮，静平衡允许偏差值不得超过叶轮外径值与 0.025g/mm 之积。例如，直径为 200mm 的叶轮，允许偏差为 5g。

2. 联轴器的拆装

① 拆下联轴器时，不可直接用锤子敲击而应垫以铜棒，且应击打联轴器轮毂处而不能击打联轴器外缘，因为此处极易被打坏。最理想的办法是用拂子拆卸联轴器，如图 4-11 所示。对于中小型水泵来说，因其配合过盈量很小，故联轴器很容易拿下来。对较大型的水泵，联轴器与轴配合有较大的过盈，所以拆卸时必须对联轴器进行加热。

② 装配联轴器时，要注意键的序号（对具有两个以上键的联轴器来说）。若用铜棒敲击

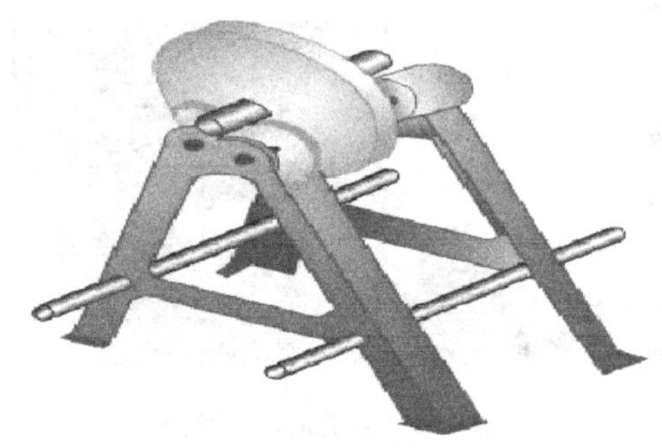
图 4-10　静平衡试验台

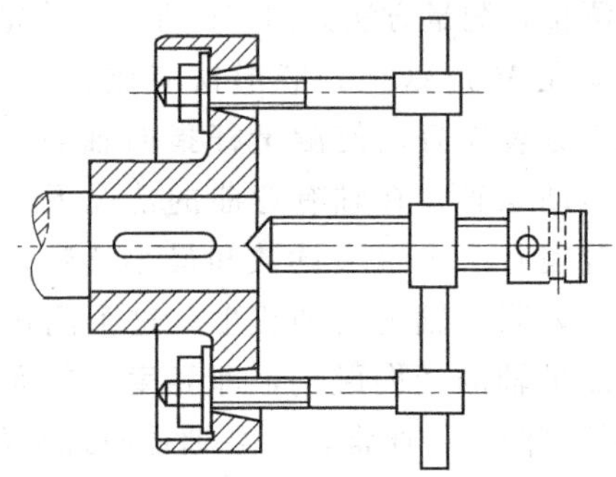
图 4-11　用捞子拆卸联轴器

时，必须注意击打的部位。例如，敲打轴孔处端面时，容易引起轴孔缩小，以致轴穿不过去；敲打对轮外缘处，则易破坏端面的平直度，在以后用塞尺找正时将影响测量的准确度。对过盈量较大的联轴器，则应加热后再装。

③ 联轴器销子、螺母、垫圈及胶垫等必须保证其各自的规格、大小一致，以免影响联轴器的动平衡。联轴器螺栓及对应的联轴器销孔上应做好相应的标记，以防错装。

④ 联轴器与轴的配合一般均采用过渡配合，既可能出现少量过盈，也可能出现少量间隙，对轮毂较长的联轴器，可采用较松的过渡配合，因其轴孔较长，由于表面加工粗糙不平，在组装后自然会产生部分过盈。如果发现联轴器与轴的配合过松，影响孔、轴的同心度时，则应进行补焊。在轴上打麻点或垫铜皮乃是权宜之计，不能作为理想的方法。

3. 决定泵壳结合面垫的厚度

叶轮密封环在大修后没有变动，那么泵壳结合面的垫取原来的厚度即可；如果密封环向上有抬高，泵结合面垫的厚度就要用压铅丝的方法来测量了，如图 4-12 所示。通常，泵盖对叶轮密封环的预紧力以密封间隙为依据，一般间隙为 0～0.03mm。新垫做好后，两面均应涂上黑铅粉后再铺在泵结合面上。注意所涂铅粉必须纯净，不能有渣块。在填料函处，垫要做得格外细心，一定要使垫与填料函的边缘平齐。垫如果不合适，就会因填料密封不紧而大量漏水，造成返工。

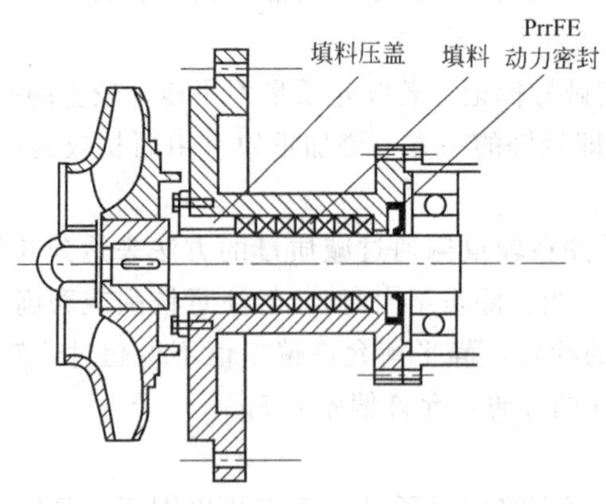

图 4-12　测量泵结合面垫厚度

第五章 热交换器拆装实训

第一节 概 述

化工设备拆装实训是化工类专业实践教学过程的重要环节，通过实训可掌握典型的化工单元操作及其涉及的设备结构、工作原理。化工设备拆装实训是为适应教学改革的需要，使知识向能力转化而设置的重要教学环节。学生通过一段时间的实践教学，不仅可以对典型化工设备、压力容器的结构和工作原理有所了解，更重要的是可以养成良好的劳动观念，强化综合素质，提高自学能力、综合运用知识能力、动手操作能力及创新能力。同时，还能获得一定的感性认识，为学习后续专业课程和将来从事专业技术工作打下良好的实践基础。化工设备拆装实训主要包括三种典型的压力容器，分别是热交换器、塔设备和釜式反应器。热交换器拆装实训使用的换热器包括浮头式换热器、U形管式换热器、固定管板式换热器、填料函式换热器四种类型。

一、换热器的概念

换热器（heat exchanger）是将热流体的部分热量传递给冷流体的设备，又称热交换器。换热器在化工、石油、动力、食品及其他许多工业生产中占有重要地位，其在化工生产中可作为加热器、冷却器、冷凝器、蒸发器和再沸器等广泛应用。例如电厂低温用聚四氟乙烯换热器是发电厂为降低排烟温度进行余热回收的新型装置设备。采用氟塑料换热器，能够防止酸腐蚀，并将烟气温度降至100℃以内。郑州工业大学研制成功“聚四氟乙烯管板限胀施压加热焊接”工艺，解决了氟塑料管子与管板连接的关键技术。随后，各种类型的国产换热器陆续投入实际生产应用并取得良好的效果。换热器种类很多，但根据冷、热流体热量交换的原理和方式基本上可分三大类，即间壁式、混合式和蓄热式。在三类换热器中，间壁式换热器应用最多。通过对换热器进行拆装，可以充分了解换热器管壳程结构的流体流动路径，对今后换热器的设计、正常运行管理、维护和检修发挥重要作用。

二、换热器拆装部分组成及特点

列管换热器拆装实训装置主要由列管换热器、电动葫芦、拆装工具、工具箱、检测仪器等组成，通过训练可掌握典型列管式换热器的结构、组装、工作原理、换热管与管板、壳体与管板等的连接结构形式相关知识，以及压力容器安全检验、保证密封结构安全的技能。

三、换热器拆装部分功能及训练目标

① 掌握典型换热器的结构、组装、密封、水压实验压力确定、实训注意事项、压力容器使用过程中的检验常识。

② 换热器的拆装：认识管壳式换热器的结构及其关键零部件；做好拆装前的准备工作（包括拆装工具的准备、待拆装换热器基本状态检查、了解拆装操作规程及注意事项等）；制定拆装计划与实施方案；对换热器进行拆卸，严格遵守拆卸顺序，并对已拆卸的零件进行标号；对换热器按顺序（对照零件标号）组装。

③ 换热器的清洗过程：认识换热器的各种清洗方法；做好清洗前的准备工作（如清洗工具的准备，包括榔头、锉刀、铲刀、刮刀、钢丝刷、吸尘器等）；了解工厂换热器清洗操作基本流程，对换热器的管、壳程清洗有基本认识；注意整个清洗过程的顺序及操作要领。

④ 换热器的水压试验路径及流程：通过管、壳程水压流程图了解管、壳程水压试验系统；了解试压系统拆装过程中的安全规范。

第二节　浮头式换热器拆装实训

一、浮头式换热器的特点

新型浮头式换热器浮头端结构包括圆筒、外头盖侧法兰、浮头管板、钩圈、浮头盖、外头盖及丝孔、钢圈等，其特征是在外头盖侧法兰内侧面设凹形或梯形密封面，在靠近密封面外侧钻孔并套丝或焊设多个螺杆均布，浮头处取消钩圈及相关零部件，浮头管板密封槽为原凹形槽并另在同一端面开一个以该管板中心为圆心，半径稍大于管束外径的梯形凹槽，且管板分程凹槽只与梯形凹槽相连通，而不与凹形槽相连通。

浮头式换热器的一端管板与壳体固定，而另一端的管板可在壳体内自由浮动，壳体和管束对膨胀是自由的，故当两种介质的温差较大时，管束和壳体之间不产生温差应力。浮头端设计成可拆结构，使管束能容易地插入或抽出壳体。也可设计成不可拆的，为检修、清洗提供了方便。但该换热器结构较复杂，而且浮动端小盖在操作时无法知道泄漏情况。因此在安装时要特别注意其密封。

浮头换热器的浮头部分结构按不同的要求可设计成各种形式，除必须考虑管束能在设备内自由移动外，还必须考虑到浮头部分的检修、安装和清洗的方便。

在设计时必须考虑浮头管板的外径 D_o。该外径应小于壳体内径 D_i，一般推荐浮头管板与壳体内壁的间隙 $b_1=3\sim5\text{mm}$。这样，当浮头处的钩圈拆除后，即可将管束从壳体内抽出。以便于进行检修、清洗。浮头盖在管束装入后才能进行装配，所以在设计中应保证浮头盖在装配时的必要空间。

钩圈对保证浮头端的密封、防止介质间的串漏起着重要作用。随着浮头式换热器的设计、制造技术的发展，以及长期以来使用经验的积累，钩圈的结构形式也得到了不断的改进和完善。钩圈一般都为对开式结构，要求密封可靠，结构简单、紧凑、便于制造和拆装方便。

浮头式换热器以其高度的可靠性和广泛的适应性，至今仍在各种换热器中占主导地位。

1. 浮头式换热器的优点

① 管束可以抽出，以方便清洗管、壳程；

② 介质间温差不受限制；

③ 可在高温、高压下工作，一般温度小于等于450℃，压力小于等于6.4MPa；

④ 可用于结垢比较严重的场合；

⑤ 可用于管程易腐蚀场合。

2. 浮头式换热器的缺点

① 小浮头易发生内漏；

② 金属材料耗量大，成本高20%；

③ 结构复杂。

浮头式换热器的结构见图5-1。

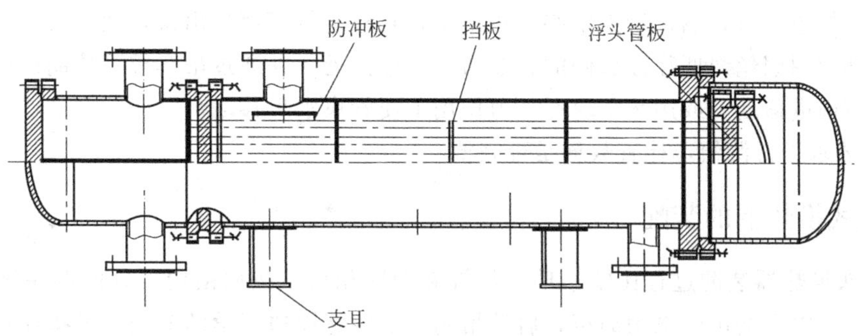

图5-1　浮头式换热器结构简图

二、实训目的

① 通过浮头式换热器图纸结合现场实训设备了解其结构特点，分析拆卸顺序。

② 以小组为单位，分工协作完成拆装任务。

③ 按要求进行零部件尺寸测绘、绘图。

④ 结合教材进行分析、讨论，详细了解浮头式换热器的结构特点和工作原理（冷热介质流程、流向）。

⑤ 注意吊装、移动、反转设备时的自我保护，做到安全第一。

三、拆装注意事项

① 换热器属于大型设备，应有专门起重工具、龙门吊车架及其辅助工具等，本实训中配备了电动葫芦，用于大型零部件的吊装。

② 准备好专用工具及常用工具等。

③ 注意同组同学之间的协作精神。

④ 在企业拆装换热器时，应将换热器内管置换清洗干净，并用蒸汽吹扫。本实训中不需要这个清理环节。

⑤ 记录拆卸先后顺序，专人保管拆下的各个零件（不能混），尽可能做好各方面的准备工作。

四、浮头式换热器拆卸方法

① 用起吊工具将前封头吊住，将前封头与筒体螺栓松开，可用松动剂配合，注意对称

松开，并留前封头顶部一对螺栓不拆，等最后起吊时拆下，放在垫木上，螺栓单独放好，如有必要需画好对齐线。

② 移动起重工具到后封头，将后封头吊住，同样松开螺栓，最后拧下顶部两个螺栓，并将后封头吊起，轻轻放在垫木上（注意放稳，螺栓单独放在一起，不要与前封头螺栓混在一起）。

③ 拆浮头时先吊住浮头，拆下浮头与浮头钩圈螺柱，单独放在一起，注意不要让落下的浮头钩碰伤人（应拉住轻轻放在地上），然后将浮头平稳地放到地上，并用木块垫好。

④ 移动吊车至前封头的位置，用钢丝绳吊住管板吊耳，通过起吊时向前产生的分力使管束向外拉，重新捆住管束，通过起吊的办法产生向前分力，继续使管束向外移动，直到管束中心到筒体边缘时，捆住管束中心，将吊车移到外侧将管束拉出来，然后放在垫木上。若无吊耳，则应用钢丝绳捆住浮头侧的管板与管子连接处，并通过吊车拉手拉葫芦产生向前分力，使管束前进移动，或用垫木块在外力作用下使管束水平移动。

⑤ 按要求进行测绘，检查数据是否完整。

五、浮头式换热器的装配

① 浮头换热器装配过程比较繁琐，与拆卸顺序相反、按照由内到外的顺序进行合理装配，装配过程中也会用到电动葫芦，启动吊钩时要注意周边同学的安全，经指导教师确认后才可使用电动葫芦。

② 注意隔板的方向，螺栓与孔对齐，不许有歪斜现象，注意螺栓对角拧紧。

③ 注意保证装配质量，否则须拆卸后重新装配。

六、拆装实训课后作业

① 说明浮头式换热器的拆卸过程。

② 测绘浮头或管箱等零部件图（用 A3 图纸）。

七、思考题

① 说明浮头式换热器的结构特点。

② 为什么炼油厂使用浮头式换热器数量较多，说明原因。

第三节　U 形管式换热器拆装实训

一、U 形管式换热器的特点

U 形管式换热器结构简单，只有一个管板，密封面少，运行可靠，造价低，管束可抽出，管间（壳程）清洗方便，质量轻，适用于高温和高压的场合。然而，U 形管式换热器也存在一些缺点，如管程清洗困难，管程流体必须是洁净和不易结垢的物料，由于管子需要一定的弯曲半径，故管板利用率低；管束最内层间距大，壳程易短路；内层管子不能更换，因而报废率高。U 形管式换热器适用于管、壳壁温差较大或壳程介质易结垢，而管程介质清洁不易结垢以及高温、高压、腐蚀性强的场合。一般高温、高压、腐蚀性强的介质走管内，由于高压空间减小，密封易解决，可节约材料并减少热损失。

二、U 形管式换热器的应用

换热器是广泛应用于汽车、航空、石油化工、动力、医药、冶金、制冷、轻工、食品、工程机械等行业的一种通用设备，约占工艺设备总量的 20%～70%。按其传热面的形状和结构进行分类可分为管式、板式和其他形式换热器。目前常用的换热器种类有浮头式、固定管板式和 U 形管式，其中以浮头式换热器居多。固定管板式换热器由于自身结构，应用的场合有限；浮头式换热器零部件多，易拆卸和清理，但检修的工作量大，容易内漏；而 U 形管式换热器的管板比固定管板式换热器少，其泄漏点就相应减少。此外，U 形管式换热器的壳程水压试验后烘干也比较容易，而且它的适用场合广、检修简单、操作弹性好。如果换热器的换热面积小、壳程与管程的温差较大或壳程介质很容易脏、管束表面需要经常清理，一般都采用 U 形管式换热器，U 形管式换热器结构见图 5-2。

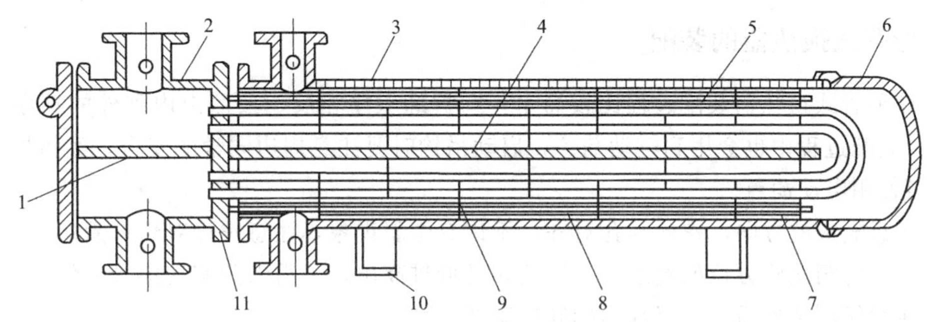

图 5-2　U 形管式换热器结构简图

1—隔板；2—管箱筒体；3—壳程筒体；4—壳程隔板；5—换热管；6—壳程封头；
7—拉杆；8—定距管；9—折流板；10—鞍座；11—管板

三、实训目的

① 通过 U 形管式换热器图纸结合现场实训设备了解其结构特点，分析拆卸顺序。

② 以小组为单位，分工协作完成拆装任务。

③ 按要求进行零部件尺寸测绘、绘图。

④ 结合教材进行分析、讨论，详细了解 U 形管式换热器的结构特点和工作原理（冷热介质流程、流向）。

⑤ 注意吊装、移动、反转设备时的自我保护，做到安全第一。

四、拆装注意事项

① 换热器属于大型设备，应有专门起重工具、龙门吊车架及其辅助工具等，本实训中专门配备了电动葫芦，用于大型零部件的吊装。

② 准备好专用工具及常用工具等。

③ 注意同组同学之间的协作精神。

④ 在企业拆装换热器时，应将换热器内管置换清洗干净，并用蒸汽吹扫。本实训中不需要这个清理环节。

⑤ 记录拆卸先后顺序，专人保管拆下的各个零件（不能混），尽可能考虑做好各方面的准备工作。

五、U 形管式换热器拆卸方法

① 用起吊工具将一端管箱吊住，将管箱与筒体螺栓松开，可用松动剂配合，注意对称松开，并留顶部一对螺栓不拆，等最后起吊时拆下，放在地面上，螺栓单独放好，如有必要需画好对齐线。

② U 形管式换热器只有一个管箱，将前管箱拆掉后，露出管板和换热管，由于 U 形管管束抽芯有一定难度，组装存在困难，本实训中暂时不考虑，但需了解 U 形管换热器的特性及抽芯的基本流程。

③ U 形管换热器管程分两管程，所以需在管箱内设置一分程隔板，管板上也预留分程间隙。

④ 按要求进行管箱的测绘，检查数据是否完整。

六、U 形管式换热器的装配

① U 形管式换热器装配过程比较简单，与拆卸顺序相反、按照由内到外的顺序进行合理装配，装配过程中也会用到电动葫芦，启动吊钩时要注意周边同学的安全，经指导教师确认后才可使用电动葫芦。

② 注意隔板的方向，螺栓与孔对齐，不许有歪斜现象，注意螺栓对角拧紧。

③ 注意管箱接管方位的确定，一般液相是低进高出，不得随意旋转接管方位。

④ 注意保证装配质量，否则须拆卸后重新装配。

七、拆装实训课后作业

① 说明 U 形管式换热器的拆卸过程。

② 测绘 U 形管式换热器管箱部件图（用 A3 图纸）。

八、思考题

① 说明 U 形管式换热器的结构特点。

② 阐述 U 形管式换热器适用场合。

第四节　固定管板式换热器拆装实训

一、固定管板式换热器的特点

固定管板换热器主要由外壳、管板、管束、顶盖（又称封头）等部件构成，其两端管板采用焊接方法与壳体连接固定。换热管可为光管或低翅管。其结构简单，制造成本低，能得到较小的壳体内径，管程可分成多样，壳程也可用纵向隔板分成多程，规格范围广，故在工程中广泛应用。

图 5-3 为一典型的固定管板换热器的结构图。如图所示，固定管板换热器的管板与壳体焊接在一起，管板不能从壳体上拆卸下来。此类换热器的优点是结构比较简单，紧凑，造价低，因而得到较广泛的应用。其缺点是管外不能采用机械法进行清洗，故要求壳程流体必须清洁、不易结垢或不易对壳体造成腐蚀。由于管内、外是冷热两种不同温度的流体，致使管

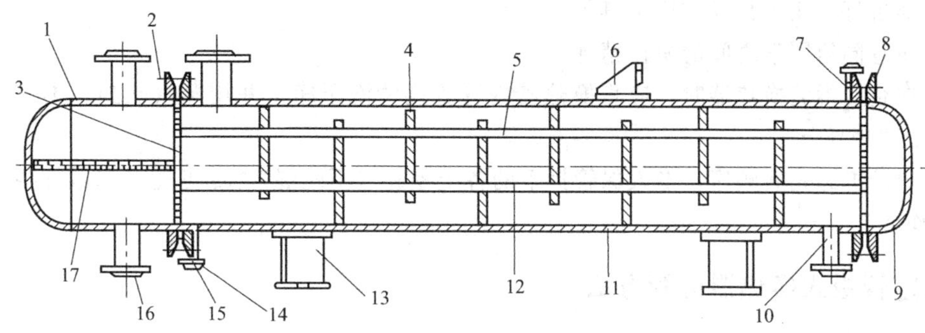

图 5-3 固定管板换热器结构简图

1—管箱；2—螺栓和螺母；3—管板；4—折流板；5—换热管；6—耳架；
7—排气口；8—设备法兰；9—封头；10—壳程接管；11—筒体；12—拉杆；
13—支座；14—排液口；15—垫片；16—管程接管；17—分程隔板

子与壳体的壁温不同，从而使换热管与壳体之间产生热膨胀差，而壳体与管板的连接方式为焊接，换热管与管板为胀接、焊接或胀接和焊接的组合，换热管、壳体和管板彼此约束，限制了管束的自由膨胀。其结果是在管壁的总截面和壳壁截面上产生应力。此应力是由于管壁与壳壁的温度不同而引起的，所以通常被称为温差应力。管壁与壳壁的温度差越大，温差应力也越大。温差应力有可能造成管子与管板连接接头泄漏，甚至造成管子从管板上拉脱，破坏整个换热器。

膨胀节补偿温差应力的特点是结构简单。当一个波的膨胀节的补偿能力不够时，也可以采用多波膨胀节。但膨胀节的波数最多不宜超过 6 个。为了使膨胀节具有良好的弹性，一般均采用 1～3mm 厚的不锈钢薄板来制造，这样就使其承压能力受到了很大的限制。因此，在较高压力的场合，常采用带保护罩（即夹壳式）的波形膨胀节。

保护罩的作用除了使膨胀节能够承受较高的压力外，还可防止膨胀节侧向变形，限制膨胀节在承压时波壳弯曲，以免使膨胀节失效。

一般情况下，装有膨胀节的固定管板换热器，只能在管壁与壳壁温差低于 60～70℃和壳程流体压力不高的情况下使用。当壳程压力超过 0.6MPa 时，由于要承受较高的压力，波形膨胀节壁厚就要加大，但壁厚加厚，刚性增大，弹性变小，温差补偿作用也就降低了。这时就应考虑采用其他结构形式的换热器，如浮头式换热器等。

二、实训目的

① 通过固定管板式换热器图纸结合现场实训设备了解其结构特点，分析拆卸顺序。

② 以小组为单位，分工协作完成拆装任务。

③ 按要求进行零部件尺寸测绘、绘图。

④ 结合教材进行分析、讨论，详细了解固定管板式换热器的结构特点和工作原理（冷热介质流程、流向）。

⑤ 注意吊装、移动、反转设备时的自我保护，做到安全第一。

三、拆装注意事项

① 换热器属于大型设备，应有专门起重工具、龙门吊车架及其辅助工具等，本实训中专门配备了电动葫芦，用于大型零部件的吊装。

② 准备好专用工具及常用工具等。

③ 注意同组同学之间的协作精神。

④ 在企业拆装换热器时，应将换热器内管置换清洗干净，并用蒸汽吹扫。本实训中不需要这个清理环节。

⑤ 记录拆卸先后顺序，专人保管拆下的各个零件（不能混），尽可能考虑做好各方面的准备工作。

四、固定管板式换热器拆卸方法

① 用起吊工具将前管箱吊住，将前管箱与筒体螺栓松开，可用松动剂配合，注意对称松开，并留顶部一对螺栓不拆，等最后起吊时拆下，放在垫木上，螺栓单独放好，如有必要需画好对齐线。

② 移动起重工具到后封头，将后封头吊住，松开螺栓，最后拧下顶部两个螺栓，并将后封头吊起，轻轻放在指定位置，用木块垫上（注意放稳，螺栓单独放在一起，不要与前封头螺栓混在一起）。

③ 固定管板式换热器的壳程是封闭的，两端管板与筒体为焊接结构，在实训过程中应了解该换热器的结构特点，优点和不足。

④ 按要求进行零部件的尺寸测绘，检查数据是否完整。

⑤ 绘制零部件草图并进行尺寸标注。

五、固定管板式换热器的装配

① 固定管板式换热器装配过程比较简单，与拆卸顺序相反、按照由内到外的顺序进行合理装配，装配过程中也会用到电动葫芦，启动吊钩时要注意周边同学的安全，经指导教师确认后才可使用电动葫芦。

② 注意隔板的方向，螺栓与孔对齐，不许有歪斜现象，注意螺栓对角拧紧。

③ 注意保证装配质量，否则须拆卸后重新装配。

六、拆装实训课后作业

① 说明固定管板式换热器的拆卸过程。

② 测绘管箱、管板等零部件图（用 A3 图纸）。

七、思考题

① 说明固定管板式换热器的结构特点。

② 什么情况下固定管板换热器壳体会设置膨胀节？

第五节　填料函式换热器拆装实训

一、填料函式换热器的特点

填料函式换热器主要由外壳、管束、管板、封头等部件组成。在圆筒形外壳内，装入平行管束，管束两端用焊接或胀焊的方法固定在管板上，一块管板与壳体管箱用螺栓紧固在一起，称为固定管板，另一块管板通过螺栓与管箱连接，其与壳体之间通过填料密封，在热胀冷缩的作用下可以相对壳体做自由移动，称为活动管板。

填料函式换热器结构如图 5-4 所示。这种设备的结构特点与浮头式换热器相似，浮头部分露在壳体以外，在浮头与壳体的滑动接触面处采用填料函式密封结构。

由于采用填料函式密封结构，使得管束在壳体轴向可以自由伸缩，不会产生壳壁与管壁热变形差而引起的热应力。其结构较浮头式换热器简单，加工制造方便，节省材料，造价比较低廉，且管束从壳体内可以抽出，管内、管间都能进行清洗，维修方便。

因填料处易产生泄漏，填料函式换热器一般适用于 4MPa 以下的工作条件，不适用于易挥发、易燃、易爆、有毒及贵重介质，使用温度也受填料的物性限制。填料函式换热器现在已很少采用。

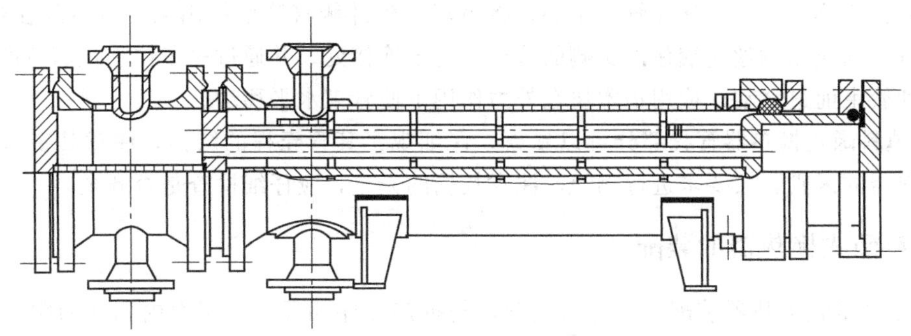

图 5-4　填料函式换热器结构简图

二、实训目的

① 通过填料函式换热器图纸结合现场实训设备了解其结构特点，分析拆卸顺序。

② 以小组为单位，分工协作完成拆装任务。

③ 按要求进行零部件尺寸测绘、绘图。

④ 结合教材进行分析、讨论，详细了解填料函式换热器的结构特点和工作原理（冷热介质流程、流向）。

⑤ 注意吊装、移动、反转设备时的自我保护，做到安全第一。

三、拆装注意事项

① 换热器属于大型设备，应有专门起重工具、龙门吊车架及其辅助工具等，工程实训现场应该专门配备电动葫芦，用于大型零部件的吊装。

② 准备好专用工具及常用工具等。

③ 注意同组学员之间的协作精神。

④ 在企业拆装换热器时，应将换热器内管置换清洗干净，并用蒸汽吹扫。本实训中不需要这个清理环节。

⑤ 记录拆卸先后顺序，专人保管拆下的各个零件（不能混），尽可能考虑做好各方面的准备工作。

四、填料函式换热器拆卸方法

① 用起吊工具将前封头吊住，将前平板封头管箱连接螺栓依次按顺序对称松开，将平

板法兰盖移开，再将前管箱部分与筒体螺栓对称松开，适当情况可用松动剂配合，注意对称松开，并留顶部一对螺栓不拆，等最后起吊时拆下，放在垫木上，螺栓单独放好，如有必要需画好对齐线。

② 移动起重工具到后封头，将后封头吊住，同样松开螺栓，最后拧下顶部两个螺栓，并将后封头吊起，轻轻放在垫木上（注意放稳，螺栓单独放在一起，不要与前封头螺栓混在一起）。

③ 拆浮头时先吊住浮头，拆下浮头与浮头钩圈螺柱，单独放在一起，注意不要让落下的浮头钩碰伤人（应拉住轻轻放在地上），然后将浮头平稳地放到地上，并用木块垫好。

④ 移动吊车至前封头的位置，用钢丝绳吊住管板吊耳，通过起吊时向前产生的分力，使管束向外拉，重新捆住管束，通过起吊的办法产生向前分力，继续使管束向外移动，直到管束中心到筒体边缘时，捆住管束中心，将吊车移到外侧将管束拉出来，然后放在垫木上。若无吊耳，则应用钢丝绳捆住浮头侧的管板与管子连接处，并通过吊车拉手拉葫芦产生向前分力，使管束前进移动，或用垫木块在外力作用下使管束水平移动。

⑤ 填料函式换热器管程部分可以暴露，仔细观察其管壳程的结构，注意其密封结构与其他换热器的区别，按要求进行测绘，注意数据的完整，应仔细检查是否齐全。

五、填料函式换热器的装配

① 填料函式换热器装配过程比较繁琐，与拆卸顺序相反、按照由内到外的顺序进行合理装配，装配过程中也会用到电动葫芦，启动吊钩时要注意周边同学的安全，经指导教师确认后才可使用电动葫芦。

② 注意隔板的方向，螺栓与孔对齐，不许有歪斜现象，注意螺栓对角拧紧。

③ 注意保证装配质量，否则须拆卸后重新装配。

六、拆装实训课后作业

① 说明填料函式换热器的拆卸过程。

② 测绘填料函式换热器零部件图（如管箱、平板封头等）（用 A3 图纸）。

七、思考题

① 说明填料函式换热器的结构特点。

② 石油化工行业为什么使用填料函式换热器的情况比较少？说明原因。

第六章

塔设备拆装实训

第一节　塔设备拆装概述

一、塔设备拆装实训的意义

塔设备作为大型装备，在实践教学环节中具有重要的地位。在石化企业中，设备检修与其他企业相比具有抢修频繁、复杂、技术性强、危险性大的特点。石化企业设备布局比较集中，检修场地比较狭小，设备往往纵横交错、立体交叉，设备内外、高空地下同时进行。检修作业时，往往需要动火作业、登高作业、罐内作业、起重作业、电气作业、拆装作业等同时进行，如果组织不严密、计划不周全、疏忽大意，就容易发生事故。据统计，全国石化企业发生的爆炸、中毒、窒息、坠落、触电等伤亡事故中，检修时发生的伤亡事故占66%以上。因此，在设备检修过程中采取有效的安全对策显得尤为重要。

通过塔设备拆装实训可了解塔设备的主要结构、工作原理及拆装基本要求，为今后的专业工作打下一定的实践基础，有利于尽快融入企业的实际工作。本实训中拆装的塔设备属于专门定制的小型塔，内部结构相对简单，结构及内件都具有代表性，从安全角度考虑，适合学习与练习使用。

二、实训目的

① 掌握典型板式塔、填料塔的结构、组装、试压操作、密封系统组建技能。

② 掌握实训步骤、实训注意事项、检验常识。

③ 了解填料塔各内件的结构及固定装配关系，明确其工作原理。

④ 用计量及测量工具对塔设备主要零部件进行测量，绘制草图并标注尺寸，以便完成实训报告中要求的零部件图。

三、塔设备拆装教学内容及注意事项

① 通过图纸、模型了解板式塔和填料塔的结构特点，分析拆装程序。

② 以小组为单位，分工完成板式塔、填料塔拆装任务。

③ 按要求进行测绘并绘制草图。

④ 结合教材了解板式塔、填料塔的工作原理，气、液相选择路径及流动方向。

⑤ 塔设备属于大型设备，拆装时用到电动葫芦、吊具等辅助工具，需注意安全。

⑥ 准备好专用工具及常用工具。

⑦ 注意组员之间的协作精神，并有专人指挥，电动葫芦应在指导教师的示范下操作。

⑧ 记录拆卸先后顺序，专人保管拆下的各个零件（不能混），尽可能做好各项准备工作。

第二节　填料塔拆装实训

一、填料塔简介

填料塔是塔设备的一种。塔内填充适当高度的填料，以增加两种流体间的接触面积。例如应用于气体吸收时，液体由塔的上部通过分布器进入，沿填料表面下降，气体则由塔的下部通过填料孔隙逆流而上，与液体密切接触而相互作用。填料塔结构较简单，检修较方便，广泛应用于气体吸收、蒸馏、萃取等操作。为了强化生产，提高气流速度，可在乳化状态下操作，称乳化填料塔或乳化塔(emulsifying tower)。

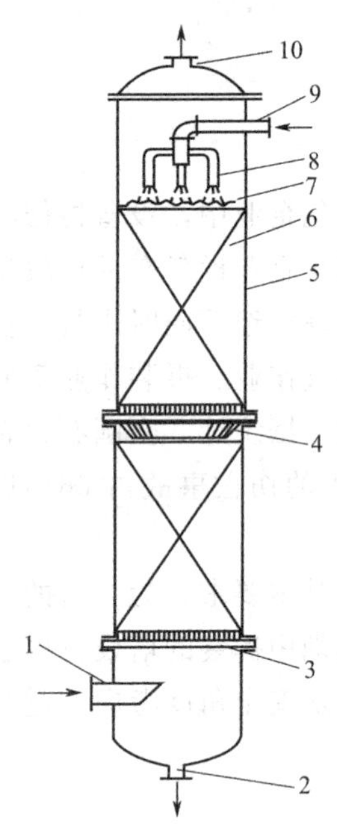

图 6-1　填料塔结构示意图
1—进气管；2—塔底液出口；3—填料支撑栅板；4—液体再分布器；5—塔壳体；6—填料；7—填料压板；8—液体分布器；9—进液管；10—塔顶气相接管

填料塔尤其适用于真空蒸馏、常压及中压下的蒸馏，当然还有大气量的两相接触过程（如气体的吸收、冷却等），但在高压精馏塔中应用时要特别谨慎。人们正在对高压精馏填料塔进行研究，企图从填料塔的结构和操作方法上解决其局限性，例如有人提出填料层分段乳化操作或采用超重力场分离等。目前在突破高压精馏塔应用填料的局限性方面已取得了一些进展，其关键是彻底弄清高压（高液相负荷）对塔的处理能力和效率的影响，可利用浅床层和高性能塔构件（如气体分布器、液体分布器及再分布器），也有人建议开发适用于高压蒸馏的组合式填料。

填料塔应用的另一个新领域是空气分离装置。20 世纪 30 年代以前的空分设备，主要是满足焊接、切割用氧及化工用氮。由于现代钢铁、氮肥、化工及火箭等技术的发展，氧、氮及稀有气体的用量迅速增加。国外一些大公司，如德国的 Linde 公司，美国的 APCI 公司（空气制品与化学品公司）、英国的 BOC 公司（氧气公司）和法国的空气液化公司等，均已开始把填料塔应用于空分方面的研究，瑞士 Sulzer 公司作为填料生产厂商与上述公司积极合作，已取得可喜成绩。

空分装置中规整填料的另一个用途是在粗氩塔中使用。过去的粗氩塔为筛板塔，无法得到氧含量小于 2×10^{-6} 的纯氩。改用填料塔，便可取消过去生产纯氩产品时使用的下游工艺，填料塔结构见图 6-1。

1. 填料塔工作原理

填料塔是以塔内的填料作为气液两相间接触构件的传质设备。填料塔的塔身是一直立式圆筒，底部装有填料支承板，填料以乱堆或整砌的方式放置在支承板上。填料的上方安装填料压板，防止被上升气流吹动。液体从塔顶经液体分布器喷淋到填料上，并沿填料表面流下。气体从塔底送入，经气体分布装置（小直径塔一般不设气体分布装置）分布后，与液体呈逆流连续通过填料层的空隙，在填料表面上，气液两相密切接触进行传质。填料塔属于连续接触式气液传质设备，两相组成沿塔高连续变化，在正常操作状态下，气相为连续相，液相为分散相。

当液体沿填料层向下流动时，有逐渐向塔壁集中的趋势，使得塔壁附近的液流量逐渐增大，这种现象称为壁流。壁流效应造成气液两相在填料层中分布不均，从而使传质效率下降。因此，当填料层较高时，需要进行分段，中间设置再分布装置。液体再分布装置包括液体收集器和液体再分布器两部分，上层填料流下的液体经液体收集器收集后，送到液体再分布器，经重新分布后喷淋到下层填料上。

填料塔具有生产能力大，分离效率高，压降小，持液量小，操作弹性大等优点。然而，也存在一些不足之处，如填料造价高；当液体负荷较小时不能有效地润湿填料表面，使传质效率降低；不能直接用于有悬浮物或容易聚合的物料；不适用于侧线进料和出料等复杂精馏过程。

2. 填料塔塔内装置

塔内件和填料及塔体共同构成了一个完整的填料塔，塔内件是填料塔的组成部分。塔内件的作用是为了使气液在塔内有更好地接触，以便于发挥填料塔的最大生产能力和最大效率，所以说塔内件设计的好坏直接影响到整个填料塔的操作运行和填料性能的发挥。此外，填料塔的“放大效应”除了填料本身固有的因素之外，也受到塔内件对它的影响。

塔内件主要包括以下几个部分：液体分布装置、填料压紧装置、填料支撑装置、液体收集再分布及进出料装置、气体进料及分布装置、除沫装置等。

二、填料塔拆卸步骤

为便于拆装实训操作，工程训练定制的填料塔一般分上、中、下三段塔体，分别通过法兰连接，塔顶和塔底分别设计了以法兰连接的封头形式，内件有喷淋装置、填料、填料支撑栅板，因塔设备比较笨重，拆装中要注意安全，选择配套的专用工具和扳手，设备筒体挪动时要做好保护，不得强行滚动以防发生手脚挤伤事故。

1. 上封头拆卸

一般拆卸的原则是先上后下、先外后内。用梅花扳手依次拆卸、松动法兰螺栓，在拆卸螺栓过程中切记不能直接把所有螺栓全部松开卸掉，这样会造成封头突然落地而产生危险，必须预留两个对角的螺栓，最后进行松开，提前做好保护和防范措施，再松开这两个螺栓，将设备法兰密封垫轻轻撬开，放在规定位置。注意：不同部位的螺栓规格可能不同，每次拆卸后的螺栓要摆好，放置在规定位置，防止发生混乱、丢失。

2. 喷淋装置拆卸

喷淋装置属于列管式布液器，以管法兰与外接管连接，注意轻拿轻放。

3. 下封头拆卸

与上封头拆卸程序基本一致。用梅花扳手依次拆卸、松动法兰螺栓，在拆卸螺栓过程中必须预留两个对角的螺栓，最后进行松开，提前做好保护和防范措施，再松开这两个螺栓。

4. 填料支撑栅板拆卸

企业检修填料塔一般是先打开卸料孔卸填料，本实训中使用的填料塔没有安装，并且填料添加量很少，所以填料支撑栅板相对容易拆卸。填料支撑栅板固定在塔内支撑圈上，可以通过倾斜栅板的方式将支撑栅板取出来。

5. 塔内填料拆卸

填料是塔内主要附件，因本实训装置填料较少，便于取出。

三、填料塔装配步骤

在完成拆卸任务后需经指导教师检查零部件是否拆卸完整、各塔内件是否按照规定位置摆放，测绘零部件草图是否规范、正确等，检查合格后才能对填料塔进行装配。填料塔装配与拆卸顺序正好相反，按照先下后上、先内后外的基本原则进行。

装配前要检查各零部件是否完整，螺栓、垫片数量是否齐全，密封垫是否完好等，检查无误后进行分工和配合，完成装配任务。

1. 下封头装配

一般装配的原则是先下后上、先内后外。先把法兰密封垫清理干净，用黄油粘到法兰密封台位置上，不得偏移。用梅花扳手依次将法兰螺栓拧到对应的螺栓孔内，螺栓全部到位后先不急着拧紧，需要先找两个对角的螺栓开始紧固，90°间隔，对角同时紧固时保证密封面平行用力，待四个对角螺栓紧固后才能依次将其他螺栓逐个紧固，最后每个螺栓再紧固一次，保证预紧力一致。

2. 填料支撑栅板装配

企业装配填料塔一般是先固定好填料支撑栅板后再进行填料的添加，本实训过程填料添加量很少，所以填料支撑栅板相对容易装配。填料支撑栅板固定在塔内支撑圈上，可以通过倾斜栅板的方式将支撑栅板塞进塔内进行装配。

3. 塔内填料拆卸

填料是塔内主要附件，本实训中少量添加即可。

4. 喷淋装置装配

喷淋装置属于列管式布液器，以管法兰与外接管连接，注意装配时要保证其水平，法兰密封，不得有泄漏情况。

5. 上封头装配

与下封头装配程序基本一致，参见“1. 下封头装配”。

6. 对填料塔装配进行检查

检查所有装配的零部件是否已经安装到位，现场有无剩下的零部件，经指导教师检查合格后，装配才算完成。清点并整理好工器具，分别收到指定的工具箱内。

第三节　板式塔拆装实训

一、板式塔简介

板式塔是一类用于气液或液液系统的分级接触传质设备，由圆筒形塔体和按一定间距水平装置在塔内的若干塔板组成。广泛应用于精馏和吸收，有些类型（如筛板塔）也用于萃取，还可作为反应器用于气液相反应过程。操作时（以气液系统为例），液体在重力作用下，自上而下依次流过各层塔板，至塔底排出；气体在压力差推动下，自下而上依次穿过各层塔板，至塔顶排出。每块塔板上保持着一定深度的液层，气体通过塔板分散到液层中去，进行相际接触传质。

1. 板式塔工作原理

操作时，液体由塔顶进入，经溢流管（一部分经筛孔）逐板下降，并在板上积存液层。气体（或蒸气）由塔底进入，经筛孔上升穿过液层，鼓泡而出，因而气液两相可以充分接触，并相互作用。泡沫式接触气液传质过程性能优于泡罩塔。为克服筛板安装水平要求过高的困难，发展了环流筛板；为克服筛板在低负荷下出现漏液现象，设计了板下带盘的筛板；为减轻筛板上雾沫夹带缩短板间距，制造出板上带挡的筛板和突孔式筛板，并可用斜的增泡台代替进口堰，塔板上开设气体导向缝的林德筛板。筛板塔普遍用作 H_2S-H_2O 双温交换过程的冷、热塔，蒸馏、吸收和除尘等。在工业上实际应用的筛板塔中，两相接触不是泡沫状态就是喷射状态，很少采用鼓泡接触状态的。板式塔主要结构见图 6-2。

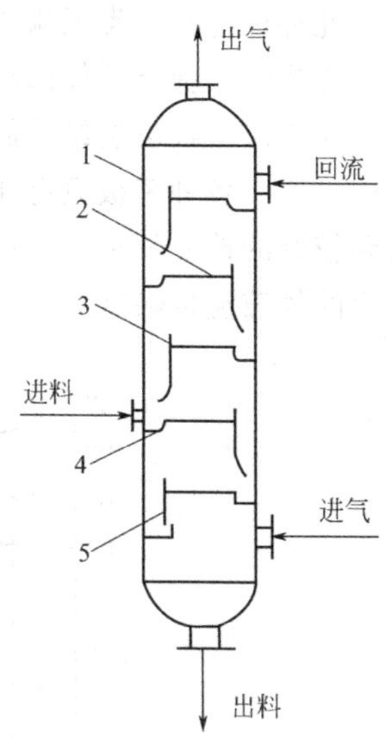

图 6-2　板式塔结构简图

1—塔壳体；2—塔板；3—溢流堰；4—受液盘；5—降液管

2. 工业生产对塔板的要求

① 通过能力要大，即单位塔截面能处理的气液流量大。

② 塔板效率要高。

③ 塔板压力降要低。

④ 操作弹性要大。

⑤ 结构简单，易于制造。

在这些要求中，对于要求产品纯度高的分离操作，首先应考虑高效率；对于处理量大的一般性分离（如原油蒸馏等），主要是考虑通过能力大。

3. 板式塔内装置——塔板

塔板又称塔盘，是板式塔中气液两相接触传质的部位，决定塔的操作性能，通常由以下三部分组成。

（1）气体通道

为保证气液两相充分接触，塔板上均匀地开有一定数量的通道供气体自下而上穿过板上的液层。

气体通道的形式很多，它对塔板性能有决定性影响，也是区别塔板类型的主要标志。筛板塔塔板的气体通道最简单，只是在塔板上均匀地开设许多小孔（通称筛孔），气体穿过筛孔上升并分散到液层中。

泡罩塔塔板的气体通道最复杂，它是在塔板上开有若干个较大的圆孔，孔上接有升气管，升气管上覆盖分散气体的泡罩。

浮阀塔塔板则直接在圆孔上盖以可浮动的阀片，根据气体的流量，阀片自行调节开度。

（2）溢流堰

为保证气液两相在塔板上形成足够的相际传质表面，塔板上须保持一定深度的液层，为此在塔板的出口端设置溢流堰。

塔板上液层高度在很大程度上由堰高决定。

对于大型塔板，为保证液流均布，还在塔板的进口端设置进口堰。

（3）降液管

液体自上层塔板流至下层塔板的通道，也是气（汽）体与液体分离的部位。为此，降液管中必须有足够的空间，让液体有所需的停留时间。

此外，还有一类无溢流塔板，塔板上不设降液管，仅是块均匀开设筛孔或缝隙的圆形筛板。操作时，板上液体随机地经某些筛孔流下，而气体则穿过另一些筛孔上升。

无溢流塔板虽然结构简单，造价低廉，板面利用率高，但操作弹性小，板效率较低，故应用不广。各种塔板只有在一定的气液流量范围内操作，才能保证气液两相有效接触，从而得到较好的传质效果。可用图 6-3 来表示塔板正常操作时气液流量的范围，图中的几条边线表示的气液流量限度为：

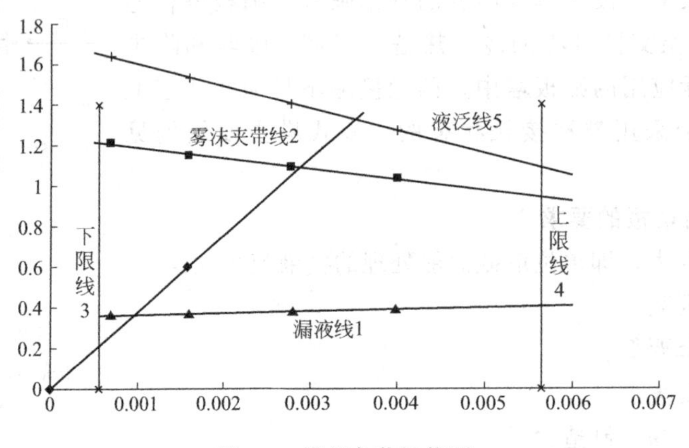

图 6-3　塔板负荷性能图

① 漏液线：气体流量低于此限时，液体经开孔大量泄漏。

② 过量雾沫夹带线：气体流量高于此限时，雾沫夹带量超过允许值，会使板效率显著下降。

③ 液流下限线：若液体流量过小，则溢流堰上的液层高度不足，会影响液流的均匀分布，致使板效率降低。

④ 液流上限线：液体流量太大时，液体在降液管内停留时间过短，液相夹带的气泡来不及分离，会造成气相返混，板效率降低。

⑤ 液泛线：气液流量超过此线时，引起降液管液泛，使塔的正常操作受到破坏。

如果塔板的正常操作范围大，对气液负荷变化的适应性好，就称这些塔板的操作弹性大。浮阀塔和泡罩塔的操作弹性较大，筛板塔稍差。这三种塔型在正常范围内操作的板效率大致相同。

塔内件主要包括塔板（包括塔板的附件）、除沫器等。

二、板式塔拆卸步骤

为便于拆装实训，工程训练定制的填料塔一般分上、中、下三段塔体，分别通过法兰连接，塔顶和塔底分别设计了以法兰连接的封头形式，内件有主要有塔板及其附件和除沫器，因塔设备比较笨重，拆装中要注意安全，选择配套的专用工具和扳手，设备筒体挪动时要做好保护，不得强行滚动以防发生手脚挤伤事故。

1. 上封头拆卸

一般拆卸的原则是先上后下、先外后内。用梅花扳手依次拆卸、松动法兰螺栓，在拆卸螺栓过程中切记不能直接把所有螺栓全部松开卸掉，这样会造成封头突然落地而产生危险，必须预留两个对角的螺栓，最后进行松开，提前做好保护和防范措施，再松开这两个螺栓，将设备法兰密封垫轻轻撬开，放在规定位置。注意：不同部位的螺栓规格可能不同，每次拆卸后的螺栓要摆好，放置在规定位置，防止发生混乱、丢失。

2. 除沫器拆卸

板式塔内除沫器装置属于塔顶排气口之前的附件，一般以螺栓连接作为固定方式，分分块式或整体式两种，本实训中使用小型整体式，拆卸后注意轻拿轻放。

3. 下封头拆卸

与上封头拆卸程序基本一致，参见“1. 上封头拆卸”。

4. 板式内塔板拆卸

企业检修板式塔一般是先打开人孔，维修人员进入后分块拆卸塔板，本实训中使用的板式塔没有安装，且塔径偏小，塔盘属于整块式，所以塔板相对容易拆卸。塔板分三种类型，即泡罩、筛板、浮阀，塔板固定在塔内支撑圈上，可以通过塔顶、塔底将塔板取出来。

三、板式塔装配步骤

在完成拆卸任务后需经指导教师检查零部件是否拆卸完整、各塔内件是否按照规定位置摆放，测绘零部件草图是否规范、正确等，检查合格后才能对板式塔进行装配。板式塔装配与拆卸顺序正好相反，按照先下后上、先内后外的基本原则进行。

装配前要检查各零部件是否完整，螺栓、垫片数量是否齐全，密封垫是否完好等，检查无误后进行分工和配合，完成装配任务。

1. 下封头装配

一般装配的原则是先下后上、先内后外。先把法兰密封垫清理干净，用黄油粘到法兰密封台位置上，不得偏移。用梅花扳手依次将法兰螺栓拧到对应的螺栓孔内，螺栓全部到位后先不急着拧紧，需要先找两个对角的螺栓开始紧固，90°间隔，对角同时紧固时保证密封面平行用力，待四个对角螺栓紧固后才能依次将其他螺栓逐个紧固，最后每个螺栓再紧固一次，保证预紧力一致。

2. 塔板装配

企业装配板式塔一般是先将分块塔板在塔内组合好后再进行固定装配塔板，本实训中的板式塔没有安装，塔板数量只有一块，所以塔板相对容易装配。塔板固定在塔内支撑圈上，可以通过筒节上端、下端将塔盘塞入塔内进行装配。

3. 塔内塔盘的固定

塔盘是塔内主要附件，因本实训装置板式塔塔盘数量较少，安装方便，添加一块即可，但必须保证其固定到位。

4. 上封头装配

与下封头装配程序基本一致，参见“1. 下封头装配”。

5. 对板式塔装配进行检查

检查所有装配的零部件是否已经安装到位，现场有无剩下的零部件，经指导教师检查合格后，装配才算完成。清点并整理好工器具，分别收到指定的工具箱内。

四、拆装实训报告要求(详见实训报告格式)

① 根据拆装实训过程分别详细记录板式塔、填料塔的拆卸、装配步骤。

② 测绘塔设备中主要零部件图（用 A3 图纸绘制零部件图）。

五、思考题

① 分别说明填料塔、板式塔的结构特点及适用场合。

② 塔式板一般由哪些零部件组成?

第七章
空气压缩机拆装实训

第一节 概 述

压缩机（compressor）是将低压气体提升为高压气体的一种从动的流体机械，是制冷系统的心脏。它从吸气管吸入低温低压的制冷剂气体，通过电机运转带动活塞对其进行压缩后，向排气管排出高温高压的制冷剂气体，为制冷循环提供动力，从而实现压缩→冷凝（放热）→膨胀→蒸发（吸热）的制冷循环。压缩机又是一种典型的气体输送机械设备，具有较全种类的机构和零件，是一种比较适合机械类专业学生实践教学的设备，能够帮助学生认识和理解机械的构造、功能、工作原理及装配关系等。便携式空气压缩机如图 7-1 所示。

图 7-1 便携式空气压缩机

机器测绘就是对现有的机器或部件进行实物测量，绘出全部非标准件零件的草图，再根据这些草图绘制出装配图和零件图的过程（简称测绘）。它在对现有设备的改造、维修、仿制和先进技术的引进等方面有着重要的意义。因此，测绘是工程技术人员应该具备的基本技能。

活塞式空压机的优点是结构简单，使用寿命长，并且容易实现大容量和高压输出。缺点是振动大，噪声大，且因为排气为断续进行，输出有脉冲，需要贮气罐。本项目是以活塞式压缩机为对象，进行机械拆装测绘的实训。

一、空气压缩机拆装实训的意义

本课程是过程装备与控制工程专业的实践教学课，是应用已学知识（机械设计基础、机械制造基础、公差配合、工程制图等）对实物进行拆装、测量，绘制工程图样训练的课程。通过实训能够锻炼自身的综合工程素质，提高实际动手能力，加深对机械、机器、机构、零件的认识和理解，掌握其构造、功能、工作原理之间的关系，为今后从事机械设备管理、机械产品设计打下工程基础。通过拆装实训，可熟悉、掌握常用测量器具的使用方法，具有正确测量获得数据的能力以及转化为图样尺寸的能力。

二、实训目的

① 了解空气压缩机的构造、工作原理。

② 掌握机械产品正确的拆装方法，熟悉常用工具的使用方法。

③ 熟悉、掌握常用测量器具的使用方法。

④ 正确应用所学知识完成规定的零件、组件的测绘工作，正确给出尺寸、精度、粗糙度等。

三、拆装实训项目

序号	实训项目名称	实训目的
1	汽缸缸筒部件的拆装测绘	了解汽缸盖、缸筒部件的拆装步骤和方法，工作原理。熟悉、掌握常用测量器具的使用方法
2	活塞连杆部件的拆装测绘	了解活塞连杆部件的拆装步骤和方法，工作原理。熟悉、掌握常用测量器具的使用方法
3	皮带传动系统部件的拆装测绘	了解皮带、带轮部件的拆装步骤和方法，工作原理。熟悉、掌握常用测量器具的使用方法
4	曲轴部件的拆装测绘	了解曲轴部件的拆装步骤和方法，工作原理。熟悉、掌握常用测量器具的使用方法

每 8 人 1 大组，拆卸 1 台柴油机。每 2～3 人 1 小组，选择以上 4 个项目中的两项。

本项目为整台空气压缩机的装拆、测绘实训，因此，在实训之前应分配好工作小组，各自负责一部分的装拆、测绘工作，并按以下顺序执行拆卸整机和装配整机工作。

四、空气压缩机拆卸的基本原则

① 拆卸中应按照空气压缩机的各部分结构预先考虑操作程序，以免发生先后倒置，从而造成拆卸混乱或零件损坏变形。

② 拆卸的顺序一般是与装配的顺序相反，即先拆外部零件，后拆内部零件，从上部依次拆组合件，再拆零件。

③ 拆卸时，要使用专用工具、卡具。必须保证不损伤合格零件，如拆卸气阀组合件时，也应用专用工具，不允许把阀夹在台上直接拆下，这样易使阀座发生变形。拆活塞和装活塞时不能损坏活塞环。

④ 大型空气压缩机的零件、部件都很重，拆卸时要准备好起吊工具、绳套，在绑吊时注意保护好部件，不要碰伤和损坏。

⑤ 对拆卸下来的零件、部件要放在合适的位置，不要乱放，对大件、重要机件等不要放在地面上，应放在垫木上。例如：大型空气压缩机的活塞、气缸盖、曲轴、连杆等要特别防止因放置不当而发生变形，小零件应放在箱子里，并且要盖好。

⑥ 拆卸下的零件要尽可能的按原来结构摆放在一起，对成套不能互换的零件在拆卸前要做好记号，拆卸后要放在一起，或用绳子串在一起，以免搞乱，使装配时发生错误而影响装配质量。

⑦ 注意小组几个人的合作关系，应有一人指挥，并做好详细分工，一定要有指导老师在场的情况下进行实训。

第二节　汽缸筒部件的拆装测绘实训

一、实训目的

① 了解汽缸筒部件的拆装步骤、方法和工作原理。

② 熟悉并掌握常用测量器具的使用方法。

二、零部件

进、排气管，汽缸盖及螺母，进、排气门，进、排气口（空气滤清器），气门摇臂部件，气门摇臂座及螺栓、螺母，喷油器及压板、螺栓、螺母、垫圈，汽缸盖罩及垫片，定位销，减压手柄及座、弹簧等。

三、实训内容

1. 拆卸

① 拆下进、排气管及垫，拧下汽缸盖罩压紧螺母及垫，取下汽缸盖罩部件。

② 拆下机油指示器。

③ 拆下轴、座、弹簧。

④ 绘制装配示意图。

⑤ 拆下气门摇臂座螺母及垫，取下气门摇臂座组件，取下气门推杆。

⑥ 拆下气门摇臂轴卡簧及垫，取下气门摇臂部件及轴。

⑦ 拧下气门调节螺钉及螺母。

⑧ 绘制装配示意图。

⑨ 拧下缸筒压板螺母及垫圈，松开螺母。

⑩ 拧下汽缸盖螺母，取下汽缸盖组件。

⑪ 拧下缸筒底座压板螺栓。

⑫ 拆下进、排气门弹簧卡子及座、内外弹簧，取下进、排气门。

⑬ 绘制装配示意图。

2. 测绘

选用适当的测量器具测绘零、部件，绘制草图。

3. 装配

① 组装汽缸盖组件。

② 将进、排气门，内外弹簧，座，弹簧卡子装上汽缸盖。

③ 拧上缸筒底座压板螺栓。

④ 将汽缸盖组件装上箱体，拧上汽缸盖螺母，拧紧力矩达 22～24N·m。

⑤ 装上缸盖压板螺母及垫圈。

⑥ 组装活塞组件。

⑦ 将活塞阀片进行组装。

⑧ 将活塞在缸筒内上下移动。

⑨ 装上缸盖。

⑩ 装上气门推杆。

⑪ 组装汽缸盖罩部件。

⑫ 将减压手柄及轴、座、弹簧，减压限位杆装上汽缸盖罩。

⑬ 放上汽缸盖罩垫，对准定位销装上汽缸盖罩部件，套上垫圈、拧上螺母，拧紧。

4. 绘制工程图

小组人员分工合作，根据草图完成上述零件、部件的工作图和装配图。

四、实训报告

实训完成后需提交实训报告，报告内容包括：

① 上述实训内容、步骤，使用的工具、测量器具，装拆注意事项，装配应达到的技术要求等。

② 零、部件工作图和装配图：汽缸盖、进气门（空气滤清器）、排气门，进、排气门弹簧卡子及座、内外弹簧的零件图，包含上述零部件的装配图。

第三节　活塞连杆部件的拆装测绘实训

一、实训目的

① 了解活塞连杆部件的拆装步骤，方法和工作原理。

② 掌握常用测量器具的使用方法。

二、零部件

零部件包括活塞、连杆、活塞环、活塞销、卡簧、连杆盖、连杆螺栓、衬套、保险丝。

三、实训内容

1. 拆卸

① 拆下保险丝。

② 拧下连杆螺栓。

③ 卸下连杆盖、连杆轴瓦。

④ 取出活塞连杆组件。

⑤ 拆下活塞销卡簧。

⑥ 敲出活塞销，分离活塞、连杆。

⑦ 拆下汽缸套。

⑧ 绘制装配示意图。

2. 测绘

选用适当的测量器具测绘零、部件，绘制草图。

3. 装配

① 封水圈套上汽缸套，涂少许机油，汽缸套装入机体孔内。

② 敲入活塞销，连接活塞、连杆，注意不可损伤零件。

③ 装上活塞销卡簧，连杆瓦。

④ 汽缸套内及活塞涂少量机油，装入活塞连杆组件，使连杆瓦与曲轴配合紧密。

⑤ 装上连杆盖及连杆轴瓦。

⑥ 拧上连杆螺栓，拧紧力矩要求在 12～14N·m。

⑦ 装上保险丝。

4. 绘制工程图

小组人员分工合作，根据草图完成上述零件、部件的工作图和装配图。

四、实训报告

实训完成后需提交实训报告，报告内容包括：

① 上述实训内容、步骤，使用的工具、测量器具，装拆注意事项，装配应达到的技术要求等。

② 零、部件工作图和装配图：活塞、连杆、连杆盖、连杆轴瓦、连杆螺栓、活塞环、活塞销零件图，部件装配图。

第四节　皮带传送机构部件的拆装测绘实训

一、实训目的

① 了解皮带传动系统部件的拆装步骤，方法和工作原理。

② 掌握常用测量器具的使用方法。

二、零部件

零部件包括电机、皮带防护罩、皮带、带轮、平键、带轮压盖、螺栓、螺钉等。

三、实训内容

1. 拆卸

① 松开吸气管与缸筒连接螺母。

② 拆下吸气管。

③ 拧出连接螺栓。

④ 用螺丝刀等工具拆下皮带轮防护罩。

⑤ 在教师的指导下用工具拆卸掉皮带，注意防止发生手指被皮带夹伤。

⑥ 用扳手拆掉皮带轮固定装置等，拆卸皮带轮。

⑦ 绘制装配示意图。

2. 测绘

选用适当的测量器具测绘零、部件，绘制草图。

3. 装配

① 装上皮带轮相关部件，如键。

② 装上皮带轮，保证带轮平行装入，不得用手锤硬砸。

③ 大皮带轮的带槽尽量与电动机上的小带轮带槽对齐。

④ 拧上大带轮固定螺栓。

⑤ 拧上柴油管接头及柴油管。

⑥ 拧上高压油管与高压油泵连接螺母。

4. 绘制工程图

小组人员分工合作，根据草图完成上述零件、部件的工作图和装配图。

四、实训报告

实训完成后需提交实训报告，报告内容包括：

① 上述实训内容、步骤，使用的工具、测量器具，装拆注意事项，装配应达到的技术要求等。

② 零、部件工作图和装配图：齿轮室盖及齿轮室盖垫、泵油扳手部分、窥视孔盖板及垫零件图，包括零件图、零件的部件装配图。

第五节　曲轴部件的拆装测绘实训

一、实训目的

① 了解曲轴部件的拆装步骤，方法和工作原理。

② 掌握常用测量器具的使用方法。

二、零部件

零部件包括飞轮、飞轮螺母及垫片、主轴承盖及轴瓦、主轴承盖垫片、曲轴及平键、曲轴密封圈、连接螺栓等。

三、实训内容

1. 拆卸

① 撬起飞轮螺母垫片翻边，并敲平。

② 拆下皮带轮螺母及垫片。

③ 拔出皮带。

④ 拧下主轴承盖连接螺栓，用起盖螺钉拆下主轴承盖部件，注意不要损坏主轴承盖垫片。

⑤ 双手端住曲轴，平稳的取出曲轴。

⑥ 绘制装配示意图。

2. 测绘

选用适当的测量器具测绘零、部件，绘制草图。

3. 装配

① 双手端住曲轴，平稳的装入曲轴。

② 主轴承盖垫片套上主轴承盖，用螺钉定位，将主轴承盖敲入箱体。

③ 拧上主轴承盖连接螺栓，保证曲轴间隙为0.2～0.4mm。

④ 将平键装入曲轴，装上皮带轮。

⑤ 套上飞轮螺母垫片，拧上皮带轮螺母，用扳手拧紧。

4. 绘制工程图

小组人员分工合作，根据草图完成上述零件、部件的工作图和装配图。

四、实训报告

实训完成后需提交实训报告，报告内容包括：

① 上述实训内容、步骤，使用的工具、测量器具，装拆注意事项，装配应达到的技术要求等。

② 零、部件工作图和装配图：曲轴、飞轮、主轴承盖的零件图，此部件装配图。

第六节　工具和量具一览

1. 工具清单（单组用）

① 榔头，2 磅。

② 套筒扳手，一套。

③ 钉子扳手，12 或 13、16 或 17，各一把。

④ 扭力扳手，一把。

⑤ 钳子，一把。

⑥ 内卡簧钳，一把。

⑦ 外卡簧钳，一把。

⑧ 改锥，20cm，一把。

⑨ 呆扳手，12、13、16、17 各一把。

⑩ 毛巾，5 条。

⑪ 煤油若干。

2. 测量器具清单（单组用）

① 磁力表座，1 个。

② 百分表，1 个。

③ 内径量表，0～150 系列，1 套。

④ 表面粗糙度仪（公用），1 个。

⑤ 高度尺，1 个。

⑥ 卡尺，0～200mm，1 个。

⑦ 千分尺，0～125 系列，1 套。

⑧ 杠杆百分表，1 个。

⑨ 深度卡尺，1 个。

⑩ 平板尺，1 个。

第八章
煤制甲醇仿真实训

第一节　煤制甲醇气化工段仿真实训

一、气化工艺介绍

气化是一种将碳氢原料转变为以 CO 和 H_2 为主要气体成分的工艺，其他气体成分如 CH_4、CO_2、H_2S、苯酚等和微量的 HCl、HCN 以及在特殊工艺下基于原料和工况产生的甲酸盐。气化产出的气体既可作为发电用的燃料，又可作为化工原料，对气化工艺及气化介质的选择，取决于气化进料的类型和产品的要求。

煤粉经煤粉仓、发送罐及高压煤粉仓，由高压氮气送至气化炉工艺烧嘴。来自空压机的高压氧气经预热后与中压过热蒸汽混合，然后导入煤烧嘴。煤粉、氧气及蒸汽在气化炉高温加压条件下发生碳的氧化及各种转化反应。气化炉顶部约 1500℃的高温煤气经除尘冷却后激冷至 900℃左右进入合成气冷却器。经合成气冷却器回收热量后的粗煤气进入干式除尘及湿法洗涤系统，处理后的煤气送至后续工序。

高温气化使煤中所含灰分成熔融状并流到气化炉下部渣池中，由于激冷迅速，灰分分解成灰渣小颗粒，随水进入渣收集器中。灰水由渣池循环水泵输送，经渣池水冷却器循环回到渣池，并将熔渣的热量带走。渣由收集器进入排渣罐，在此过程中，排渣罐中灰水通过排放支持水泵循环回到渣收集器中，同时部分高压新鲜水将补充到系统。在气化炉内气化产生的高温熔渣经激冷后形成数毫米的玻璃体，可作为建筑材料或用于路基。

湿洗系统排出的废水大部分经冷却后循环使用，小部分废水经闪蒸、沉降及汽提处理后送污水处理装置进一步处理。闪蒸气及汽提气可作为燃料或送火炬燃烧后放空。

1. 工作原理

坤天模拟煤加压气化采用的是气流床加压气化技术，氧气、水蒸气和煤粉（含水量约为3%）通过特制的工艺烧嘴混合后喷入气化炉（R1001）内。在气化炉内，氧气、水蒸气和煤粉发生不完全氧化还原反应产生水煤气，为达到较高的转化率，采用部分氧化释放热能，维持气化炉在煤灰熔点温度以上反应，以满足液态排渣的需要。反应进行得非常迅速，煤粒在炉内停留时间一般仅为数秒，反应生成的水煤气中甲烷含量较少，一般仅为 0.1%以下，碳的转化率较高。由于反应温度较高，不生成焦油、酚及高级烃等易凝聚的副产物，所以对环境的污染较小。

在气化炉内的反应大致分成三个区域：

① 裂解和挥发区：主要为煤粉中水的蒸发和煤的热裂解反应，释放出挥发组分，小煤粒变成煤焦。

② 燃烧和气化区：主要发生煤焦的燃烧反应。

③ 气化区：主要为煤焦和水蒸气、二氧化碳之间的氧化还原反应，综合反应式如下。

$$C_nH_m + n/2O_2 \longrightarrow nCO + m/2H_2$$

$$C_nH_m + nH_2O \longrightarrow nCO + (n+m/2)\ H_2$$

$$C + CO_2 \longrightarrow 2CO$$

$$C + H_2O \longrightarrow CO + H_2$$

$$C + 2H_2O \longrightarrow 2H_2 + CO_2$$

上述反应产物主要为 $CO+H_2$、CO_2 和少量的 H_2O（g）及 H_2S、CH_4、N_2 等气体。

2. 工艺流程

（1）煤的加压和进料

煤的加压和进料是在完全惰性的条件下进行的。煤粉经煤粉仓（V1001A/B）加压至4800kPa被输送到发送罐（V1002A/B）及高压煤粉仓（V1003A/B），之后被输送到两个对称的工艺烧嘴，传送过程中用高压氮气作为传送介质，使煤粉始终处于均匀悬浮状态，传送设备是成对配置的。选择干法输送系统是因为这将得到最大的气化效率，而且，气化工艺本身不依赖于煤的特性，比如煤的湿度、颗粒大小、结块性能等。但是，作为化工原料生产，大量的氮气会带入合成气中。

（2）气化和合成气冷却

来自空压机的高压氧气经预热器加热到180℃后，与少量中压过热蒸汽在氧蒸汽混合器中混合后进入工艺烧嘴（A1001A/B/C/D）的外环隙，水蒸气、煤粉与氧气在工艺烧嘴中充分混合雾化后喷入气化炉（R1001）。

气化炉是由一个内有气化炉中压蒸汽发生器（E1004）的压力容器组成的，在操作压力为4.0MPa，气化温度约1350～1450℃发生部分氧化还原反应。反应瞬间完成，生成CO、H_2、CO_2、H_2O 和少量 H_2S 等气体。环绕着气化炉中压蒸汽发生器（E1004）的气化炉内壁（膜式壁）是采用温度控制的，它通过管子中循环水换热产生低压蒸汽。在气化区有2个出口，气化炉底部的出口为渣口，它是用来排渣的；在气化炉顶部，其温度约为1500℃，允许带飞灰的热气进入激冷区。在激冷区用经激冷气压缩机（C1001）送来的大约190℃的无灰循环气来激冷煤气，以避免熔融的灰和黏性的飞渣颗粒带入合成气管道造成淤塞问题，同时，用中压循环水泵P1001送来的激冷水激冷，激冷壁中压蒸汽发生器（E1001）出口温度约为900℃。经输气管进入合成气冷却器蒸汽发生器（E1002/E1003），经合成气冷却器蒸汽发生器回收热量后的煤气，温度降至290℃左右，再送往HPHT飞灰过滤器（F1003）过滤。

气化炉（R1001）、合成气冷却器蒸汽发生器（E1003）、输气管中压蒸汽发生器（E1002）和激冷壁中压蒸汽发生器（E1001）采用锅炉给水强制循环，由中压循环水泵（P1001）供给，被加热后的汽水混合物进汽包（V1007）分离，汽包内的水经下降管至中压循环水泵（P1001）加压后循环使用，产生的低压蒸汽排出他用。汽包可通过省煤器来补水。从外界来的中压蒸汽注入汽包，需预热到大约200℃，以避免煤引入时发生露点腐蚀。

气化炉点火用点火烧嘴（A1003），以液化石油气（LPG）作燃料。开车升温用开工烧嘴（A1002），用柴油泵（P1006）从柴油储罐（V1021）抽出柴油作燃料，开车初期不合格的煤气经洗涤塔（T1001）洗涤冷却后送至火炬燃烧放空。

(3) 渣的除去和处理

煤中大多数的矿物质以熔渣的形式离开气化区，因为高的气化温度使熔渣自由地沿着膜式壁经渣口流入渣池（V1004）。熔渣进入渣池水浴后被淬冷成固态渣，经破渣机（X1004）破碎后，排入渣收集器（V1005），为使渣顺利排入渣收集器（V1005），从渣收集器（V1005）上部抽出较清的水经渣池循环水泵（P1003）升压，其中一部分通过渣池水冷却器冷却至42℃后进入渣池（V1004），使渣池（V1004）与渣收集器（V1005）之间形成灰水的强制流动，便于冲洗带出渣池锥底的粗渣，防止堵塞；为了限制在渣池循环装置中形成非纯净物和结块，部分循环水经水力旋流器除渣，然后流至给料罐（V1016）及酸性灰浆汽提塔（T1002）。将粗渣排入排渣罐（V1006）与脱水槽（V1019）中，用捞渣机将排出的炉渣经由皮带转运至渣场。且从渣池排出的大部分灰渣易沉降在渣收集器（V1005）的底部，为保证一个适当的流量，需用排放支持水泵（P1002）将水从排渣罐（V1006）打入到渣收集器（V1005），同时，可以通过加入新鲜水到排渣罐（V1006）底部来洗渣（部分的）。渣脱水槽的灰水经渣灰泥排放泵（P1004）连续不断地送至澄清槽，若脱水槽的液位将要低于它能接受另一批水的液位时，可通过打开 LV1008 来保持脱水槽的液位不变。

(4) 飞灰的除去和处理

煤气化产生的飞灰随合成气引出气化炉，必须经过干法脱除和湿法洗涤使灰尘含量达到要求，以保证下游压缩机及变换工段催化剂不致因灰尘积累而影响装置的正常运行。飞灰过滤器（F1003）处于工艺中的飞灰收集工序的顶端，将气化炉生成的合成气中的绝大部分粉尘过滤掉，使合成气达到一定的标准后进入湿洗工序进一步洗涤和用作激冷气。飞灰过滤器过滤了合成气中99%的飞灰，然后通过飞灰排放罐（V1009）、飞灰汽提冷却罐（V1010）、中间飞灰储罐（V1011）、飞灰充气仓（V1012A/B）及飞灰储仓（V1013）排出，最后，通过卡车运走。停车时，飞灰高温高压过滤器最好保持在80℃以上，以避免过滤器上的压差的增加（滤饼/管的渗透性不可逆转的下降，导致这种情况的因素与湿含量有关，如果发生这种情况，机械方法不能彻底清洁）。

(5) 合成气洗涤系统

洗涤系统的主要目的是除去卤化物（主要是氯化物）和灰中的微量元素。从干法除尘系统来的无灰合成气进入文丘里洗涤器（J1001）与洗涤塔循环水泵（P1011）来的灰水直接接触，使气体中夹带的细灰进一步增湿，进入洗涤塔（T1001），沿下降管进入塔底的水浴中。水煤气向上穿过水层，大部分固体颗粒沉降与粗煤气分离。上升的粗煤气沿下降管和导气管的环隙进入洗涤塔上部四块冲击式塔板，与新鲜水逆向接触，进一步洗涤掉剩余的固体颗粒。在洗涤塔顶部经过旋流板除沫器，除去夹带气体中的雾沫，温度降至177℃后离开洗涤塔（T1001）进入后续工序。

整个气化系统的压力是在这个系统的末尾来控制的，可根据产量的变化来调节气化炉的压力。洗涤塔（T1001）底部烧碱的注入是为了维持液体的pH值大约为7.5～8，注入的速度可与合成气产量相结合。

(6) 废水的汽提和澄清

灰浆汽提主要目的是处理废水中溶解的气体如 H_2S、NH_3、CO_2 和 HCN。从渣收集器（V1005）排来的渣池水经渣池循环水泵（P1003）升压，再经水力旋流器除渣后与从洗涤塔（T1001）排来的废水一同引入到给料罐（V1016）。同时，为了防止 $CaCO_3$ 沉淀，盐酸被加入渣池排放水中，由流量控制器FIC1027控制出口pH值在6.0～7.0。给料罐（V1016）的闪蒸气和灰浆汽提塔（T1002）的汽提气一起经排放气空冷器冷却后送往回流罐（V1017）。汽提的灰浆是由料位控制（LIC1016）从汽提塔排出的，经排污水空冷器（E1006）冷却后送至澄清系统。

（7）烧嘴循环水系统流程

为了保护气化炉内的工艺烧嘴，防止高温损坏，工艺烧嘴头部带有冷却水盘管。烧嘴冷却水给料罐（V1020）中的新鲜水通过热水泵（P1005）加压后经热水加热器（E1008）用中压蒸汽加热至120℃，进入烧嘴冷却水盘管，对工艺烧嘴头部进行冷却，由于回水温升很小，所以返回给料罐底吸收膨胀，另外由于温度较高，压力低时易汽化，造成泵汽蚀，所以必须加压，这样不仅节约能源，还降低了加热器的负荷。

3. 仿真界面

气化仿真示意图见图8-1，气化仿真总貌图见图8-2，气化仿真DCS图和现场图见图8-3和图8-4。

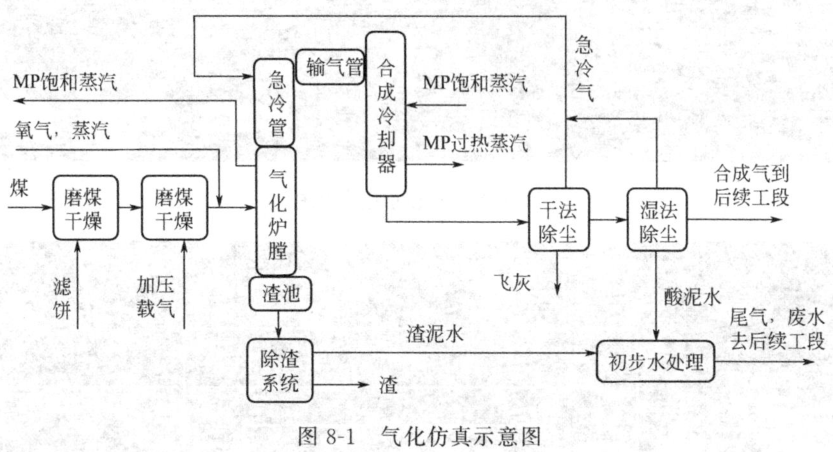

图8-1　气化仿真示意图

二、工艺设备及参数

1. 工艺设备说明

A1001A/B/C/D：工艺烧嘴，高压煤粉、水蒸气、氧气完全混合雾化后喷入气化炉。

A1002：开工烧嘴，开车时对气化炉点火用。

A1003：点火烧嘴，开车时对开工烧嘴点火用。

C1001：激冷气压缩机，将经洗涤塔（T1001）洗涤过的无灰煤气压缩送至气化炉激冷室。

E1001：激冷壁中压蒸汽发生器，对粗煤气进行激冷降温。

E1002：输气管中压蒸汽发生器，对粗煤气进行降温。

E1003：合成气冷却器蒸汽发生器，对粗煤气进行降温。

E1004：气化炉中压蒸汽发生器，气化反应燃烧室。

E1005：排放气空冷器，将灰浆汽提塔与给料罐中排放至回流罐的气体冷却。

E1006：排污水空冷器，冷却灰浆汽提塔排放至澄清槽的灰水。

E1007：渣池水冷却器，将渣收集器排出的部分循环水降温。

E1008：热水加热器，对自给料罐V1020流至工艺烧嘴的水加热。

F1001A/B：煤粉仓过滤器，过滤煤粉仓放空气体中的煤粉。

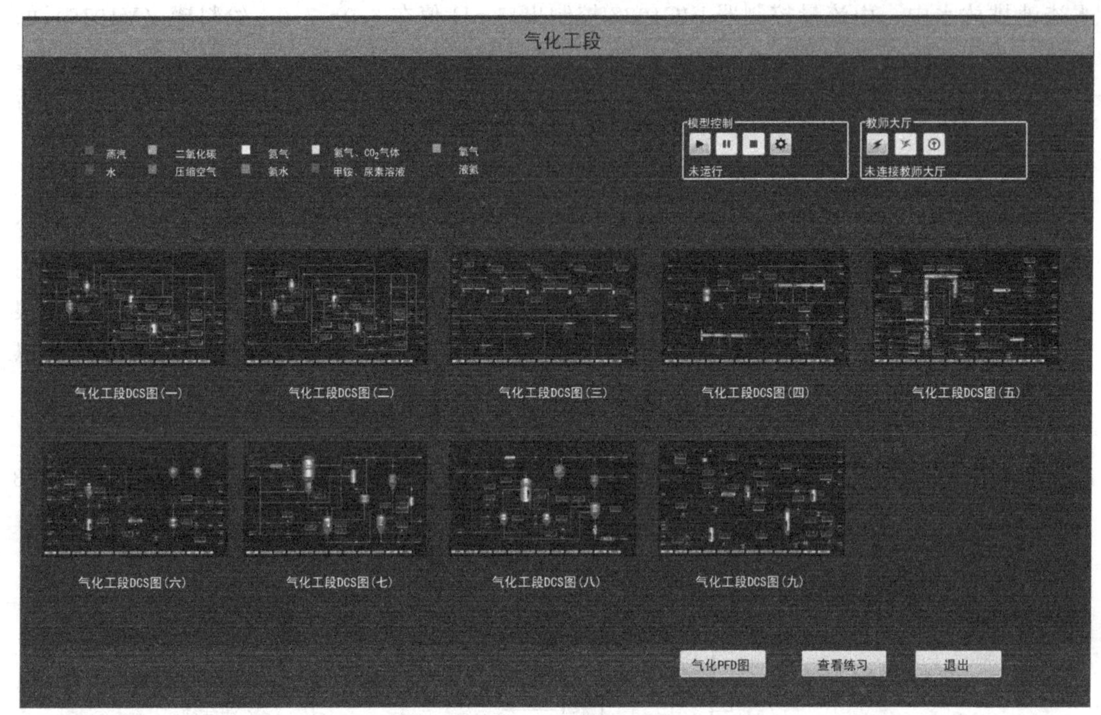

图 8-2　气化仿真总貌图

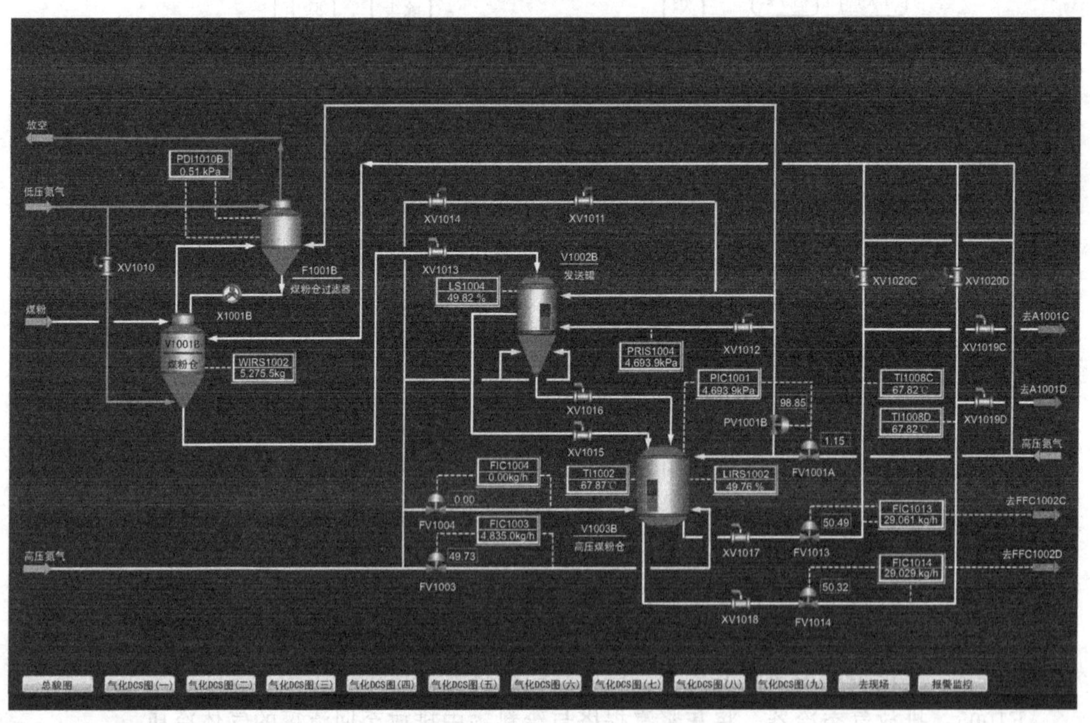

图 8-3　气化仿真 DCS 图

F1002A/B：发送罐过滤器，过滤发送罐放空气体中的煤粉。

F1003：HPHT 飞灰过滤器，过滤粗煤气中飞灰的高温高压设备。

F1004：飞灰排放过滤器，过滤自飞灰排放罐 V1009 排放至火炬的飞灰。

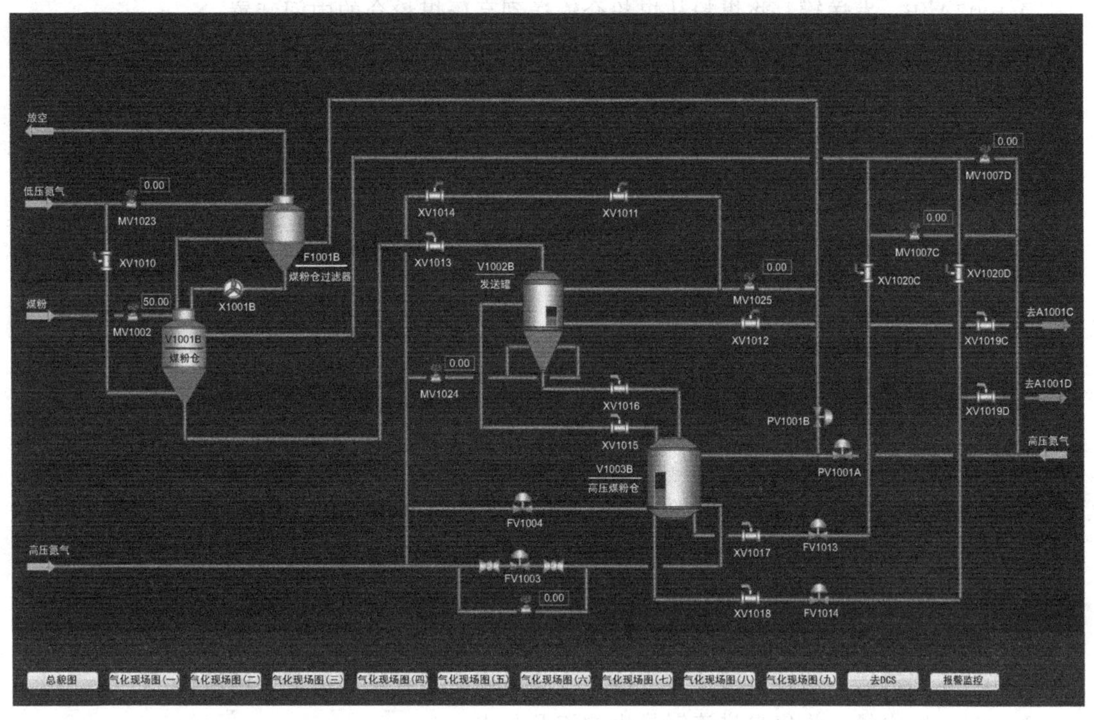

图 8-4　气化仿真现场图

F1005：飞灰汽提罐过滤器，过滤自飞灰汽提冷却罐 V1010 排放至火炬的飞灰。

F1006：中间飞灰储罐过滤器，过滤自中间飞灰储罐排放至放空气体中的飞灰。

F1007：飞灰筒仓过滤器，过滤自飞灰储仓 V1013 排放至放空气体中的飞灰。

J1001：文丘里洗涤器，对经过飞灰过滤器过滤后的煤气进行初步洗涤。

P1001：中压循环水泵。

P1002：排放支持水泵。

P1003：渣池循环水泵。

P1004：渣灰泥排放泵。

P1005：热水泵。

P1006：柴油泵。

P1007：油泵。

P1008：回流泵。

P1009：排污水泵。

P1010：给料泵。

P1011：洗涤塔循环水泵。

R1001：气化炉，气化反应用高压高温设备。

S1001A/B：水力旋流器，除去循环水中的渣。

T1001：洗涤塔，洗涤经飞灰过滤器过滤的煤气，主要除去煤气中含有的卤化物和灰中的微量元素。

T1002：灰浆汽提塔，主要处理废水中的溶解气体如 H_2S、NH_3、CO_2 和 HCN 等。

V1001A/B：煤粉仓，储藏煤粉的装置。

V1002A/B：发送罐，将煤粉从煤粉仓输送到高压煤粉仓的中间装置。

V1003A/B：高压煤粉仓，储藏高压煤粉的装置。

V1004：渣池，收集从气化炉排出的渣，并对其降温冷却。

V1005：渣收集器，收集自破渣机排出的碎渣及灰水。

V1006：排渣罐，收集自渣收集器排出的渣及灰水。

V1007：汽包，可用于气化炉用循环水、新鲜水的储藏，低压蒸汽的分离，开车时中压蒸汽换热等。

V1008：收集器，储藏飞灰的装置。

V1009：飞灰排放罐，储藏飞灰的装置。

V1010：飞灰汽提冷却罐，储藏飞灰的装置。

V1011：中间飞灰储罐，储藏飞灰的装置。

V1012A/B：飞灰充气仓，储藏飞灰的装置。

V1013：飞灰储仓，储藏飞灰的装置。

V1014：飞灰汽提冷却罐过滤器反吹罐，缓存低压氮气的装置。

V1015：中间飞灰储罐过滤器反吹罐，缓存低压氮气的装置。

V1016：给料罐，储存自洗涤塔至除渣工段的废水。

V1017：回流罐，储存自排放气空冷器冷却后回流到灰浆汽提塔中的液体。

V1019：脱水槽，收集自排渣罐排出的渣及灰水。

V1020：给料罐，储存水的装置。

V1021：柴油储罐，储存柴油。

X1003：灰泥搅拌机，搅拌飞灰的设备。

X1004：破渣机，自渣池降温冷却之后，渣的硬度增加，破渣机可将其粉碎。

仿真工艺中阀门见表 8-1。

表 8-1　阀门一览表

名称	描述	名称	描述
XV1001	高压煤粉仓 A 的出口切断阀	XV1020A	煤粉回流切断阀
XV1002	煤粉仓 A 的低压氮气吹送切断阀	XV1020B	煤粉回流切断阀
XV1003	发送罐过滤器 A 排放切断阀	XV1020C	煤粉回流切断阀
XV1004	发送罐 A 底部低压平衡开关阀	XV1020D	煤粉回流切断阀
XV1005	发送罐 A 进口切断阀	XV1021	热水罐液位控制切断阀
XV1006	发送罐过滤器 A 高压氮气反吹阀	XV1022	点火烧嘴低压氮气切断阀
XV1007	高压氮气平衡切断阀 A	XV1023	开工烧嘴开关
XV1008	高压煤粉仓 A 进口切断阀	XV1024	开工烧嘴开关
XV1009	高压煤粉仓 A 的出口切断阀 B	XV1025	开工烧嘴氧气切断阀
XV1010	煤粉仓 B 的低压氮气吹送切断阀	XV1026	开工烧嘴柴油管道吹扫氮气阀
XV1011	发送罐过滤器 B 排放切断阀	XV1027	合成气冷却器进口吹扫切断阀
XV1012	发送罐 B 底部低压平衡开关阀	XV1028	激冷气压缩机前切断阀
XV1013	煤粉仓 B 至发送罐 B 的开关阀	XV1029	激冷气压缩机后切断阀
XV1014	高压氮气至发送罐过滤器 B 的开关阀	XV1030	吹扫超高压氮气切断阀
XV1015	高压氮气平衡切断阀 B	XV1031	激冷管底部吹扫切断阀
XV1016	高压煤粉仓 B 进口切断阀	XV1032A	氧蒸汽混合器高压氮气进料切断阀
XV1017	高压煤粉仓 B 的出口切断阀 C	XV1032B	氧蒸汽混合器高压氮气进料切断阀
XV1018	高压煤粉仓 B 的出口切断阀 D	XV1032C	氧蒸汽混合器高压氮气进料切断阀
XV1019A	烧嘴 A 煤粉进料切断阀	XV1032D	氧蒸汽混合器高压氮气进料切断阀
XV1019B	烧嘴 B 煤粉进料切断阀	XV1033	排放支持水泵出口切断阀
XV1019C	烧嘴 C 煤粉进料切断阀	XV1034	排放支持水泵旁路阀
XV1019D	烧嘴 D 煤粉进料切断阀	XV1035	渣收集器循环水出口切断阀

续表

名称	描述	名称	描述
XV1036	补充水切断阀	FV1013	烧嘴 C 进口煤粉流量调节阀
XV1037	渣池循环水进口切断阀	FV1014	烧嘴 D 进口煤粉流量调节阀
XV1038	渣收集器排渣切断阀	FV1021	收集器吹送氮气流量控制阀
XV1039	排放支持水泵进口切断阀	FV1022	飞灰汽提冷却罐底部吹送 N_2 流量调节阀
XV1040	渣收集器补充水切断阀	FV1023	洗涤塔补充水流量控制阀
XV1041	排渣罐补充水切断阀	FV1024	洗涤塔顶部喷淋水流量控制阀
XV1042	排渣罐排渣出口切断阀	FV1025	洗涤塔底部出口流量控制阀
XV1043	渣收集器循环补充水切断阀	FV1027	补充盐酸流量控制阀
XV1044	水力旋流器排放切断阀	FV1028	灰浆汽提塔低压氮气流量控制阀
XV1045	飞灰排放罐进料阀	FV1029	灰浆汽提塔底部排放流量控制阀
XV1046	飞灰排放罐底部吹送氮气切断阀	FV1030	文丘里洗涤器洗涤水流量控制阀
XV1047	飞灰汽提冷却罐进口切断阀	LV1006	汽包液位调节阀
XV1048	陶瓷过滤器与飞灰排放罐平衡切断阀	LV1007	给料罐 V1020 液位调节阀
XV1049	陶瓷过滤器吹扫氮气排放切断阀	LV1008	脱水槽液位调节阀
XV1050	吹扫氮气排放切断阀	LV1014	给料罐液位调节阀
XV1051	飞灰排放过滤器反吹氮气切断	LV1016	回流罐液位控制阀
XV1052	飞灰汽提冷却罐过滤器排放切断阀	MV1001	至煤粉仓 A 的煤粉进料手动阀
XV1053	中间飞灰储罐进口切断阀	MV1002	至煤粉仓 B 的煤粉进料手动阀
XV1054	过滤器反吹氮气切断阀	MV1003	气化炉氮气充压阀
XV1055	中间飞灰储罐过滤器排放切断阀	MV1004	激冷气压缩机防喘震调节阀
XV1056	中间飞灰储罐吹送氮气切断阀	MV1005	汽包排污调节阀
XV1057	飞灰充气仓 A 顶部吹送氮气切断阀	MV1006	开工烧嘴工艺水补充调节阀
XV1058	飞灰充气仓 B 顶部吹送氮气切断阀	MV1007A	煤粉回流高压氮气吹送阀
XV1059	飞灰充气仓 A 底部吹送氮气切断阀	MV1007B	煤粉回流高压氮气吹送阀
XV1060	飞灰充气仓 B 底部吹送氮气切断阀	MV1007C	煤粉回流高压氮气吹送阀
XV1061	飞灰充气仓 A 底部排放切断阀	MV1007D	煤粉回流高压氮气吹送阀
XV1062	飞灰充气仓 B 底部排放切断阀	MV1009A	烧嘴 A 煤粉高压氮气吹送阀
XV1063	飞灰充气仓与飞灰储仓平衡切断阀	MV1009B	烧嘴 B 煤粉高压氮气吹送阀
XV1064	飞灰充气仓与飞灰储仓平衡切断阀	MV1009C	烧嘴 C 煤粉高压氮气吹送阀
XV1065	中间飞灰储罐过滤器反吹氮气切断阀	MV1009D	烧嘴 D 煤粉高压氮气吹送阀
XV1066	陶瓷过滤器反吹氮气切断阀	MV1010	渣池吹扫氮气手动阀
XV1067	飞灰储仓过滤器反吹空气切断阀	MV1011	灰泥排放阀
FV1001	高压煤粉仓 A 吹送氮气流量调节阀	MV1012	烧碱补充手动阀
FV1002	高压煤粉仓 A 吹送氮气流量调节阀	MV1013	洗涤塔去火炬手动阀
FV1003	高压煤粉仓 B 吹送氮气流量调节阀	MV1014	给料罐 V1016 去火炬总管的调节阀
FV1004	高压煤粉仓 B 吹送氮气流量调节阀	MV1016	去灰浆汽提塔的新鲜水调节阀
FV1005A	氧蒸汽混合器进口氧气流量调节阀	MV1017	去开工烧嘴的氮气调节阀
FV1005B	氧蒸汽混合器进口氧气流量调节阀	MV1018	柴油补充阀
FV1005C	氧蒸汽混合器进口氧气流量调节阀	MV1019	去开工烧嘴的氮气调节阀
FV1005D	氧蒸汽混合器进口氧气流量调节阀	MV1020	煤粉仓过滤器 A 反吹氮气阀
FV1006	开工烧嘴柴油流量控制阀	MV1021	发送罐 A 底部吹送阀
FV1007	气化炉激冷气流量调节阀	MV1022	发送罐 A 减压阀
FV1008	开工烧嘴高压氮气流量控制阀	MV1023	煤粉仓过滤器 B 反吹氮气阀
FV1009	中压开工蒸汽流量调节阀	MV1024	发送罐 B 底部吹送阀
FV1010	烧嘴 A 进口煤粉流量调节阀	MV1025	发送罐 B 减压阀
FV1011	烧嘴 B 进口煤粉流量调节阀	MV1054	去热水加热器的新鲜水调节阀门
FV1012A	氧蒸汽混合器进口蒸汽流量调节阀	TV1004	烧嘴冷却循环水温度控制阀
FV1012B	氧蒸汽混合器进口蒸汽流量调节阀	TV1005	压缩机进口温度调节阀
FV1012C	氧蒸汽混合器进口蒸汽流量调节阀	TV1017	渣池水冷却器温度调节阀
FV1012D	氧蒸汽混合器进口蒸汽流量调节阀	PCV1017	点火烧嘴液化气调节阀

续表

名称	描述	名称	描述
PCV1017	点火烧嘴仪表空气调节阀	PV1008A	给料罐充压阀
PV1001A	高压煤粉仓 B 压力控制 A 阀	PV1008B	给料罐卸压阀
PV1001B	高压煤粉仓 B 压力控制 B 阀	PV1009A	排渣罐卸压控制阀
PV1002A	高压煤粉仓 A 压力控制 A 阀	PV1009B	排渣罐充压控制阀
PV1002B	高压煤粉仓 A 压力控制 B 阀	PV1010	飞灰排放罐压力调节阀
PV1005	柴油泵出口压力控制阀	PV1011	洗涤塔顶部压力调节阀
PV1006	开工烧嘴蒸汽压力控制阀	PV1012	灰浆汽提塔顶部压力调节阀
PV1007	汽包压力控制阀		

2. 控制器介绍

FIC1003：单回路控制，通过控制阀门 FV1003 的开度大小，对 N_2 进料量进行控制。进料量偏大，阀门 FV1003 开度减小；反之，阀门开度增大。

LIC1014：单回路控制，通过控制阀门 LV1014 的开度大小，对给料罐 V1016 的液位进行控制。给料罐 V1016 的液位偏高时，阀门 LV1014 的开度增大；反之，阀门开度减小。

PIC1011：单回路控制，通过控制阀门 PV1011 的开度大小，对洗涤塔 T1001 的压力进行控制。洗涤塔 T1001 的压力偏高时，阀门 PV1011 的开度增大；反之，阀门开度减小。

TIC1004：单回路控制，通过控制阀门 TV1004 的开度大小，对去四个工艺烧嘴的工艺水的温度进行控制。去工艺烧嘴的工艺水温度偏低时，阀门 TV1004 的开度增大；反之，阀门 TV1004 的开度减小。

PIC1008：分程控制器，通过控制阀 PV1008A 与阀 PV1008B 的开度大小调节给料罐 V1020 的压力。给料罐 V1020 的压力偏高时，阀 PV1008A 开度减小，阀 PV1008B 开度增大；反之，阀 PV1008A 开度增大，阀 PV1008B 开度减小。

LIC1013：串级控制中的主回路控制，通过调节副回路的流量来控制液位。液位偏高时，将副回路流量调大；液位偏低时，将副回路流量调小；副回路为 FIC1025，通过控制阀门 FV1025 开度调节流量。流量偏高时，将阀门关小；流量偏小时，将阀门开大。

FFC1001A：串级比值控制，设定水蒸气/氧气的进料比例；FIC1005A 串级控制中的主回路控制，通过 FV1005A 对氧气进料进行控制；FIC1012A 串级控制中的副回路控制，通过 FV1012A 对水蒸气进料进行控制。

仿真工艺中各控制器稳态值见表 8-2。

表 8-2 控制器稳态值一览表

控制器	状态	OP	PV	SP
FFC1001A	串级比值	高压蒸汽进口流量	高压蒸汽和氧流量比值	0.13047
FFC1001B	串级比值	高压蒸汽进口流量	高压蒸汽和氧的比例	0.13047
FFC1001C	串级比值	高压蒸汽进口流量	高压蒸汽和氧的比例	0.13047
FFC1001D	串级比值	高压蒸汽进口流量	高压蒸汽和氧的比例	0.13047
FFC1002A	串级比值	煤粉去工艺烧嘴流量	煤氧比例	1.26299
FFC1002B	串级比值	煤粉去工艺烧嘴流量	煤氧比例	1.26299
FFC1002C	串级比值	煤粉去工艺烧嘴流量	煤氧比例	1.26299
FFC1002D	串级比值	煤粉去工艺烧嘴流量	煤氧比例	1.26299
FIC1001	自动	阀 FV1001 开度	高压煤粉仓 A 吹送氮气流量 A 控制	4832.40608
FIC1002	自动	阀 FV1002 开度	高压煤粉仓 A 吹送氮气流量 B 控制	0
FIC1003	自动	阀 FV1003 开度	氮气流量	4832.32537

续表

控制器	状态	OP	PV	SP
FIC1004	自动	阀 FV1004 开度	高压煤粉仓 B 吹送氮气流量 D 控制	0
FIC1005A	串级主回路	阀 FV1005A 开度	氧蒸汽混合器进口氧气流量控制	23000.00
FIC1005B	串级主回路	阀 FV1005B 开度	氧蒸汽混合器进口氧气流量控制	23000.00
FIC1005C	串级主回路	阀 FV1005C 开度	氧蒸汽混合器进口氧气流量控制	23000.00
FIC1005D	串级主回路	阀 FV1005D 开度	氧蒸汽混合器进口氧气流量控制	23000.00
FIC1006	自动	阀 FV1006 开度	开工烧嘴柴油流量控制	6811.97913
FIC1007	自动	阀 FV1007 开度	气化炉激冷气流量控制	174736.00
FIC1008	自动	阀 FV1008 开度	开工烧嘴高压氮气流量控制	17021.21
FIC1009	自动	阀 FV1009 开度	中压开工蒸汽流量控制	100000.00
FIC1010	串级副回路	阀 FV1010 开度	烧嘴 A 进口煤粉流量控制	29048
FIC1011	串级副回路	阀 FV1011 开度	烧嘴 B 进口煤粉流量控制	29048
FIC1012A	串级副回路	阀 FV1012A 开度	进口蒸汽流量控制	3000
FIC1012B	串级副回路	阀 FV1012B 开度	进口蒸汽流量控制	3000
FIC1012C	串级副回路	阀 FV1012C 开度	进口蒸汽流量控制	3000
FIC1012D	串级副回路	阀 FV1012D 开度	进口蒸汽流量控制	3000
FIC1013	串级副回路	阀 FV1013 开度	烧嘴 C 进口煤粉流量控制	29048
FIC1014	串级副回路	阀 FV1014 开度	烧嘴 D 进口煤粉流量控制	29048
FIC1021	自动	阀 FV1021 开度	收集器吹送氮气流量控制	0
FIC1022	自动	阀 FV1022 开度	飞灰汽提冷却罐底部吹送氮气流量控制	8717.775
FIC1023	自动	阀 FV1023 开度	洗涤塔补充水流量控制	29999.52
FIC1024	自动	阀 FV1024 开度	洗涤塔顶部喷淋水流量控制	26999.52
FIC1025	串级副回路	阀 FV1025 开度	洗涤塔底部出口流量值	8893.59195
FIC1027	自动	阀 FV1027 开度	补充盐酸流量控制	100
FIC1028	自动	阀 FV1028 开度	灰浆汽提塔低压氮气流量控制	0
FIC1029	串级副回路	阀 FV1029 开度	灰浆汽提塔底部排放流量控制	29542
LIC1006	自动	阀 LV1006 开度	汽包液位控制	34.32
LIC1007	自动	阀 LV1007 开度	给料罐液位控制	50
LIC1013	串级主回路	洗涤塔底部出口流量实际值	洗涤塔液位	50
LIC1014	自动	阀 LV1014 开度	给料罐液位	50
LIC1015	串级主回路	汽提塔底部出口流量实际值	灰浆汽提塔液位控制	50
LIC1016	自动	阀 LV1016 开度	回流罐液位控制	50
PIC1001	分程	100	高压煤粉仓 A 压力控制	4698.66
PIC1002	分程	94.8	高压煤粉仓 B 压力控制	4698.66
PIC1005	自动	阀 PV1005 开度	柴油泵出口压力控制	16.95
PIC1006	自动	阀 PV1006 开度	开工烧嘴蒸汽压力控制	1898.67
PIC1007	自动	阀 PV1007 开度	汽包压力控制	1450.31
PIC1008	分程	50	给料罐压力	1098.67058
PIC1009	分程	50	排渣罐压力控制	1898.67
PIC1010	自动	阀 PV1010 开度	飞灰排放罐压力控制	2898.67
PIC1011	自动	阀 PV1011 开度	洗涤塔顶部压力	3798.67
PIC1012	自动	阀 PV1012 开度	灰浆汽提塔顶部压力控制	47.67
PIC1016	自动	阀 PV1016 开度	液化石油气去点火烧嘴压力控制	398.67
PIC1017	自动	阀 PV1017 开度	仪表空气去点火烧嘴的压力控制	398.67
TIC1004	自动	阀 TV1004 开度	烧嘴冷却循环水温度	120.22203
TIC1005	自动	阀 TV1005 开度	激冷气压缩机进口温度控制	177.35
TIC1017	自动	阀 TV1017 开度	渣池循环水进口温度控制	42.00

3. 进口物料一览表（见表 8-3）

表 8-3　进口物料组分一览表

物流名称	水煤浆		氮气	水蒸气	氧气
成分	摩尔分数	质量分数	摩尔分数	摩尔分数	摩尔分数
	%	%	%	%	%
$CaCl_2$	0	0	0	0	0
CH_4	0	0	0	0	0
CO	0	0	0	0	0
CO_2	0	0	0	0	0
COS	0	0	0	0	0
H_2	0	0	0	0	0
H_2O	3.154	3.068	0	100	0
SO_2	0	0	0	0	0
H_2S	0	0	0	0	0
N_2	0	0	100	0	79
O_2	0	0	0	0	21
C_2H_5O	13.465	33.493	0	0	0
HCl	0	0	0	0	0
C_6H_6	0	0	0	0	0
C	81.134	52.615	0	0	0
$CaCO_3$	1.888	10.202	0	0	0
S	0.359	0.622	0	0	0
总	100	100	100	100	100

4. 工艺指标一览表（见表 8-4）

表 8-4　工艺指标一览表

名称	描述	稳态值	工程单位
FI1001	高压煤粉仓 A 吹送氮气流量 A	4832.33	kg/h
FI1003	高压煤粉仓 B 吹送氮气流量 C	4832.33	kg/h
FI1023	洗涤塔补充水流量	30000	kg/h
FI1027	补充盐酸流量	100	kg/h
LI1005	渣池料位	49.96	%
LI1013	洗涤塔液位	50.00	%
LI1014	给料罐液位	50.00	%
LI1016	回流罐液位	49.716	%
PI1001	高压煤粉仓 B 压力	4698.657	kPa
PI1014	气化炉输气罐压力	3896.91	kPa
PI1015	给料罐压力	1098.671	kPa
PI1026	灰浆汽提塔顶部压力	47.670	kPa
TI1004	烧嘴冷却循环水温度	120.22	℃
TI1017	渣池循环水进口温度	42.00	℃
TIA1009	输气管中压蒸汽发生器进口温度	700	℃
TIA1010	输气管中压蒸汽发生器出口温度	500	℃
TIZ1013	气化炉中部温度	1500	℃
TIZ1014	气化炉底部温度	1500	℃

三、气化工段操作规程

(一) 稳态停车

停车操作共涉及煤发送系统，气化炉系统，渣系统，飞灰处理系统，洗涤系统及循环水系统。在操作过程中采用隔离进样系统，对其他 5 个系统进行降液、降压、降温处理；同时，对进样进料系统的压力及液位进行监测，使压力不高于 5000kPa，液位位于 50%左右。

气化停车 1：包括停进料，停吹送氮气等。

气化停车 2：包括排废水，排渣等。

气化停车 3：包括泄压，排灰，吹扫等。

进行气化停车前，需将安全联锁解除。

1. 气化停车 1

① 去气化现场，打开洗涤塔 T1001 去火炬总管阀 MV1013，开度设定为 50%。

② 进入气化 DCS 图（九），将 T1001 的压力控制器 PIC1011 投手动，将 OP 值设定为 0。

③ 进入气化 DCS 图（九），将新鲜水进口总流量控制器 FIC1023 投手动，将 OP 值设定为 0。

④ 进入气化 DCS 图（九），将新鲜水进 T1001 的流量控制器 FIC1024 投手动，将 OP 值设定为 0。

⑤ 进入气化 DCS 图（九），关闭洗涤塔 T1001 的气体去激冷气压缩机 C1001 的进口开关阀 XV1028。

⑥ 去气化现场，关闭压缩机 C1001。

⑦ 进入气化 DCS 图（九），关闭 C1001 去气化炉的出口开关阀 XV1029。

⑧ 进入气化 DCS 图（九），将盐酸去 V1016 的入口流量控制器 FIC1027 投手动，将 OP 值设定为 0。

⑨ 去气化现场，关闭烧碱进料阀 MV1012。

⑩ 去气化现场，关闭煤粉去 V1001B 的进口阀 MV1002。

⑪ 进入气化 DCS 图（一），关闭煤粉仓 V1001B 去 V1002B 的出口开关阀 XV1013。

⑫ 进入气化 DCS 图（一），关闭发送罐 V1002B 去 V1003B 的出口开关阀 XV1015 和 XV1016。

⑬ 进入气化 DCS 图（一），关闭高压煤粉仓 V1003B 的出口开关阀 XV1017 和 XV1018。

⑭ 进入气化 DCS 图（一），将高压煤粉仓 V1003B 去工艺烧嘴 A1001C 的出口流量控制器 FIC1013 投手动，将 OP 值设定为 0，并关闭截止阀 XV1019C。

⑮ 进入气化 DCS 图（一），将高压煤粉仓 V1003B 去工艺烧嘴 A1001D 原料出口流量控制器 FIC1014 投手动，将 OP 值设定为 0，并关闭截止阀 XV1019D。

⑯ 进入气化 DCS 图（一），将高压氮气去 V1003B 的进口流量控制器 FIC1003 投手动，OP 值设定为 0。

⑰ 进入气化 DCS 图（一），将 V1003B 的压力控制器 PIC1002 投手动，将 OP 值设定为 0。

⑱ 进入气化 DCS 图（一），将高压氮气去 V1003B 的进口流量控制器 FIC1004 投手动，

OP 值设定为 0。

⑲ 去气化现场，关闭煤粉去 V1001A 的进口阀 MV1001。

⑳ 进入气化 DCS 图（二），关闭煤粉仓 V1001A 去 V1002A 的出口开关阀 XV1005。

㉑ 进入气化 DCS 图（二），关闭发送罐 V1002A 去 V1003A 的出口开关阀 XV1007 和 XV1008。

㉒ 进入气化 DCS 图（二），关闭高压煤粉仓 V1003A 的出口开关阀 XV1001 和 XV1009。

㉓ 进入气化 DCS 图（二），将高压煤粉仓 V1003A 去工艺烧嘴 A1001A 原料出口流量控制器 FIC1010 投手动，OP 值设定为 0；关闭截断阀 XV1019A。

㉔ 进入气化 DCS 图（二），将高压煤粉仓 V1003A 去工艺烧嘴 A1001B 原料出口流量控制器 FIC1011 投手动，OP 值设定为 0；关闭截断阀 XV1019B。

㉕ 进入气化 DCS 图（二），将高压氮气去 V1003A 的进口流量控制器 FIC1001 投手动，OP 值设定为 0。

㉖ 进入气化 DCS 图（二），将 V1003A 的压力控制器 PIC1001 投手动，将 OP 值设定为 100。

㉗ 进入气化 DCS 图（二），将高压氮气去 V1003A 的进口流量控制器 FIC1002 投手动，将 OP 值设定为 0。

㉘ 进入气化 DCS 图（三），分别将氧气进氧蒸汽混合器的进口流量控制器 FIC1005A、FIC1005B、FIC1005C、FIC1005D 投手动，并分别将 OP 值设定为 0。

㉙ 进入气化 DCS 图（三），分别将氧气的进口流量比例控制器 FFC1002A、FFC1002B、FFC1002C、FFC1002D 投手动。

㉚ 进入气化 DCS 图（三），将高压蒸汽进口流量控制器 FIC1012A、FIC1012B、FIC1012C、FIC1012D 投手动，将 OP 值均设定为 0。

㉛ 进入气化 DCS 图（三），将高压蒸汽进口流量比例控制器 FFC1001A、FFC1001B、FFC1001C、FFC1001D 投手动。

㉜ 进入气化 DCS 图（三），打开高压氮气去氧蒸汽混合器的进口开关阀 XV1032A、XV1032B、XV1032C、XV1032D。

㉝ 进入气化 DCS 图（五），打开高压氮气去激冷壁底部吹灰器 Y1001 和 Y1002 的总截断阀 XV1030。

㉞ 进入气化 DCS 图（五），打开合成气冷却器吹灰器 Y1001 去合成气冷却器蒸汽发生器 E1003 的开关阀 XV1027。

㉟ 进入气化 DCS 图（五），打开激冷壁底部吹灰器 Y1002 去激冷壁中压蒸汽发生器 E1001 的开关阀 XV1031。

㊱ 去气化现场，打开高压氮气去激冷壁中压蒸汽发生器 E1001 的入口阀 MV1003，开度设定为 100%。

㊲ 进入气化 DCS 图（五），将压缩机 C1001 去激冷壁中压蒸汽发生器 E1001 的入口流量控制器 FIC1007 投手动，将 OP 值设定为 0。

㊳ 进入气化 DCS 图（五），关闭自排放支持水泵去 V1005 渣收集器的开关阀 XV1033。

㊴ 进入气化 DCS 图（五），关闭自渣池水冷却器 E1007 去渣池 V1004 的开关阀 XV1037。

㊵ 进入气化 DCS 图（五），将渣池水冷却器 E1007 的温度控制器 TIC1017 投手动，将 OP 值设定为 0。

㊶ 进入气化 DCS 图（七），关闭高压氮气去飞灰过滤器 F1003 的开关阀 XV1066。

㊷ 进入气化 DCS 图（七），将去收集器 V1008 的流量控制器 FIC1021 投手动，将 OP 值设定为 100。

㊸ 进入气化 DCS 图（七），将 V1009 的压力控制器 PIC1010 投手动，将 OP 值设定为 0。

㊹ 进入气化 DCS 图（七），通过调节 V1009 去火炬总管的截止阀 XV1048、XV1049、XV1050 及高压氮气去 V1009 的入口阀 XV1046，使 V1008 的液位 LIS1011 低于 80%。

注：将截止阀 XV1048、XV1049、XV1050 打开可以使 V1008 的液位 LIS1011 下降；将截止阀 XV1046 打开可以使 V1008 的液位上升；反之则作用相反。

㊺ 进入气化 DCS 图（七），将低压氮气去 V1010 的进口流量控制器 FIC1030 投手动。

㊻ 进入气化 DCS 图（七），调节 F1005 的气体出口阀 XV1052 和低压氮气进口阀，使 V1009 的液位 LIS1012 低于 80%。

注：将截止阀 XV1052 关闭可以使 V1009 的液位 LIS1012 上升；将低压氮气进口阀开度增大，会使 V1009 的液位上升；反之则作用相反。

㊼ 进入气化 DCS 图（七），查看 V1010 的重力显示 WIS1003，如果 WIS1003≥180000kg/h，则进入气化 DCS 图（八），打开放空阀 XV1055，使 WIS1003＜180000kg/h 后，再关闭 XV1055，否则不做操作。

㊽ 进入气化 DCS 图（八），查看 V1011 的液位显示 LI1019，如果 LI1019≥80%，则打开放空阀 XV1055，使 LI1019＜80%后，再关闭 XV1055；否则不做操作。

㊾ 进入气化 DCS 图（六），将 V1006 的压力控制器 PIC1009 投手动，将 OP 值设定为 100。

㊿ 进入气化 DCS 图（六），待 PIC1009 压力降到 1000kPa 左右时，将 OP 值设为 50。

注：等待压力下降的同时，可往下操作，但要及时关注 PIC1009 的压力。

51 去气化现场，关闭排放支持水泵 P1002。

52 进入气化 DCS 图（六），关闭泵 P1002 的入口阀 XV1039 和 XV1043。

53 去气化现场，关闭自给料罐 V1020 的出口泵 P1005。

54 进入气化 DCS 图（六），关闭给料罐 V1020 的新鲜水进料截断阀 XV1021。

55 进入气化 DCS 图（六），将 V1020 的液位控制器 LIC1017 投手动，将 OP 值设定为 0。

56 进入气化 DCS 图（六），将 V1020 的压力控制器 PIC1008 投手动，将 OP 值设定为 100，对给料罐进行泄压。

57 进入气化 DCS 图（六），将脱水槽 V1019 的液位控制器 LIS1008 投手动，将 OP 值设定为 0。

58 气化 DCS 图（六），将 E1008 的出口温度控制器 TIC1004 投手动，将 OP 值设定为 0。

59 进入气化 DCS 图（五），将汽包 V1007 的压力控制器 PIC1007 投手动，将 OP 值设定为 50。

60 进入气化 DCS 图（五），将汽包 V1007 的液位控制器 LIC1006 投手动，将 OP 值设定为 0。

⑥① 去气化现场，关闭汽包 V1007 的出口中压循环水泵 P1001。

⑥② 进入气化 DCS 图（九），将新鲜水去文丘里洗涤器 J1001 的入口流量控制器 FIC1022 投手动，将 OP 值设定为 0。

⑥③ 进入气化 DCS 图（九），将洗涤塔 T1001 的液位控制器 LIC1013 投手动。

⑥④ 进入气化 DCS 图（九），将 T1001 的出口流量控制阀 FIC1025 投手动，将 OP 值设定为 50。

⑥⑤ 进入气化 DCS 图（九），当洗涤塔 T1001 液位 LIC1013 降为 0 后，将 FIC1025 的 OP 值设为 0。

⑥⑥ 去气化现场，关闭洗涤塔 T1001 的出口循环水泵 P1011。

⑥⑦ 进入气化 DCS 图（九），将进压缩机 C1001 的温度控制器 TIC1005 投手动，将 OP 值设定为 0。

⑥⑧ 进入气化 DCS 图（九），将 V1017 的压力控制器 PIC1012 投手动，将 OP 值设定为 100。

⑥⑨ 进入气化 DCS 图（九），将 V1017 的液位控制器 LIC1015 投手动，将 OP 值设定为 20。

⑦⓪ 进入气化 DCS 图（九），将 V1016 的液位控制器 LIC1014 投手动，将 OP 值设定为 10。

⑦① 进入气化 DCS 图（九），将 T1002 的出口流量控制器 FIC1029 投手动，OP 值设定为 10。

⑦② 进入气化 DCS 图（九），将 T1002 的液位控制器 LIC1016 投手动。

⑦③ 进入气化 DCS 图（五），待 V1004 液位 LI1005 降至为 0 后，去气化现场，打开高压氮气去 V1004 入口阀 MV1010，开度设定为 100%。

⑦④ 去气化现场，将 V1019 的出口阀 MV1011 的开度增大为 50%。

2. 气化停车 2

① 进入气化 DCS 图（七），打开 XV1050 及高压氮气去 V1009 的入口阀 XV1046、XV1052。

② 进入气化 DCS 图（六），打开新鲜水截止阀 XV1040 和 XV1036。

③ 进入气化 DCS 图（五），待 V1005 的温度 TIS1016＜80℃后，进入气化 DCS 图（六），关闭新鲜水截止阀 XV1040 和 XV1036。

④ 进入气化 DCS 图（六），将 V1006 的压力控制器 PIC1009 的 OP 值设为 100，待 PIC1009 降到 1000kPa 左右时，再将 OP 值设为 50。

⑤ 去气化现场，将 V1019 的出口阀 MV1011 的开度增大为 100%。

⑥ 进入气化 DCS 图（五），待 V1005 的液位 LI1018 降为 0 后，关闭 V1005 的排渣阀 XV1038。

⑦ 去气化现场，关闭 V1005 的排液泵 P1003。

⑧ 进入气化 DCS 图（五），关闭 V1005 的上部清水出口阀 XV1035。

⑨ 进入气化 DCS 图（六），将 V1006 的压力控制器 PIC1009 的 OP 值设定为 0，待 PIC1009 升高到 2800kPa 后，将 OP 值设定为 50。

⑩ 进入气化 DCS 图（九），将 V1016 的液位控制器 LIC1014 的 OP 值设定为 50。

⑪ 进入气化 DCS 图（九），当 LIC1014 降为 0，且出口流量 FI1026<20kg/h 后，关闭 V1016 的进口阀 XV1044。

⑫ 进入气化 DCS 图（九），将控制器 LIC1014 的 OP 值设定为 0。

⑬ 去气化现场，关闭 V1016 的排液泵 P1010。

⑭ 去气化现场，打开 V1016 去火炬总管的泄压阀，开度设定为 100%。

⑮ 进入气化 DCS 图（九），待 V1017 的液位 LIC1016 的液位降为 0 后，将 LIC1015 的 OP 值设定为 0。

⑯ 去气化现场，关闭 V1017 的出口回流泵 P1008。

⑰ 进入气化 DCS 图（九），待 T1002 的液位 LIC1015 降为 0 后，将 FIC1029 的 OP 值设定为 0。

⑱ 去气化现场，关闭 T1002 的出口排污水泵 P1009。

⑲ 进入气化 DCS 图（七），当 V1008 的液位 LIS1011 为 0 时，关闭 XV1050。

⑳ 进入气化 DCS 图（七），查看 V1009 的压力 PIC1010。

㉑ 进入气化 DCS 图（五），查看 E1002 的压力 PI1014，若与 PIC1010 相近时，进入气化 DCS 图（三），关闭高压氮气的进口阀 XV1032A、XV1032B、XV1032C、XV1032D。

㉒ 去气化现场，关闭高压氮气去 E1004 的进口阀 MV1003。

㉓ 去气化现场，关闭高压氮气去 V1004 的进口阀 MV1010。

㉔ 进入气化 DCS 图（五），关闭高压氮气去吹灰器 Y1001 和 Y1002 的入口总截断阀 XV1030。

㉕ 进入气化 DCS 图（五），关闭吹灰器 Y1001 的出口阀 XV1027。

㉖ 进入气化 DCS 图（五），关闭吹灰器 Y1002 的出口阀 XV1031。

㉗ 进入气化 DCS 图（七），将 V1008 的入口流量控制器 FIC1021 的 OP 值设定为 0。

㉘ 进入气化 DCS 图（七），关闭 V1008 的排液阀 XV1045。

3. 气化停车 3

① 进入气化 DCS 图（六），待 V1006 液位 LIS1007 降至 0 后，关闭 V1006 的液相出口阀 XV1042。

② 进入气化 DCS 图（六），将 V1006 的压力控制器 PIC1009 的 OP 值设为 100。

③ 进入气化 DCS 图（六），等待 V1019 液位 LIS1008 降为 0。

④ 去气化现场，关闭 V1019 的排液泵 P1004。

⑤ 去气化现场，关闭排液阀 MV1011。

⑥ 进入气化 DCS 图（七），当飞灰排放罐 V1009 液位 LIS1012 降为 0 后，关闭 V1009 的液相出口阀 XV1047。

⑦ 进入气化 DCS 图（七），关闭 XV1052。

⑧ 进入气化 DCS 图（七），打开 XV1048、XV1049、XV1050。

⑨ 进入气化 DCS 图（七），将低压氮气去 V1010 的入口流量控制器 FIC1030 的 OP 值设定为 100。

⑩ 进入气化 DCS 图（七），待 V1010 的压力 PI1020 升至 2000kPa 左右后，将 FIC1030 的 OP 值设定为 0。

⑪ 进入气化 DCS 图（七），当 V1010 的重力显示 WIS1003 降至 0kg/h 左右后，关闭 V1010 去中间飞灰储罐的排放阀 XV1053。

注：等待的过程，可以判断是否要进行“附注一”操作，若需要，则可以按照“附注一”的步骤进行后续操作。

⑫ 进入气化 DCS 图（七），打开 F1005 去火炬总管的排气阀 XV1052。

⑬ 进入气化 DCS 图（八），打开低压氮气去 V1011 的入口阀 XV1056。

⑭ 进入气化 DCS 图（八），待 V1011 的液位 LI1019 降为 0 后，关闭 XV1056。

⑮ 进入气化 DCS 图（八），打开 V1011 和 V1012A、V1012B 的连接阀 XV1063、XV1064。

⑯ 进入气化 DCS 图（八），当 V1012A 的液位 LI1010、V1012B 的液位 LI1009 均降为 0 后，打开放空阀 XV1055。

⑰ 进入气化 DCS 图（八），待 V1012A 的压力 PIS1019、V1012B 的压力 PIS1020 均降为 0。

⑱ 进入气化 DCS 图（八），关闭 V1012A、V1012B 的排液阀 XV1061、XV1062。

⑲ 进入气化 DCS 图（八），关闭 V1011 的排液阀 XV1063、XV1064。

⑳ 进入气化 DCS 图（八），关闭放空阀 XV1055。

㉑ 进入气化 DCS 图（五），待 V1007 的压力 PIC1007 降为 0 后，将其 OP 值设定为 0。

㉒ 进入气化 DCS 图（六），待 V1020 的压力 PIC1008 降至接近 0 后，将其 OP 值设定为 50。

㉓ 进入气化 DCS 图（六），待 PIC1009 降为 0 后，将 OP 值设定为 50。

㉔ 进入气化 DCS 图（七），待 V1009 的压力 PIC1010 降为 0 后，关闭 XV1048、XV1049、XV1050。

㉕ 进入气化 DCS 图（七），待 PI1020 压力降为 0 后，关闭 XV1052。

㉖进入气化 DCS 图（九），待 T1001 的压力 PIC1011 降为 0，去气化现场，关闭 T1001 去火炬总管的截断阀 MV1013。

㉗进入气化 DCS 图（九），待 V1017 的压力 PIC1012 降为 0 后，将其 OP 值设定为 0。

㉘去气化现场，关闭 V1016 去火炬总管的截断阀 MV1016。

附注一：PRIS1004 与 PRIS1003 压力调节

在停车过程中若气化 DCS 图（一）与图（二）中压力显示 PRIS1004 与 PRIS1003 显示高于 6000kPa，可通过以下操作进行调节。

① 进入气化 DCS 图（一），打开高压煤粉仓 V1003B 去粉煤仓 V1001B 的开关阀 XV1017、XV1018、XV1020C、XV1020D。

② 进入气化 DCS 图（一），将 FIC1013、FIC1014 的 OP 值设定为 10。

③ 进入气化 DCS 图（一），打开发送罐 V1002B 去高压煤粉仓 V1003B 的开关阀 XV1015、XV1016。

④ 进入气化 DCS 图（一），打开煤粉仓 V1001B 去发送罐 V1002B 的开关阀 XV1013。

⑤ 进入气化 DCS 图（一），通过调节开关阀 XV1016 调节高压煤粉仓 V1003B 的液位 LIRS1002，使其维持在 50%左右。

注：50%左右指的是保持有液位且液位不至于过高，在 30%～70%即可。

⑥ 进入气化 DCS 图（一），当 V1002B 的液位 LS1004 与 V1003B 的液位 LIRS1002 相近时，可通过开关阀 XV1013 调节发送罐 V1002B 的液位，使其维持在 50%左右。

⑦ 进入气化 DCS 图（一），V1002B 的压力 PRIS1004 与 V1003B 的压力 PIC1002 均为 4500～4800kPa，发送罐 V1002B 的液位 LS1004 与高压煤粉仓 V1003B 的液位 LIRS1002 均

在 35%～60%。

⑧ 进入气化 DCS 图（一），关闭高压煤粉仓 V1003B 去煤粉仓 V1001B 的开关阀 XV1017、XV1018、XV1020C、XV1020D。

⑨ 进入气化 DCS 图（一），将控制器 FIC1013 的 OP 值设为 0。

⑩ 进入气化 DCS 图（一），将控制器 FIC1014 的 OP 值设为 0。

⑪ 进入气化 DCS 图（一），关闭发送罐 V1002B 去高压煤粉仓 V1003B 的开关阀 XV1015、XV1016。

⑫ 进入气化 DCS 图（一），关闭煤粉仓 V1001B 去发送罐 V1002B 的开关阀 XV1013。

⑬ 进入气化 DCS 图（二），打开高压煤粉仓 V1003A 去煤粉仓 V1001A 的开关阀 XV1001、XV1009、XV1020A、XV1020B。

⑭ 进入气化 DCS 图（二），将 FIC1010 的 OP 值设定为 10。

⑮ 进入气化 DCS 图（二），将 FIC1011 的 OP 值设定为 10。

⑯ 进入气化 DCS 图（一），打开发送罐 V1002A 去高压煤粉仓 V1003A 的开关阀 XV1007、XV1008。

⑰ 进入气化 DCS 图（二），打开煤粉仓 V1001A 去发送罐 V1002A 的开关阀 XV1005。

⑱ 进入气化 DCS 图（二），通过调节开关阀 XV1008 调节高压煤粉仓 V1003A 的液位 LIRS1001，使其维持在 50%左右。

⑲ 进入气化 DCS 图（二），当 V1002A 的液位 LS1003 与 V1003A 的液位 LIRS1001 相近时，可通过开关阀 XV1005 调节发送罐 V1002A 的液位，使其维持在 50%左右。

⑳ 进入气化 DCS 图（二），V1002A 的压力 PRIS1003 与 V1003B 的压力 PIC1002 均为 4500～4800kPa，发送罐 V1002A 的液位 LS1003 与高压煤粉仓 V1003A 的液位 LIRS1001 均在 35%～60%。

㉑ 进入气化 DCS 图（二），关闭高压煤粉仓 V1003A 去煤粉仓 V1001A 的开关阀 XV1001、XV1009、XV1020A、XV1020B。

㉒ 进入气化 DCS 图（二），将控制器 FIC1010 的 OP 值设为 0。

㉓ 进入气化 DCS 图（二），将控制器 FIC1011 的 OP 值设为 0。

㉔ 进入气化 DCS 图（二），关闭发送罐 V1002A 去高压煤粉仓 V1003A 的开关阀 XV1007、XV1008。

㉕ 进入气化 DCS 图（二），关闭煤粉仓 V1001A 去发送罐 V1002A 的开关阀 XV1005。

(二) 冷态开车

造气系统开车一般涉及气化炉升压升温、水循环、点火烧嘴、开工烧嘴、进料、气化、渣处理、飞灰处理、湿洗及灰浆汽提等工段的操作。

气化开车 1：开车前准备，系统充压，新鲜水投用，烧嘴开工等。

气化开车 2：气化炉进料。

气化开车 3：等待液位逐渐达到稳态，将控制器投自动。

1. 气化开车 1

① 去气化现场，打开自高压氮气去气化炉 R1001 的阀 MV1003，其开度为 100%。

② 去气化现场，打开自高压氮气去渣池 V1004 的阀 MV1010，其开度为 100%。

③ 去气化现场，打开自汽包 V1007 去气化炉的中压循环水泵 P1001。

④ 进入气化 DCS 图（五），将自中压蒸汽发生器去汽包 V1007 的流量控制器 FIC1009

的 OP 值设为 50。

⑤ 进入气化 DCS 图（五），将自汽包 V1007 去低压蒸汽发生器的压力控制器 PIC1007 投自动，SP 值设为 1450.31。

⑥ 进入气化 DCS 图（五），将自渣池水冷却器 E1007 去循环水上水的温度控制器 TIS1017 的 OP 值设为 50。

⑦ 进入气化 DCS 图（六），将给料罐 V1020 的压力控制器 PIC1008 投自动，将 SP 值设为 1098.671。

⑧ 进入气化 DCS 图（六），将自热水加热器 E1008 去凝液的阀 TIC1004 的 OP 值设为 50。

⑨ 去气化现场，打开自给料罐 V1020 去热水加热器的热水泵 P1005。

⑩ 进入气化 DCS 图（六），打开新鲜水去给料罐的开关阀 XV1021。

⑪ 进入气化 DCS 图（六），将 LIC1017 投自动，SP 值设为 50。

⑫ 进入气化 DCS 图（六），将 PIC1009 投自动，SP 值设为 1898.67。

⑬ 进入气化 DCS 图（五），待 PI1014 达到 1000kPa 左右，去气化现场，关闭 MV1003，MV1010。

⑭ 进入气化 DCS 图（九），将 FIC1028 的 OP 值设为 100。

⑮ 进入气化 DCS 图（九），当 PIC1012 的压力升高到 47kPa 左右时，将 FIC1028 的 OP 值设为 0。

⑯ 进入气化 DCS 图（九），将 PIC1012 投自动，SP 值设为 47.67。

⑰ 进入气化 DCS 图（九），将新鲜水去洗涤塔 T1001 的流量控制器 FIC1023 的 OP 值设为 5。

⑱ 进入气化 DCS 图（九），将 FIC1024 的 OP 值设为 50。

⑲ 进入气化 DCS 图（九），将由烧碱与洗涤塔循环水泵 P1011 循环物质混合去文丘里洗涤器 J1001 的流量控制器的 OP 值设为 50。

⑳ 去气化现场，打开烧碱去文丘里洗涤器的阀 MV1012，开度设为 5%。

㉑ 进入气化 DCS 图（九），待 T1001 的液位 LIC1013 达到 5%以上，去气化现场，打开循环水泵 P1011。

㉒ 进入气化 DCS 图（九），将经洗涤塔循环水泵 P1011 去给料罐 V1016 的流量控制器 FIC1025 的 OP 值设为 100。

㉓ 进入气化 DCS 图（九），将自盐酸去给料罐 V1016 的流量控制器 FIC1027 的 OP 值设为 5。

㉔ 进入气化 DCS 图（九），待 V1016 的液位 LIC1014 达到 5%以上，将液位控制器 LIC1014 的 OP 值设为 50。

㉕ 去气化现场，打开经给料罐 V1016 去灰浆汽提塔 T1002 的给料泵 P1010。

㉖ 进入气化 DCS 图（九），待 T1002 的液位 LIC1016 达到 5%以上，将自排污水空冷器 E1006 去澄清池的流量控制器 FIC1029 的 OP 值设为 20。

㉗ 去气化现场，打开自灰浆汽提塔 T1002 去澄清池的排污水泵 P1009。

㉘ 进入气化 DCS 图（七），将低压氮气去飞灰排放罐的压力控制器 PIC1010 投自动，SP 值设为 2898.67。

㉙ 进入气化 DCS 图（七），打开热超高压氮气去 F1003 的开关阀 XV1066。

㉚ 去气化现场，打开自洗涤塔 T1001 去火炬总管的阀 MV1013，其开度为 15%。

㉛ 进入气化 DCS 图（四），将 LGP 去点火烧嘴 A1003 的压力控制阀 PCV1017 的开度设为 50%。

㉜ 进入气化 DCS 图（四），将仪表空气去点火烧嘴 A1003 的压力控制阀 PCV1018 的开度设为 50%。

㉝ 进入气化 DCS 图（四），待 PIS1016 到 350kPa 左右，将 PIC1016 投自动，SP 值设为 398.67。

㉞ 进入气化 DCS 图（四），待 PIC1017 到 350kPa 左右，将 PIC1017 投自动，SP 值设为 398.67。

㉟ 进入气化 DCS 图（四），打开氮气去开工烧嘴 A1002 的开关阀 XV1026。

㊱ 进入气化 DCS 图（四），将高压氮气去开工烧嘴 A1002 的流量控制器阀 FIC1008 的 OP 值设为 50。

㊲ 进入气化 DCS 图（四），将自柴油泵 P1006 去开工烧嘴 A1002 的流量控制器 FIC1006 的 OP 值设为 50。

㊳ 进入气化 DCS 图（四），将自开工烧嘴 A1002 去蒸汽的压力控制器 PIC1006 的 OP 值设为 50。

㊴ 去气化现场，打开柴油去柴油储罐 V1018 的阀 MV1008，其开度为 50%。

㊵ 去气化现场，打开柴油储罐 V1018 去开工烧嘴 A1002 与热风炉的泵 P1006。

㊶ 去气化现场，打开柴油储罐 V1018 去开工烧嘴 A1002 与热风炉的泵 P1007。

㊷ 去气化现场，打开自高压工艺水去开工烧嘴 A1002 的阀 MV1006，其开度为 50%。

㊸ 进入气化 DCS 图（四），打开自氧气去开工烧嘴 A1002 的开关阀 XV1025。

㊹ 进入气化 DCS 图（四），将控制器 FIC1008 投自动，SP 值设为 17021.21。

㊺ 进入气化 DCS 图（四），将控制器 FIC1006 投自动，SP 值设为 6811.98。

㊻ 进入气化 DCS 图（四），将控制器 PIC1006 投自动，SP 值设为 1898.67。

㊼ 进入气化 DCS 图（四），打开低压氮气去点火烧嘴 A1003 的开关阀 XV1022。

㊽ 进入气化 DCS 图（五），将自激冷气压缩机去激冷壁中压蒸汽发生器的流量控制器 FIC1007 的 OP 值设为 15。

㊾ 进入气化 DCS 图（五），打开自渣池水冷却器去渣池 V1004 的开关阀 XV1037。

㊿ 进入气化 DCS 图（三），将氧气去氧蒸汽混合器的流量控制器阀 FIC1005D 的 OP 值设为 50。

(51) 进入气化 DCS 图（一），打开自高压煤粉仓 V1003B 去工艺烧嘴 A1001D 的阀 XV1018、XV1019。

(52) 进入气化 DCS 图（一），将 FIC1014 的 OP 值设为 50。

(53) 进入气化 DCS 图（一），将高压氮气去高压煤粉仓 V1003B 的流量控制器 FIC1003 的 OP 值设为 25。

(54) 进入气化 DCS 图（一），打开自发送罐 V1002B 去高压煤粉仓 V1003B 的阀 XV1015、XV1016。

(55) 进入气化 DCS 图（一），打开自煤粉仓 V1001B 去发送罐 V1002B 的阀 XV1013。

(56) 进入气化 DCS 图（一），将去 V1003B 的压力控制器 PIC1002 投自动，SP 值设为 4698.66。

⑰去气化现场，打开粉煤去煤粉仓 V1001B 的阀 MV1002，其开度为 25%。

⑱进入气化 DCS 图（三），将高压蒸汽去氧蒸汽混合器的流量控制器 FIC1012D 的 OP 值设为 50。

⑲ 进入气化 DCS 图（五），将自中压蒸汽发生器去汽包 V1007 的流量控制器 FIC1009 的 OP 值设 0。

⑳ 进入气化 DCS 图（五），将自新鲜水去汽包 V1007 的液位控制器 LIC1006 投自动，SP 值设为 34.32。

㉑ 进入气化 DCS 图（六），打开新鲜水去排放支持水泵的开关阀 XV1043。

㉒ 进入气化 DCS 图（六），打开排渣罐 V1006 去排放支持水泵的开关阀 XV1039。

㉓ 去气化现场，打开由开关阀 XV1039 去渣收集器的排放支持水泵 P1002。

㉔ 进入气化 DCS 图（六），打开自排放支持水泵去渣收集器 V1005 的开关阀 XV1033。

㉕ 进入气化 DCS 图（五），待 V1005 液位 LI1018 达到 5%以上，打开自渣收集器 V1005 去渣池循环水泵的开关阀 XV1035。

㉖ 去气化现场，打开自渣收集器 V1005 去水力旋流器的渣池循环水泵 P1003。

㉗ 进入气化 DCS 图（九），打开自水力旋流器去给料罐 V1016 的开关阀 XV1044。

㉘ 进入气化 DCS 图（一），关注发送罐 V1002B 与高压煤粉仓 V1003B 的液位变化，可通过调节开关阀 XV1016、XV1013 的开度调节液位（以后的操作中及时关注、调节），使 V1002B、V1003B 的液位维持在 30%～60%。

㉙ 进入气化 DCS 图（九），将新鲜水去洗涤塔 T1001 的流量控制器 FIC1023 的 OP 值设为 15。

㉚ 进入气化 DCS 图（九），将 FIC1024 的 OP 值设为 15。

㉛ 进入气化 DCS 图（九），将自盐酸去给料罐 V1016 的流量控制器 FIC1027 的 OP 值设为 15。

㉜ 进入气化 DCS 图（九），将经给料罐 V1016 去给料泵 P1010 的液位控制器 LIC1014 的 OP 值设为 100。

㉝ 进入气化 DCS 图（九），打开自洗涤塔 T1001 去激冷气压缩机 C1001 的开关阀 XV1028。

㉞ 去气化现场，启动压缩机 C1001。

㉟ 进入气化 DCS 图（九），打开自激冷气压缩机 C1001 去气化炉的开关阀 XV1029。

㊱ 去气化现场，开大烧碱去文丘里洗涤器的阀 MV1012，开度设为 15%。

㊲ 进入气化 DCS 图（四），关闭自氧气去开工烧嘴 A1002 的开关阀 XV1025。

㊳ 去气化现场，关闭高压工艺水去开工烧嘴 A1002 的阀 MV1006。

㊴ 去气化现场，关闭柴油去柴油储罐 V1018 的阀 MV1008。

㊵ 去气化现场，关闭柴油储罐 V1018 去开工烧嘴 A1002 与热风炉的泵 P1006。

㊶ 去气化现场，关闭柴油储罐 V1018 去开工烧嘴 A1002 与热风炉的泵 P1007。

㊷ 进入气化 DCS 图（四），关闭低压氮气去点火烧嘴 A1003 的开关阀 XV1022。

㊸ 进入气化 DCS 图（四），将高压氮气去开工烧嘴 A1002 的流量控制器 FIC1008 投手动，OP 值设为 0。

㊹ 进入气化 DCS 图（四），将控制器 FIC1006 投为手动，OP 值设为 0。

㊺ 进入气化 DCS 图（四），将控制器 PIC1006 投为手动，OP 值设为 100。

㊱ 进入气化 DCS 图（四），关闭氮气去开工烧嘴 A1002 的开关阀 XV1026。

㊲ 进入气化 DCS 图（四），当 PIC1006 显示为 0kPa 左右时，将开工烧嘴 A1002 蒸汽的压力控制器 PIC1006 的 OP 值设为 0。

㊳ 进入气化 DCS 图（四），关闭控制阀 PCV1017。

㊴ 进入气化 DCS 图（四），关闭控制阀 PCV1018。

㊵ 进入气化 DCS 图（九），将自回流罐 V1017 去灰浆汽提塔 T1002 的液位控制器 LIC1015 的 OP 值设为 10。

㊶ 去气化现场，打开泵 P1008。

2. 气化开车 2

① 进入气化 DCS 图（五），将自渣池水冷却器 E1007 去循环水上水的温度控制器 TIS1017 的 OP 值设为 100。

② 进入气化 DCS 图（三），将氧气去氧蒸汽混合器的流量控制器 FIC1005B 的 OP 值设为 50。

③ 进入气化 DCS 图（二），打开高压煤粉仓 V1003A 去工艺烧嘴 A1001B 的阀 XV1019B、XV1009。

④ 进入气化 DCS 图（二），将 FIC1011 的 OP 值设为 50。

⑤ 进入气化 DCS 图（二），将高压氮气去高压煤粉仓 V1003A 的流量控制器 FIC1001 的 OP 值设为 25。

⑥ 进入气化 DCS 图（二），打开自发送罐 V1002A 去高压煤粉仓 V1003A 的阀 XV1007、XV1008。

⑦ 进入气化 DCS 图（二），打开自煤粉仓 V1001A 去发送罐 V1002A 的阀 XV1005。

⑧ 进入气化 DCS 图（二），将去 V1003A 的压力控制器 PIC1001 投自动，SP 值为 4698.66。

⑨ 去气化现场，打开煤粉去煤粉仓 V1001A 的阀 MV1001，其开度为 25%。

⑩ 进入气化 DCS 图（三），将高压蒸汽去氧蒸汽混合器的流量控制器 FIC1012B 的 OP 值设为 50。

⑪ 进入气化 DCS 图（五），将激冷气压缩机 C1001 去激冷壁中压蒸汽发生器的流量控制器 FIC1007 的 OP 值设为 25。

⑫ 进入气化 DCS 图（九），将盐酸去给料罐 V1016 的流量控制器 FIC1027 的 OP 值设为 25。

⑬ 进入气化 DCS 图（九），将洗涤塔循环水泵 P1011 去给料罐 V1016 的流量控制器 FIC1025 的 OP 值设为 25。

⑭ 去气化现场，将烧碱去文丘里洗涤器的阀 MV1012 的开度设为 25%。

⑮ 去气化现场，将洗涤塔 T1001 去火炬总管的阀 MV1013 的开度设为 25%。

⑯ 进入气化 DCS 图（二），发送罐 V1002A 与高压煤粉仓 V1003A 的液位变化可通过调节开关阀 XV1008、XV1005 的开度调节，使 V1002A、V1003A 的液位维持在 30%～60%。

⑰ 进入气化 DCS 图（七），若飞灰排放罐 V1009 压力 PIC1010 高于 3000kPa 时，可通过飞灰排放过滤器 F1004 去火炬的开关阀 XV1050 进行调节。之后的操作中及时关注，依照上述两步，来调节相应液位和压力。

⑱ 进入气化 DCS 图（七），将低压氮气去飞灰汽提冷却罐 V1010 的流量控制器 FIC1030 的 OP 值设为 100，为 V1010 充压。

⑲ 进入气化 DCS 图（三），将氧气去氧蒸汽混合器的流量控制器 FIC1005C 的 OP 值设为 50。

⑳ 进入气化 DCS 图（一），打开高压煤粉仓 V1003B 去工艺烧嘴 A1001C 的阀 XV1017、XV1019C。

㉑ 进入气化 DCS 图（一），将 FIC1013 的 OP 值设定为 50。

㉒ 进入气化 DCS 图（一），将高压氮气去高压煤粉仓 V1003B 的流量控制器 FIC1003 的 OP 值设为 50。

㉓ 去气化现场，开大煤粉去煤粉仓 V1001B 的阀 MV1002，开度设为 50%。

㉔ 进入气化 DCS 图（三），将高压蒸汽去氧蒸汽混合器的流量控制器 FIC1012C 的 OP 值设为 50。

㉕ 进入气化 DCS 图（五），将激冷气压缩机 C1001 去激冷壁中压蒸汽发生器的流量控制器 FIC1007 的 OP 值设为 35。

㉖ 进入气化 DCS 图（九），将新鲜水去洗涤塔 T1001 的流量控制器 FIC1023 的 OP 值设为 25。

㉗ 进入气化 DCS 图（九），将 FIC1024 的 OP 值设为 50。

㉘ 进入气化 DCS 图（九），将盐酸去给料罐 V1016 的流量控制器 FIC1027 的 OP 值设为 35。

㉙ 进入气化 DCS 图（九），将洗涤塔循环水泵 P1011 去给料罐 V1016 的流量控制器 FIC1025 的 OP 值设为 15。

㉚ 去气化现场，开大烧碱去文丘里洗涤器的阀 MV1012，开度设为 35%。

㉛ 去气化现场，开大洗涤塔 T1001 去火炬总管的阀 MV1013，开度设为 35%。

㉜ 进入气化 DCS 图（七），待飞灰汽提冷却罐 V1010 的压力显示 PI1020 为 1900kPa 左右，将 FIC1030 的 OP 值设为 0（若飞灰汽提冷却罐的压力高于 2000kPa，可通过开关阀 XV1052 进行调节）。

㉝ 进入气化 DCS 图（三），将氧气去氧蒸汽混合器的流量控制器 FIC1005A 的 OP 值设为 50。

㉞ 进入气化 DCS 图（二），打开高压煤粉仓 V1003A 去工艺烧嘴 A1001A 的阀 XV1001、XV1019A。

㉟ 进入气化 DCS 图（二），将 FIC1010 的 OP 值设为 50。

㊱ 进入气化 DCS 图（二），将高压氮气去高压煤粉仓 V1003A 的流量控制器 FIC1001 的 OP 值设为 50。

㊲ 去气化现场，开大煤粉去煤粉仓 V1001A 的阀 MV1001，其开度为 50%。

㊳ 进入气化 DCS 图（三），将高压蒸汽去氧蒸汽混合器的流量控制器 FIC1012A 的 OP 值设为 50。

㊴ 进入气化 DCS 图（五），将激冷气压缩机 C1001 去激冷壁中压蒸汽发生器的流量控制器 FIC1007 的 OP 值设为 50。

㊵ 去气化现场，关闭洗涤塔 T1001 去火炬总管的阀 MV1013。

㊶ 去气化现场，打开烧碱去文丘里洗涤器的阀 MV1012，开度为 50%。

㊷ 进入气化 DCS 图（九），将 PIC1011 的 OP 值设为 50。

㊸ 进入气化 DCS 图（九），当 PIC1011 达到 3800kPa 左右，将 PIC1011 投自动，SP 值为 3798.67。

㊹ 进入气化 DCS 图（九），将新鲜水去洗涤塔 T1001 的流量控制器 FIC1023 的 OP 值设为 50。

㊺ 进入气化 DCS 图（九），当 FIC1023 达到 30000kg/h 左右，将 FIC1023 投自动，SP 值设定为 29999.52。

㊻ 进入气化 DCS 图（九），将 FIC1024 投为自动，SP 值设为 26999.52。

㊼ 进入气化 DCS 图（九），将盐酸去给料罐 V1016 的流量控制器 FIC1027 的 OP 值设为 50。

㊽ 进入气化 DCS 图（九），当 FIC1027 达到 100kg/h 左右时，将 FIC1027 由手动投自动，SP 值设为 100。

㊾ 进入气化 DCS 图（七），观察收集器 V1008 的液位显示 LIS1011，若液位达到 50%左右时，打开收集器 V1008 去飞灰排放罐 V1009 的开关阀 XV1045（等待过程中，可留意液位 LIC1013）。

㊿ 进入气化 DCS 图（九），将控制器 FIC1022 投自动，SP 值设为 8717.775。

51 进入气化 DCS 图（九），将控制器 FIC1029 的 OP 值先设为 0，然后投自动，并勾上串级。

52 进入气化 DCS 图（九），将控制器 LIC1016 投自动，SP 值设为 50。

53 进入气化 DCS 图（九），将控制器 LIC1015 投自动，SP 值设为 50。

54 进入气化 DCS 图（九），等待 LIC1013 达到 50%左右，将 LIC1013 投自动，SP 值设为 50（等待的过程中，可以进行后面操作）。

55 进入气化 DCS 图（九），将 FIC1025 投自动，并勾上串级（等待的过程中，可以进行后面操作）。

56 进入气化 DCS 图（七），待飞灰排放罐 V1009 的液位显示 LIS1012 高于 50%时，打开飞灰排放罐 V1009 去飞灰汽提冷却罐 V1010 的开关阀 XV1047。

57 进入气化 DCS 图（七），观察飞灰排放罐 V1009 压力 PIC1010，等待压力升至 2898kPa 左右（若压力高于 3000kPa，可通过飞灰排放过滤器 F1004 去火炬的开关阀 XV1050 进行调节）。

58 进入气化 DCS 图（七），观察飞灰汽提冷却罐的压力 PI1020，等待压力升至 1900kPa 左右（若高于 1950kPa，可通过阀 XV1052 进行调节）。

59 进入气化 DCS 图（七），当飞灰汽提冷却罐 V1010 的质量流量显示 WIS1003 超过 150000kg/h 时，打开飞灰汽提冷却罐 V1010 去中间飞灰储罐 V1011 的开关阀 XV1053。

60 进入气化 DCS 图（八），当 V1011 的液位大于 5%后，打开 XV1056 给 V1011 充压。

61 进入气化 DCS 图（八），压力升高到 1400kPa 左右后，关闭阀 XV1056（等待过程中可以进行后续操作）。

62 进入气化 DCS 图（八），打开 XV1057、XV1058 给 V1012A、B 充压至 400kPa 左右后，关闭阀 XV1057 和阀 XV1058（等待过程中可以进行后续操作）。

63 进入气化 DCS 图（八），当 V1012A、B 的液位大于 50%时，打开飞灰充气仓 V1012A、V1012B 去飞灰储仓 V1013 的开关阀 XV1061、XV1062。

⑭ 进入气化 DCS 图（五），当 V1005 的料位 LI1018 升高到 50%左右后，打开去排渣罐 V1006 的开关阀 XV1038［若 DCS 图（九）中液位 LIC1014 大于 60%，可先关闭阀 XV1044，待 LI1018 升至 50%左右后，再打开阀 XV1044］。

⑮ 进入气化 DCS 图（六），待料位 LIS1007 为 50%左右时，打开自排渣罐 V1006 去脱水槽 V1019 的开关阀 XV1042。

⑯ 去气化现场，待料位 LIS1008 为 50%左右时，打开自脱水槽 V1019 去澄清槽的渣灰泥排放泵 P1004。

⑰ 去气化现场，打开自渣灰泥排放泵 P1004 去澄清槽的阀 MV1011，其开度为 50%左右，微调，保持 LIS1008 为 50%左右。

⑱ 进入气化 DCS 图（六），将 LIS1008 由手动投为自动，SP 值设为 50。

注：进入气化 DCS 图（八），若 V1011 及 V1012A、V1012B 的压力显示低于 1400kPa、400kPa 时，可通过打开开关阀 XV1056 及 XV1061、XV1062 为其充压。

3. 气化开车 3

① 进入气化 DCS 图（三），当 FIC1005A 达到 23000kg/h 左右，将控制器 FIC1005A 投自动，SP 值设为 23000。

② 进入气化 DCS 图（三），当 FIC1005B 达到 23000kg/h 左右，将控制器 FIC1005B 投自动，SP 值设为 23000。

③ 进入气化 DCS 图（三），当 FIC1005C 达到 23000kg/h 左右，将控制器 FIC1005C 投自动，SP 值设为 23000。

④ 进入气化 DCS 图（三），当 FIC1005D 达到 23000kg/h 左右，将控制器 FIC1005D 投自动，SP 值设为 23000。

⑤ 进入气化 DCS 图（三），将控制器 FIC1012A 投自动，勾上串级。

⑥ 进入气化 DCS 图（三），将控制器 FIC1012B 投自动，勾上串级。

⑦ 进入气化 DCS 图（三），将控制器 FIC1012C 投自动，勾上串级。

⑧ 进入气化 DCS 图（三），将控制器 FIC1012D 投自动，勾上串级。

⑨ 进入气化 DCS 图（二），当 FIC1001 达到 4832.33kg/h 左右时，将控制器 FIC1001 投自动，SP 值为 4832.41。

⑩ 进入气化 DCS 图（二），将控制器 FIC1002 投自动，SP 值为 0。

⑪ 进入气化 DCS 图（一），当 FIC1003 达到 4832.33kg/h 左右时，将控制器 FIC1003 投自动，SP 值为 4832.33。

⑫ 进入气化 DCS 图（一），将控制器 FIC1004 投自动，SP 值为 0。

⑬ 进入气化 DCS 图（二），将控制器 FIC1010 投自动，并勾上串级。

⑭ 进入气化 DCS 图（二），将控制器 FIC1011 投自动，并勾上串级。

⑮ 进入气化 DCS 图（一），将控制器 FIC1013 投自动，并勾上串级。

⑯ 进入气化 DCS 图（一），将控制器 FIC1014 投自动，并勾上串级。

⑰ 进入气化 DCS 图（三），将控制器 FFC1001A 投自动，SP 值设为 0.13。

⑱ 进入气化 DCS 图（三），将控制器 FFC1001B 投自动，SP 值设为 0.13。

⑲ 进入气化 DCS 图（三），将控制器 FFC1001C 投自动，SP 值设为 0.13。

⑳ 进入气化 DCS 图（三），将控制器 FFC1001D 投自动，SP 值设为 0.13。

㉑ 进入气化 DCS 图（三），将控制器 FFC1002A 投自动，SP 值设为 1.26。

㉒ 进入气化 DCS 图（三），将控制器 FFC1002B 投自动，SP 值设为 1.26。

㉓ 进入气化 DCS 图（三），将控制器 FFC1002C 投自动，SP 值设为 1.26。

㉔ 进入气化 DCS 图（三），将控制器 FFC1002D 投自动，SP 值设为 1.26。

㉕ 进入气化 DCS 图（五），将控制器 TIS1017 投自动，SP 值设为 42。

㉖ 进入气化 DCS 图（五），将控制器 FIC1007 投自动，SP 值设为 174736。

㉗ 进入气化 DCS 图（六），将控制器 TIC1004 投自动，SP 值设为 120.22。

㉘ 进入气化 DCS 图（七），将控制器 FIC1021 投自动，SP 值设为 0。

㉙ 进入气化 DCS 图（七），将控制器 FIC1030 投自动，SP 值设为 0。

㉚ 进入气化 DCS 图（九），将控制器 TIC1005 投自动，SP 值设为 177.35。

㉛ 进入气化 DCS 图（九），将 LIC1014 投自动，SP 值设为 50。

㉜ 开车结束后，除紧急停车按钮外，将安全联锁全部打开。

4. 液位的调节

① 发送罐 V1002A 与高压煤粉仓 V1003A 的液位变化可通过调节开关阀 XV1008、XV1005 的开度调节。

② 发送罐 V1002B 与高压煤粉仓 V1003B 的液位变化可通过调节开关阀 XV1016、XV1013 的开度调节。

③ 其他的罐、贮槽的液位在操作过程中可能需要调节相应的进、出口阀门，使得液位不至于过高或无液。

④ V1016 液位过高时，可以暂时关闭 XV1044 一段时间。

注：由于开车过程是由不稳状态向稳定状态过渡，有些罐的液位建立稳定状态需要一段时间。在本工段中，需要对 V1019 的液位进行调节，进入“气化现场图（六）”调节 MV1011 的开度；另外，V1016 的液位需要较长的时间才能达到 50%左右。

5. 开车成功指标

① 温度指标：TIZ1012，TIZ1013 稳定在 1500℃左右；TIZ1009 稳定在 700℃左右；TIZ1010 稳定在 500℃左右。

② 压力指标：PI1014 稳定在 3900kPa 左右。

③ 液位指标：各罐维持某个稳定的液位（如大多的液位在 50%左右）。

（三）故障

1. 气化炉 R1001 温度过高

故障现象：气化炉 R1001 温度 TIZ1012 过高；气化炉 R1001 温度 TIZ1013 过高；气化炉 R1001 温度 TIZ1014 过高。

故障处理：调节气化炉进氧量。

操作步骤：

① 进入气化 DCS 图（三），将 O_2 进料流量控制器 FIC1005A 投手动，将 OP 值设定为 40。

② 进入气化 DCS 图（三），待气化炉温度高警报解除后，将 FIC1005A 投自动，SP 值设定为 23000。

③ 进入气化 DCS 图（三），等待所有报警解除。

2. 高压煤粉仓 V1003A 的 N_2 进料降低

故障现象：N_2 的进料量 FIC1001 过小。

故障处理：重设流量控制器 FIC1001 的 SP 值。

操作步骤：

① 进入气化 DCS 图（二），将 N_2 进料控制器 FIC1001 的 SP 值设定为 4832.40608。

② 进入气化 DCS 图（二），等待 N_2 的进料量 FIC1001 恢复 4832kg/h 左右。

3. T1001 的出口压力 PIC1011 显示较高

故障现象：洗涤塔 T1001 的出口压力 PIC1011 过高；新鲜水去洗涤塔 T1001 的进样流量 FIC1023 降低。

故障处理：重设 PIC1011 的 SP 值。

操作步骤：

① 进入气化 DCS 图（九），将气体出口压力控制器 PIC1011 的 SP 值调到 3798.67。

② 进入气化 DCS 图（九），使洗涤塔 T1001 的出口压力 PIC1011 显示维持在 3798kPa 左右。

4. 停电

故障现象：各泵及压缩机失效。

故障处理：按紧急停车步骤处理。

操作步骤：

① 去气化现场，关闭煤粉入口阀 MV1002。

② 去气化现场，关闭煤粉入口阀 MV1001。

③ 进入气化 DCS 图（三），关闭各氧气入口阀 FV1005A、FV1005B、FV1005C、FV1005D。

④ 进入气化 DCS 图（三），关闭高压蒸汽入口阀 FV1012A、FV1012B、FV1012C、FV1012D。

⑤ 进入气化 DCS 图（九），将 PIC1011 投手动，OP 值设为 100。

5. 仪表风中断

故障现象：各气动控制阀失效。

故障处理：按紧急停车步骤处理。

操作步骤：

① 去气化现场，关闭煤粉入口阀 MV1002。

② 去气化现场，关闭煤粉入口阀 MV1001。

③ 进入气化 DCS 图（三），关闭各氧气入口阀 FV1005A、FV1005B、FV1005C、FV1005D。

④ 进入气化 DCS 图（三），关闭高压蒸汽入口阀 FV1012A、FV1012B、FV1012C、FV1012D。

⑤ 进入气化 DCS 图（九），将 PIC1011 投手动，OP 值设为 100。

第二节　煤制甲醇变换工段仿真实训

一、变换工艺介绍

1. 工作原理

把气化工序送来的经洗涤塔洗涤冷却后合格的粗煤气送入变换工段，经部分耐硫变换，与未参加变换的粗煤气混合得到有效气 $H_2/CO \approx 2.2$ 的变换气，同时回收部分变换反应热，副产低压蒸汽、预热锅炉给水及脱盐水等物料。

本工序的主要任务：负责本工段所属动静设备的开停、置换、正常运转、日常维护保养和有关设备的试车及配合检修等，保证设备处于完好状态，确保本工序正常稳定生产。

变换反应方程：$CO + H_2O(g) \xrightleftharpoons[T/p]{\text{催化剂}} CO_2 + H_2 + Q$

2. 工艺流程

变换工段的流程简图如图 8-5 所示：

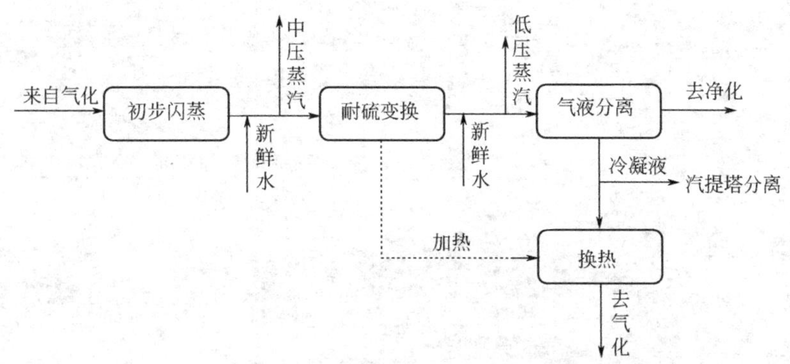

图 8-5 煤化工变换工段流程简图

来自气化工序的粗煤气（180℃左右，汽气比约 1.5）经 1# 气液分离器（S2001）分离掉气体中夹带的水分后，约 53%的粗煤气进入变换炉进料换热器（E2002）管程，与蒸汽网过来的中压蒸汽汇合，在 230℃左右进入变换炉（R2001）进行耐硫变换，变换炉温度控制在 325℃左右，出变换炉的变换气（温度 325℃）经变换炉进料换热器（E2002）壳程与进料煤气换热，预热粗煤气回收热量，温度降至 277℃后，进入 2# 中压蒸发冷凝器（E2003），副产 1.0MPa 中压蒸汽，变换气温度降为 180℃，与蒸汽网过来的中压蒸汽适量汇合进入 2# 变换炉（R2002），变换炉温度控制在 352℃，出变换炉的变换气（温度 352℃）经 1# 中压蒸发冷凝器（E2004），副产 1.0MPa 中压蒸汽，变换气温度降为 250℃，再经冷凝液加热器（E2005）加热过来的冷凝液，换热降温后，再补入来自蒸汽网的低压蒸汽，变换气在 232℃下进入 3# 变换炉（R2003），变换炉温度控制在 343℃，出变换炉的变换气（温度 343℃），进入 1# 低压蒸发冷凝器（E2006）和 2# 低压蒸发冷凝器（E2007），换热副产一系列低压蒸汽，进入 2# 气液分离器（S2002）分离出冷凝液后，进入锅炉给水预热器（E2008），将锅炉水预热至 100℃后经煤气换热器（E2010）与循环水换热，变换气温度降至 75.3℃；再经 3# 气液分离器（S2003）分离掉工艺冷凝液，在变换气水冷器（E2009）用循环冷却水冷却至 40℃左右，在 4# 气液分离器（S2004）分离掉工艺冷凝液后变换气送入低温甲醇洗工段。2# 气液分离器（S2002）和 3# 气液分离器（S2003）分离出来的冷凝液汇合后，温度约为 97.4℃，经过冷凝液加热器（E2005）加热后送至气化工段洗涤塔使用。

脱盐水站来的冷脱盐水，温度为 25℃、0.7MPa，由 1# 冷凝水泵 P2001 升压送至 4# 气液分离器（S2004），分离出来的低温冷凝液（40℃）进入汽提塔（T2001）上部，在汽提塔内用中压闪蒸汽作为汽提气汽提出溶解在冷凝液中的 H_2、H_2S、NH_3，合称为酸性气。汽提塔顶出口酸性气送至火炬燃烧，底部分离出来的低温冷凝液送至气化工段使用。

3. 仿真界面

煤制甲醇变换工艺仿真总貌图见图 8-6，DCS 图与仿真现场图见图 8-7 和图 8-8。

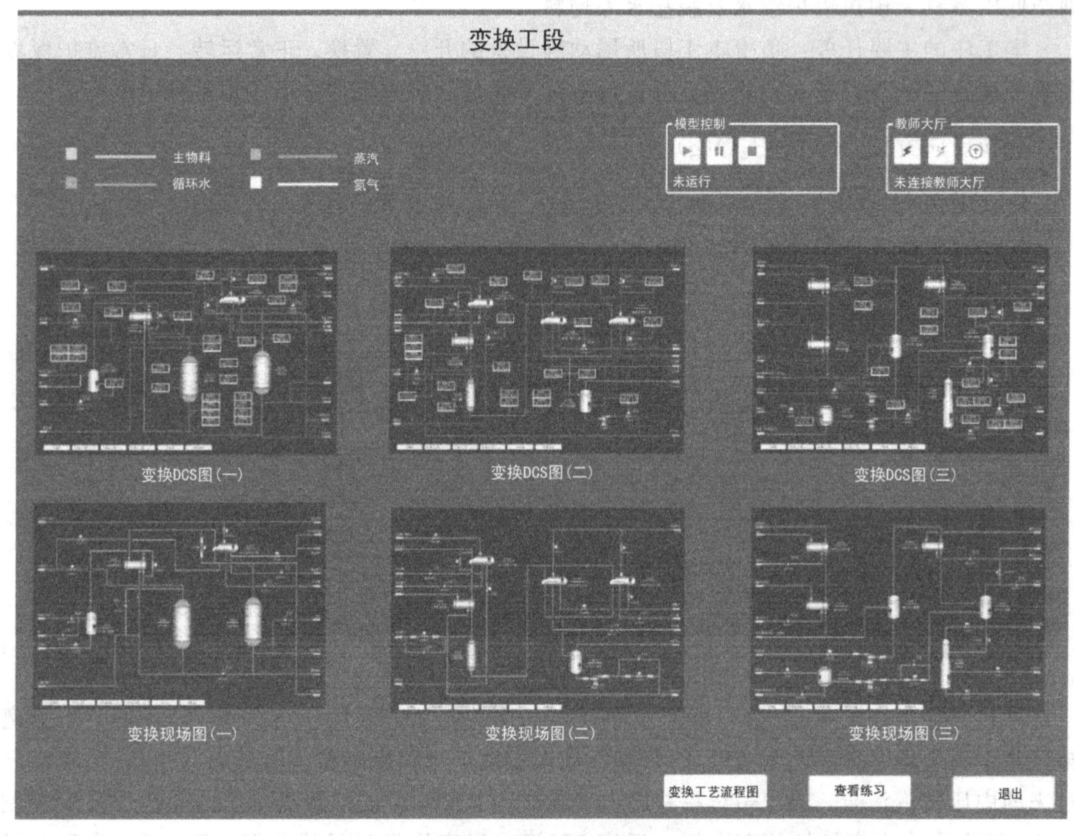

图 8-6　煤制甲醇变换工艺仿真总貌图

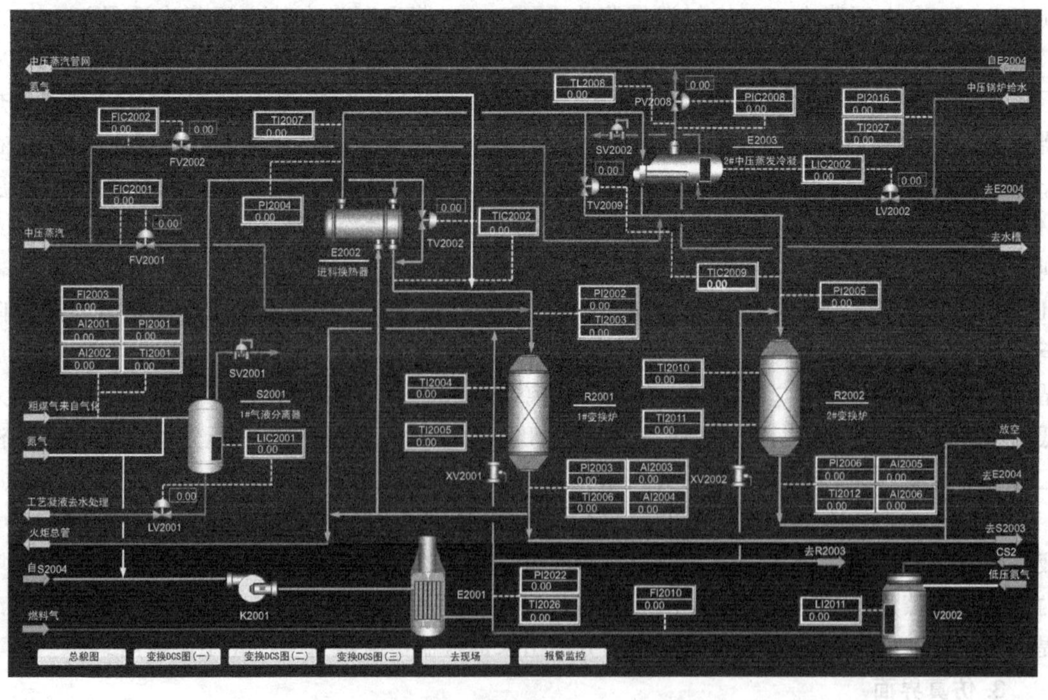

图 8-7　煤制甲醇变换工艺仿真 DCS 图

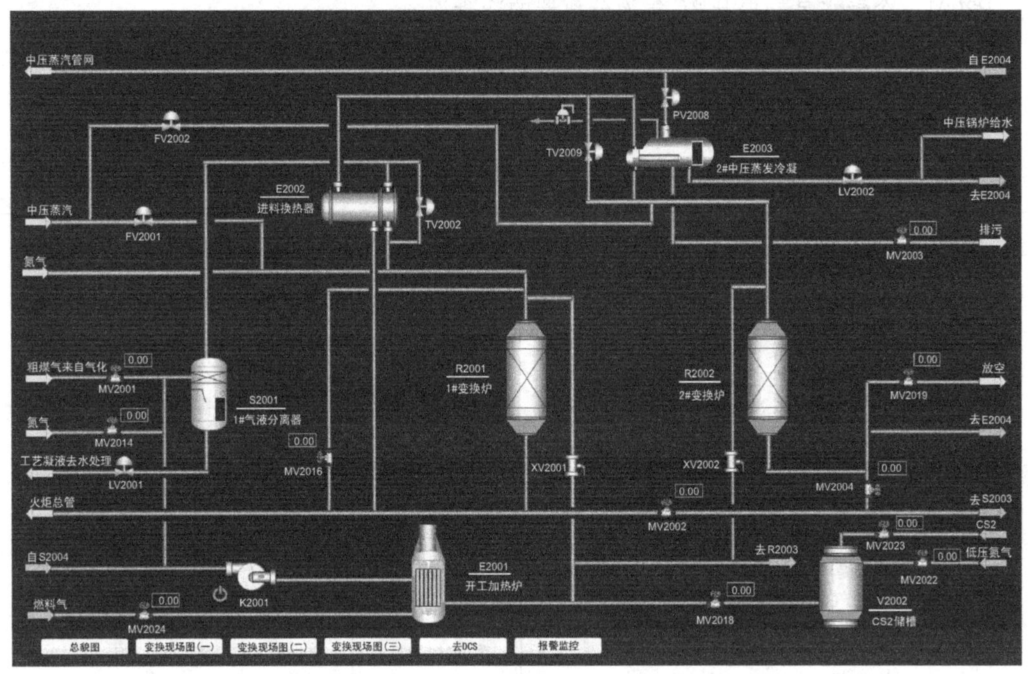

图 8-8　煤制甲醇变换工艺仿真现场图

二、工艺设备及参数

(一) 工艺设备说明

S2001：1# 气液分离器，分离来自气化的粗煤气中的冷凝液。

S2002：2# 气液分离器，分离换热后的变换气中的冷凝液。

S2003：3# 气液分离器，进一步分离换热后的变换气中的冷凝液。

S2004：4# 气液分离器，进一步分离换热后的变换气中的冷凝液。

R2001：1# 变换炉，对新进气进行耐硫变换，产生的变换气与进气换热。

R2002：2# 变换炉，进一步对变换气进行耐硫变换。

R2003：3# 变换炉，对副产一系列中压蒸汽后的变换气进行变换反应，进一步降低 CO 含量，使之达到要求。

E2002：变换炉进料换热器，预热进气。

E2003：2# 中压蒸发冷凝器，与 1# 变换炉出炉气换热副产中压蒸汽。

E2004：1# 中压蒸发冷凝器，与 2# 变换炉出炉气换热副产中压蒸汽。

E2005：冷凝液加热器，利用出炉气加热分离器分离出的冷凝液，使之气化送入气化工段。

E2006：1# 低压蒸发冷凝器，与 3# 变换炉出炉气换热副产低压蒸汽。

E2007：2# 低压蒸发冷凝器，与 3# 变换炉出炉气换热副产低压蒸汽。

E2008：锅炉给水预热器，对闪蒸气冷凝，预热锅炉水。

E2009：变换气水冷器，利用循环冷凝水冷凝变换气。

E2010：煤气换热器，利用循环冷凝水冷凝煤气。

T2001：汽提塔，汽提来自 4# 气液分离器分离的冷凝液，除掉杂质气，塔底液体回收进入气化工段。

P2001：冷凝水泵，提升 2# 气液分离器的冷凝液。

P2002：冷凝水泵，提升 3# 气液分离器的冷凝液。

V2001：脱盐水槽，储存脱盐水。

阀门一览表见表 8-5。

表 8-5　阀门一览表

名称	说明	名称	说明
XV2003	炉气去 1# 气化炉切断阀	FV2009	脱盐水槽液出口控制阀
XV2004	炉气去 2# 气化炉切断阀	MV2001	粗煤气进料调节阀
XV2005	炉气去 3# 气化炉切断阀	MV2003	1# 变换炉气去气液分离器阀
TV2002	1# 变换炉煤气温度调节阀	MV2005	2# 中压蒸发冷凝器卸液阀
TV2009	2# 中压蒸发冷凝器旁路阀	MV2007	2# 变换炉气去气液分离器阀
TV2013	1# 中压蒸发冷凝器旁路阀	MV2009	1# 中压蒸发冷凝器卸液阀
PV2008	2# 中压蒸发冷凝器汽控阀	MV2010	冷凝液加热器旁路阀
PV2009	1# 中压蒸发冷凝器汽控阀	MV2013	1# 低压蒸发冷凝器卸液阀
PV2012	1# 低压蒸发冷凝器汽控阀	MV2015	2# 低压蒸发冷凝器卸液阀
PV2014	2# 低压蒸发冷凝器汽控阀	MV2016	锅炉给水预热器进水手动阀
PV2019	4# 气液分离器压力控制阀	MV2017	煤气换热器脱盐水手动阀
PV2020	汽提塔压力控制阀	MV2018	低压氮气入 E2003 流量阀
LV2001	1# 气液分离器排水调节阀	MV2019	变换气水冷器循环水调节阀
LV2002	2# 中压蒸发冷凝器液控阀	MV2020	低压氮气入 E2004 流量阀
LV2003	1# 中压蒸发冷凝器液控阀	MV2021	1# 气液分离器氮气吹扫阀
LV2004	1# 低压蒸发冷凝器液控阀	MV2022	1# 变换炉吹扫氮气阀
LV2005	2# 低压蒸发冷凝器液控阀	MV2023	1# 变换炉顶部卸气阀
LV2006	3# 气液分离器液位控制阀	MV2024	1# 变换炉底部卸放阀
LV2007	4# 气液分离器液位控制阀	MV2025	1# 变换炉中层充气阀
LV2008	脱盐水槽液位控制阀	MV2026	2# 变换炉底部排放调节阀
LV2009	汽提塔进料塔釜液位控制阀	MV2027	4# 气液分离器出口气调节阀
LV2010	2# 气液分离器液位控制阀	MV2028	4# 气液分离器去鼓风机阀
FV2001	1# 变换炉补蒸汽流量控制阀	MV2029	CS_2 储罐低压氮气阀
FV2002	2# 变换炉补蒸汽流量控制阀	MV2030	CS_2 储罐进口调节阀
FV2006	汽提塔进料蒸汽流量控制阀	MV2031	CS_2 储罐出口调节阀
FV2007	3# 变换炉补蒸汽流量调节阀	MV2032	脱盐水槽 V2001 排液调节阀

（二）控制器介绍

LIC2001：单回路控制，通过阀门 LV2001 开度的调节，进行对 1# 气液分离器液位的控制。阀门 LV2001 开度增大，液位降低；反之，阀门开度减小，液位升高。

LIC2002：单回路控制，通过阀门 LV2002 开度的调节，进行对 2# 中压蒸发冷凝器液位的控制。阀门 LV2002 开度增大，液位升高；反之，阀门开度减小，液位降低。

LIC2003：单回路控制，通过阀门 LV2003 开度的调节，进行对 1# 中压蒸发冷凝器液位的控制。阀门 LV2003 开度增大，液位升高；反之，阀门开度减小，液位降低。

LIC2004：单回路控制，通过阀门 LV2004 开度的调节，进行对 1# 低压蒸发冷凝器液位的控制。阀门 LV2004 开度增大，液位升高；反之，阀门开度减小，液位降低。

LIC2005：单回路控制，通过阀门 LV2005 开度的调节，进行对 2# 低压蒸发冷凝器液位的控制。阀门 LV2005 开度增大，液位升高；反之，阀门开度减小，液位降低。

LIC2006：单回路控制，通过阀门 LV2006 开度的调节，进行对 3# 气液分离器液位的控制。阀门 LV2006 开度增大，液位降低；反之，阀门开度减小，液位升高。

LIC2007：单回路控制，通过阀门 LV2007 开度的调节，进行对 4# 气液分离器液位的控制。阀门 LV2007 开度增大，液位降低；反之，阀门开度减小，液位升高。

LIC2008：单回路控制，通过阀门 LV2008 开度的调节，进行对脱盐水槽液位的控制。

阀门 LV2008 开度增大，液位升高；反之，阀门开度减小，液位降低。

LIC2009：单回路控制，通过阀门 LV2009 开度的调节，进行对汽提塔进料塔釜液位的控制。阀门 LV2009 开度增大，液位降低；反之，阀门开度减小，液位升高。

LIC2010：单回路控制，通过阀门 LV2010 开度的调节，进行对 2# 气液分离器液位的控制。阀门 LV2010 开度增大，液位降低；反之，阀门开度减小，液位升高。

TIC2002：单回路控制，通过阀门 TV2002 开度的调节，进行对进 1# 变换炉煤气温度的控制。阀门 TV2002 开度增大，温度降低；反之，阀门开度减小，温度升高。

TIC2009：单回路控制，通过阀门 TV2009 开度的调节，进行对 2# 变换炉进口温度的控制。阀门 TV2009 开度增大，温度降低；反之，阀门开度减小，温度升高。

TIC2013：单回路控制，通过阀门 TV2013 开度的调节，进行对 3# 变换炉进口温度的控制。阀门 TV2013 开度增大，温度降低；反之，阀门开度减小，温度升高。

PIC2008：单回路控制，通过阀门 PV2008 开度的调节，进行对 2# 中压蒸发冷凝器蒸汽压力的控制。阀门 PV2008 开度增大，压力降低；反之，阀门开度减小，压力升高。

PIC2009：单回路控制，通过阀门 PV2009 开度的调节，进行对 1# 中压蒸发冷凝器蒸汽压力的控制。阀门 PV2009 开度增大，压力降低；反之，阀门开度减小，压力升高。

PIC2012：单回路控制，通过阀门 PV2012 开度的调节，进行对 1# 低压蒸发冷凝器蒸汽压力的控制。阀门 PV2012 开度增大，压力降低；反之，阀门开度减小，压力升高。

PIC2014：单回路控制，通过阀门 PV2014 开度的调节，进行对 2# 低压蒸发冷凝器蒸汽压力的控制。阀门 PV2014 开度增大，压力降低；反之，阀门开度减小，压力升高。

PIC2019：单回路控制，通过阀门 PV2019 开度的调节，进行对 4# 气液分离器压力的控制。阀门 PV2019 开度增大，压力降低；反之，阀门开度减小，压力升高。

FIC2001：单回路控制，通过阀门 FV2001 开度的调节，进行对 1# 变换炉补充中压蒸汽流量的控制。阀门 FV2001 开度增大，流量增大；反之，阀门开度减小，流量减小。

FIC2002：单回路控制，通过阀门 FV2002 开度的调节，进行对 2# 变换炉补充中压蒸汽流量的控制。阀门 FV2002 开度增大，流量增大；反之，阀门开度减小，流量减小。

FIC2006：单回路控制，通过阀门 FV2006 开度的调节，进行对汽提塔进料蒸汽流量的控制。阀门 FV2006 开度增大，流量增大；反之，阀门开度减小，流量减小。

FIC2007：单回路控制，通过阀门 FV2007 开度的调节，进行对 3# 变换炉补充中压蒸汽流量的控制。阀门 FV2007 开度增大，流量增大；反之，阀门开度减小，流量减小。

FIC2009：单回路控制，通过阀门 FV2009 开度的调节，进行对脱盐水槽出口流量的控制。阀门 FV2009 开度增大，流量增大；反之，阀门开度减小，流量减小。

控制器稳态值一览表见表 8-6。

表 8-6　控制器稳态值一览表

控制器	状态	OP	PV	SP
LIC2001	自动	阀 LV2001 开度	1# 气液分离器液位	50
LIC2002	自动	阀 LV2002 开度	2# 中压蒸发冷凝器液位	50
LIC2003	自动	阀 LV2003 开度	1# 中压蒸发冷凝器液位	50
LIC2004	自动	阀 LV2004 开度	1# 低压蒸发冷凝器液位	50
LIC2005	自动	阀 LV2005 开度	2# 低压蒸发冷凝器液位	50
LIC2006	自动	阀 LV2006 开度	3# 气液分离器液位	50
LIC2007	自动	阀 LV2007 开度	4# 气液分离器液位	50
LIC2008	自动	阀 LV2008 开度	脱盐水槽液位	50

续表

控制器	状态	OP	PV	SP
LIC2009	自动	阀 LV2009 开度	汽提塔进料塔釜液位	50
LIC2010	自动	阀 LV2010 开度	2# 气液分离器液位	50
TIC2002	自动	阀 TV2002 开度	1# 变换炉煤气温度	228.94
TIC2009	自动	阀 TV2009 开度	2# 变换炉进口温度	233.33
TIC2013	自动	阀 TV2013 开度	3# 变换炉进口温度	232.73
PIC2008	自动	阀 PV2008 开度	2# 中压蒸发冷凝器蒸汽压	899.46
PIC2009	自动	阀 PV2009 开度	1# 中压蒸发冷凝器蒸汽压	899.20
PIC2012	自动	阀 PV2012 开度	1# 低压蒸发冷凝器蒸汽压	98.66
PIC2014	自动	阀 PV2014 开度	2# 低压蒸发冷凝器蒸汽压	98.68
PIC2019	自动	阀 PV2019 开度	4# 气液分离器压力	3248.68
FIC2001	自动	阀 FV2001 开度	1# 变换炉补充中压蒸汽量	5000
FIC2002	自动	阀 FV2002 开度	2# 变换炉补充中压蒸汽量	20000
FIC2006	自动	阀 FV2006 开度	汽提塔进料蒸汽流量	4000
FIC2007	自动	阀 FV2007 开度	3# 变换炉补充中压蒸汽量	18000
FIC2009	自动	阀 FV2009 开度	脱盐水槽出口流量	5000

(三) 进口物料成分一览表（见表 8-7）

表 8-7 进口物料成分一览表

物流名称	成分		CO	CO_2	H_2O	H_2S	N_2	H_2	总
粗煤气	摩尔分数	%	50.47	0.70	22.97	0.17	4.49	16.43	95.23
	质量分数	%	67.95	1.49	19.90	0.28	6.05	1.59	97.26

(四) 工艺指标

1. 温度

① 1# 变换炉进口：(230±5)℃。

② 2# 变换炉进口：(230±5)℃。

③ 3# 变换炉进口：(230±5)℃。

2. 压力

系统压力（变换炉压力）≤3.55MPa。

3. 气体成分

① 1# 变换炉出口 CO 含量：约 60%。

② 2# 变换炉出口 CO 含量：约 30%。

③ 3# 变换炉出口 CO 含量：低于 20%。

4. 报警一览表（见表 8-8）

表 8-8 报警一览表

位号	描述	单位	HH	H	L	LL
TIC2013_SP	3# 变换炉进口温度设定值	℃	500	280	40	20
TIC2009_PV	2# 变换炉进口温度	℃	500	280	40	20
TIC2002_SP	进 1# 变换炉煤气温度设定值	℃	500	280	40	20
TI2015	3# 变换炉下部温度	℃	400	310	200	100
LIC2010_PV	2# 气液分离器液位	%	90	70	20	10
FIC2009_PV	脱盐水槽液出口流量	kg/h	8000	6000	2000	1000
AI2008	3# 变换炉出口 H_2 浓度	%	102	101	35	30
AI2005	2# 变换炉出口 CO 浓度	%	50	40	−1	−2
AI2004	1# 变换炉出口 H_2 浓度	%	102	101	20	15
AI2003	1# 变换炉出口 CO 浓度	%	60	44	0	0

三、变换工段操作规程

（一）稳态停车

煤制甲醇变换工段稳态停车包括系统排液，吹扫和降温，系统降压三个阶段。在稳态停车前，需将安全联锁解除，具体操作步骤如下。

① 进入变换 DCS 图（一），将中压蒸汽进气控制阀 FIC2001 打手动，并将 OP 值设定为 0。

② 进入变换 DCS 图（一），将中压蒸汽进气控制阀 FIC2002 打手动，并将 OP 值设定为 0。

③ 进入变换 DCS 图（二），将中压蒸汽进气控制阀 FIC2007 打手动，并将 OP 值设定为 0。

④ 去变换现场，关闭粗煤气进气阀 MV2001。

⑤ 去变换现场，关闭变换气去低温甲醇洗阀 MV2020。

⑥ 进入变换 DCS 图（一），将变换炉进料换热器 E2002 的温度控制器 TIC2002 打手动，并将 OP 值设定为 0。

⑦ 进入变换 DCS 图（一），将中压蒸发冷凝器 E2003 的温度控制器 TIC2009 打手动，并将 OP 值设定为 0。

⑧ 进入变换 DCS 图（二），将中压蒸发冷凝器 E2004 的温度控制器 TIC2013 打手动，并将 OP 值设定为 0。

1. 系统排液

以下排液标注均为并列操作。

（1）中压蒸发冷凝器 E2003 的排液

① 进入变换 DCS 图（一），将气液分离器 S2001 的液位控制器 LIC2001 打手动，并将 OP 值设定为 50，等液位显示 LIC2001 降为 0%后，再将 OP 值设定为 0。

② 进入变换 DCS 图（一），将中压蒸发冷凝器 E2003 的中压锅炉进水控制器 LIC2002 打手动，并将 OP 值设定为 0，停止进新鲜水。

③ 进入变换 DCS 图（一），将中压蒸发冷凝器 E2003 的压力控制器 PIC2008 打手动，并将 OP 值设定为 50。

④ 去变换现场，打开 E2003 的液体出口阀 MV2005，开度设定为 50%。

⑤ 进入变换 DCS 图（一），当中压蒸发冷凝器 E2003 的液位显示 LIC2002 为 0%后，将压力控制器 PIC2008 的 OP 值设定为 0。

⑥ 去变换现场，关闭 E2003 的排液阀 MV2005。

（2）中压蒸发冷凝器 E2004 的排液

① 进入变换 DCS 图（二），将中压蒸发冷凝器 E2004 的中压锅炉进水控制器 LIC2003 打手动，并将 OP 值设定为 0，停止进新鲜水。

② 进入变换 DCS 图（二），将中压蒸发冷凝器 E2004 的压力控制器 PIC2009 打手动，并将 OP 值设定为 50。

③ 去变换现场，打开 E2004 的液体出口阀 MV2009，开度设定为 50%。

④ 进入变换 DCS 图（二），当中压蒸发冷凝器 E2004 的液位显示 LIC2003 为 0%后，将压力控制器 PIC2009 的 OP 值设定为 0。

⑤ 去变换现场，关闭 E2004 的排液阀 MV2009。

以下排液标注均为并列操作。

(1) 低压蒸发冷凝器 E2006 的排液

① 进入变换 DCS 图（二），将低压蒸发冷凝器 E2006 的液位控制器 LIC2004 打手动，并将 OP 值设定为 0。

② 进入变换 DCS 图（二），将低压蒸发冷凝器 E2006 的压力控制器 PIC2012 打手动，并将 OP 值设定为 50。

③ 去变换现场，打开低压蒸发冷凝器 E2006 的排液阀 MV2013，开度设定为 50%。

④ 进入变换 DCS 图（二），当低压蒸发冷凝器 E2006 的液位显示 LIC2004 降为 0%后，将压力控制器 PIC2012 的 OP 值设定为 0。

⑤ 去变换现场，关闭 E2006 的排液阀 MV2013。

(2) 低压蒸发冷凝器 E2007 的排液

① 进入变换 DCS 图（二），将低压蒸发冷凝器 E2007 的液位控制器 LIC2005 打手动，并将 OP 值设定为 0。

② 进入变换 DCS 图（二），将低压蒸发冷凝器 E2007 的压力控制器 PIC2014 打手动，并将 OP 值设定为 50。

③ 去变换现场，将低压蒸发冷凝器 E2007 的排液阀 MV2015 打开，开度设定为 50%。

④ 进入变换 DCS 图（二），当低压蒸发冷凝器 E2007 的液位显示 LIC2005 降为 0%后，将压力控制器 PIC2014 的 OP 值设定为 0。

⑤ 去变换现场，关闭 E2007 的排液阀 MV2012。

⑥ 进入变换 DCS 图（二），将气液分离器 S2002 的液位控制器 LIC2010 打手动，并将 OP 值设定为 100。

⑦ 进入变换 DCS 图（二），待气液分离器 S2002 的液位显示 LIC2010 降为 0%后，将 OP 值设定为 0。

⑧ 去变换现场，关闭其排液泵。

⑨ 去变换现场，关闭锅炉给水预热器 E2008 的新鲜水进口阀 MV2016。

⑩ 去变换现场，关闭煤气换热器 E2010 的循环水上水进口阀 MV2010。

⑪ 去变换现场，关闭变换气水冷器 E2009 的循环水上水进口阀 MV2019。

以下标注排液均为并列操作。

(1) 脱盐水槽 V2001 的排液

① 进入变换 DCS 图（三），将脱盐水槽 V2001 的出口流量控制器 FIC2009 打手动，OP 值设定为 0。

② 去变换现场，关闭排液泵 P2003。

③ 进入变换 DCS 图（三），将脱盐水槽 V2001 的液位控制器 LIC2008 打手动，并将 OP 值设定为 0。

④ 进入变换 DCS 图（三），等待 V2001 的液位显示 LIC2008 为 0%。

(2) 气液分离器 S2003 的排液

① 进入变换 DCS 图（三），将气液分离器 S2003 的液位控制器 LIC2006 打手动，将 OP 值设定为 50。

② 进入变换 DCS 图（三），等待气液分离器 S2003 的液位显示 LIC2006 为 0%后，将

OP 值设定为 0。

③ 去变换现场，关闭排液泵 P2002。

④ 进入变换 DCS 图（三），将汽提塔 T2001 的中压蒸汽进气流量控制阀 FIC2006 打手动，并将 OP 值设定为 0。

⑤ 进入变换 DCS 图（三），将其压力控制器 PIC2020 打手动，OP 值设定为 50。

以下排液标注均为并列操作。

（1）气液分离器 S2004 的排液

① 进入变换 DCS 图（三），将气液分离器 S2004 的液位控制器 LIC2007 打手动，并将 OP 值设定为 50。

② 进入变换 DCS 图（三），待其液位显示 LIC2007 为 0%后，将 OP 值设定为 0。

（2）汽提塔 T2001 的排液

① 进入变换 DCS 图（三），将汽提塔 T2001 的液位控制器 LIC2009 打手动，并将 OP 值设定为 100。

② 进入变换 DCS 图（三），待汽提塔 T2001 的液位显示 LIC2009 降为 0%后，将 OP 值设定为 0。

③ 进入变换 DCS 图（三），观察汽提塔 T2001 的压力显示 PIC2020，当 PIC2020≤5kPa 以后，再将压力控制器 PIC2020 的 OP 值设定为 0。

2. 吹扫和降温

以下为 N_2 吹扫过程，由于 N_2 温度很低，会使残留在容器中的少量气体骤冷液化而残留少量液体，从而产生少许液体。

① 去变换现场，打开 N_2 的进气阀 MV2014，开度设定为 50%。

② 进入变换 DCS 图（三），将气液分离器 S2004 的压力控制器 PIC2019 打手动，OP 值设定为 5。

③ 进入变换 DCS 图（一），等待变换炉 R2001 的出口成分显示 AI2003、AI2004 均降为 1%以下，温度显示 TI2004、TI2005 均≤30℃；R2002 的出口成分显示 AI2005、AI2006 均降为 1%以下，温度显示 TI2010、TI2011 均≤30℃。

④ 进入变换 DCS 图（二），等待变换炉 R2003 的出口成分显示 AI2007、AI2008 均降为 1%以下，温度显示 TI2014、TI2015 均≤30℃。

⑤ 去变换现场，关闭 N_2 的进气阀 MV2014。

如果因为冷凝而引起蒸发冷凝器产生较高负压，可进行以下操作。

① 去变换现场，打开低压蒸发冷凝器 E2004 的低压氮气吹扫阀 MV2022，开度设定为 50%。

② 去变换现场，当其压力（PIC2009）接近大气压（－5～5kPa）后，关闭吹扫阀 MV2022。

③ 去变换现场，打开变换炉 R2002 的出口放空阀 MV2026，开度为 100%。

④ 进入变换 DCS 图（三），将气液分离器 S2004 的压力控制器 PIC2019 的 OP 值设定为 50，给系统卸压。

⑤ 进入变换 DCS 图（一），等待系统压力小于 5kPa［可将变换炉 R2001 的压力显示 PI2003、变换炉 R2002 的压力显示 PI2006（DCS 图二中）和变换炉 R2003 的压力显示 PI2010（DCS 图二中）作为判断标准］。

⑥ 去变换现场，关闭放空阀 MV2026。

⑦ 进入变换 DCS 图（三），将 S2004 的压力控制器 PIC2019 的 OP 值设定为 0。

(二) 冷态开车

煤制甲醇变换工段冷态开车是在系统较低压力、较低温度的状态下，通过一系列逻辑操作，使系统达到正常运行的状态，具体操作步骤如下。

① 去变换现场，打开氮气阀，开度设定为 50%。

② 去变换现场，开启手操阀，开度设定为 50%。

③ 去变换现场，打开鼓风机 K2001。

④ 去变换现场，打开燃料阀，开度设为 50%。

⑤ 进入变换 DCS 图（一），打开升温线开关阀 XV2001。

⑥ 进入变换 DCS 图（一），打开升温线开关阀 XV2002。

⑦ 进入变换 DCS 图（二），打开升温线开关阀 XV2003。

⑧ 去变换现场，打开 CS_2 进口阀门 MV2030，开度为 50%。

⑨ 去变换现场，打开 V2002 出口阀门，开度为 50%。

⑩ 进入变换 DCS 图（一），观察变换炉 R2001 升温速率，调节燃料阀开度。

⑪ 进入变换 DCS 图（一），待变换炉 R2001 温度 TI2003 升至 280℃左右，保温一段时间。

⑫ 去变换现场，关闭燃料阀，关闭 CS_2 进口阀门 MV2030，关闭 V2002 出口阀门。

⑬ 进入变换 DCS 图（三），将 S2004 塔顶压力控制器 PIC2019 投自动。

⑭ 去变换现场，关闭手操阀。

⑮ 去变换现场，关闭鼓风机 K2001。

⑯ 进入变换 DCS 图（一），关闭开关阀 XV2001。

⑰ 进入变换 DCS 图（一），关闭开关阀 XV2002。

⑱ 进入变换 DCS 图（一），关闭开关阀 XV2003。

⑲ 进入变换 DCS 图（一），将中压蒸发冷凝器 E2003 的液位控制器 LIC2002 的 OP 值设定为 50。

⑳ 进入变换 DCS 图（一），待液位 LIC2002 显示为 20%～30%后，将控制器 LIC2002 打自动，SP 值设定为 50。

㉑ 进入变换 DCS 图（一），将中压蒸发冷凝器 E2003 压力控制器 PIC2008 打自动，SP 值设定为 899.46。

㉒ 去变换现场，开启粗煤气进气阀 MV2001，开度设定为 50%。

㉓ 进入变换 DCS 图（三），将 S2004 塔顶压力控制器 PIC2019 投自动。

㉔ 进入变换 DCS 图（一），将气液分离器 S2001 的液位控制器 LIC2001 投自动，SP 值设定为 50。

㉕ 进入变换 DCS 图（一），将中压蒸汽进气流量控制器 FIC2001 投自动，SP 值设定为 5000。

㉖ 进入变换 DCS 图（一），将中压蒸汽进气流量控制器 FIC2002 投自动，SP 值设定为 20000。

㉗ 进入变换 DCS 图（一），将变换炉进料换热器 E2002 的温度控制器 TIC2002 投自动，

SP 值设定为 228.94。

㉘ 进入变换 DCS 图（一），将中压蒸发冷凝器 E2003 的温度控制器 TIC2009 投自动，SP 值设定为 233.33。

㉙ 进入变换 DCS 图（二），将中压蒸发冷凝器 E2004 的压力控制器 PIC2009 投自动，SP 值设定为 0.89920。

㉚ 进入变换 DCS 图（二），将中压蒸发冷凝器 E2004 的液位控制器 LIC2003 的 OP 值设定为 50。

㉛ 进入变换 DCS 图（二），液位 LIC2003 显示为 20%～30%后，将控制器 LIC2003 投自动，SP 值设定为 50。

㉜ 进入变换 DCS 图（二），将 FIC2007 投自动，SP 值设定为 18000。

㉝ 进入变换 DCS 图（二），将中压蒸发冷凝器 E2004 的温度控制器 TIC2013 投自动，SP 值设定为 232.73。

㉞ 进入变换 DCS 图（二），当变换炉 R2003 的出口温度 TI2016≥200℃，并且其出口 H_2 的含量达到 30%（观察成分分析显示点 AI2008）后，进行以下操作。

㉟ 进入变换 DCS 图（二），将低压蒸发冷凝器 E2006 的液位控制器 LIC2004 的 OP 值设定为 50。

㊱ 进入变换 DCS 图（二），当液位 LIC2004 显示为 20%～30%后，将液位控制器 LIC2004 投自动，SP 值设定为 50。

㊲ 进入变换 DCS 图（二），将低压蒸发冷凝器 E2006 的压力控制器 PIC2012 投自动，SP 值设定为 98.66。

㊳ 进入变换 DCS 图（二），将低压蒸发冷凝器 E2007 的液位控制器 LIC2005 的 OP 值设定为 50。

㊴ 进入变换 DCS 图（二），当液位 LIC2005 显示为 20%～30%后，将液位控制器 LIC2005 投自动，SP 值设定为 50。

㊵ 进入变换 DCS 图（二），将低压蒸发冷凝器 E2007 的压力控制器 PIC2014 投自动，SP 值设定为 98.68。

㊶ 进入变换 DCS 图（二），将 LIC2010 投自动，SP 值设定为 50。

㊷ 去变换现场，打开气液分离器 S2002 的排液泵 P2001。

㊸ 进入变换 DCS 图（二），等待 S2002 的进气温度显示 TI2033 在 50℃以上。

㊹ 去变换现场，打开锅炉给水预热器 E2008 的新鲜水进水阀 MV2016，开度设定为 50%。

㊺ 去变换现场，打开煤气换热器 E2010 的新鲜水进水阀 MV2010，开度设定为 50%。

㊻ 进入变换 DCS 图（三），将气液分离器 S2003 的液位控制器 LIC2006 投自动，SP 值设定为 50。

㊼ 去变换现场，打开气液分离器 S2003 的排液泵 P2002。

㊽ 去变换现场，开启循环水入口阀 MV2012，开度设定为 50%。

㊾ 进入变换 DCS 图（三），将脱盐水槽 V2001 的液位控制器 LIC2008 的 OP 值设定为 50。

㊿ 进入变换 DCS 图（三），当液位 LIC2008 显示在 20%～30%后，将液位控制器 LIC2008 投自动，SP 值设定为 50。

㉛ 进入变换 DCS 图（三），将 FIC2009 投自动，SP 值设定为 5000。

㉜ 去变换现场，打开脱盐水槽 V2001 的排液泵 P2003。

㉝ 进入变换 DCS 图（三），将气液分离器 S2004 的液位控制器 LIC2007 投自动，SP 值设定为 50。

㉞ 进入变换 DCS 图（三），当汽提塔 T2001 有液位显示后（LIC2009＞0），将其液位控制器 LIC2009 投自动，SP 值设定为 50。

㉟ 进入变换 DCS 图（三），将汽提塔 T2001 的压力控制器 PIC2020 投自动，SP 值设定为 1.79867。

㊱ 进入变换 DCS 图（二），等待变换炉 R2003 的出口 H_2 含量≥35%（成分分析显示点 AI2008）。

㊲ 去变换现场，打开变换气去低温甲醇洗阀，开度设定为 50%。

㊳ 进入变换 DCS 图（三），将中压蒸汽进气流量控制器 FIC2006 投自动，SP 值设定为 4000。

㊴ 进入变换 DCS 图（三），当汽提塔 T2001 的液位显示 LIC2009 稳定在 50%附近以后，变换工段可投入正式生产。

㊵ 结束后，将安全联锁全部打开。

(三) 故障

1. 粗煤气进料量过大

故障现象：气液分离器液位 S2001 突然升高；1# 变换炉反应温度偏低；原料气反应不彻底（变换炉出口成分显示点 AI2003 即原料气 CO 含量偏高）。

故障原因：粗煤气进料阀开度误操作。

故障处理：关小进料阀 MV2001。

操作步骤：

① 去变换现场，将粗煤气进口阀 MV2001 的开度调小为 30%。

② 进入变换 DCS 图（一），等待观察变换炉出口气 CO 的含量（AI2003）降为 44%以下。

③ 去变换现场，将粗煤气进口阀 MV2001 的开度调为正常值 50%。

2. 中压蒸汽进气流量过高

故障现象：变换炉 R2003 温度偏高（T2014、T2015）；低压蒸发冷凝器 E2006 和 E2007 液位降低，温度压力升高；气液分离器 S2002 液位升高。

故障原因：中压蒸汽流量过高。

故障处理：手动调节中压蒸汽流量阀 FV2007。

操作步骤：

① 进入变换 DCS 图（二），将中压蒸汽进气流量控制器 FIC2007 投手动。

② 进入变换 DCS 图（二），调小流量控制阀 FV2007 的开度。

③ 进入变换 DCS 图（二），边调节流量控制阀 FV2007 的开度，边等待报警解除。

3. 气液分离器 S2002 的液位过低

故障现象：气液分离器 S2002 的液位持续降低。

故障原因：S2002 的排液能力弱。

故障处理：手动调节排液阀 LV2010。

操作步骤：

① 进入变换 DCS 图（二），将气液分离器 S2002 的液位控制器 LIC2010 投手动。

② 进入变换 DCS 图（二），气液分离器 S2002 蓄液至 50%（显示点：LIC2010）。

③ 进入变换 DCS 图（二），将液位控制器 LIC2010 投自动，SP 值设为 50。

4. 变换气水冷器 E2009 的进水量过小

故障现象：变换气水冷器 E2009 的出口温度（TI2023）偏高；气液分离器 S2004 压力（PIC2019）突然升高，冲开放空阀 PV2019；去净化工段的气体流量（FI2005）持续降低。

故障原因：进水流量控制阀 MV2019 开度过小。

故障处理：增大水冷器 E2009 的进水流量控制阀 MV2019 开度。

操作步骤：

① 去变换现场，将变换气水冷器 E2009 的进水流量控制阀 MV2019 开度增大为 60%。

② 进入变换 DCS 图（三），等待 E2009 的出口温度（TI2023）降低为 40℃以下。

③ 去变换现场，将进水阀 MV2019 的开度设定为 50%。

5. 停电

故障现象：电机及电磁阀停止运作。

故障原因：工厂电力中断。

故障处理：紧急停车。

操作步骤：按照停车步骤。

6. 停仪表风

故障现象：各气动阀停止工作。

故障原因：仪表风中断。

故障处理：紧急停车。

操作步骤：按照停车步骤。

第三节　煤制甲醇净化工段仿真实训

一、净化工艺介绍

1. 工作原理

净化工段又称低温甲醇洗，其主要任务是将变换气中的 H_2S、COS、CO_2 等对甲醇合成有害的气体脱除掉，使出净化工段的净化气中总硫≤0.1ppm，CO_2 达到 2.65%～2.85%，以满足甲醇合成的要求；同时对装置内 H_2S 浓缩塔解吸的酸气进行浓缩，使 H_2S 浓度≥25%，送硫回收工段处理。

2. 工艺流程

净化工段采用的四塔流程，可分为两大区，即冷区和热区。冷区由甲醇洗涤塔 T3001，闪蒸分离器 S3001、S3002，硫化氢浓缩塔 T3003，氮气气提塔 T3006 组成；热区由甲醇热再生塔 T3004 和醇水分离塔 T3005 组成。低温甲醇洗流程见图 8-9。

（1）原料气的预冷

来自变换工段的原料气首先经换热器 E3019 用循环水冷却，将其温度由 133℃降至

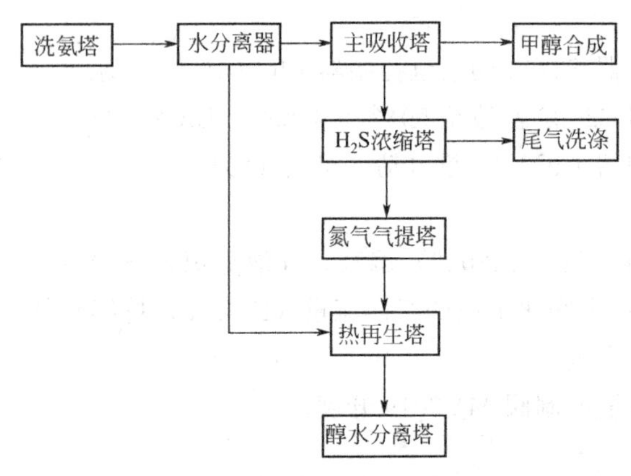

图 8-9 低温甲醇洗流程示意图

42℃，再进入洗氨塔 T3002，变换气经高压锅炉给水洗涤，其中气体中所含的氨溶于水中，这部分含氨废水排出界区进入废水处理工序。

由洗氨塔 T3002 塔顶出来的原料气与循环闪蒸气混合，再与喷射的甲醇混合以除去原料气中的水分，原料气进入进料气冷却器 E3022A/B 被合成气、尾气冷却到 −11℃，在水分离器 S3006 中将冷凝下来的水、甲醇混合物分离，分离后的气体进入甲醇洗涤塔 T3001，醇水混合物进入换热器 E3016。

(2) H_2S/CO_2 气体脱除

甲醇洗涤塔分为上塔和下塔，来自甲醇贫液泵 P3005 的贫甲醇液经水冷器 E3009、甲醇换热器 E3016、E3007（与来自 T3003 塔底去再生的甲醇换热）、贫甲醇深冷器 E3017、贫甲醇冷却器 E3006 换热，温度降至 −54.8℃，送入 T3001 上塔吸收 CO_2，使出 T3001 塔顶的净化气中 CO_2 含量在 2.75%（体积分数）左右，总硫含量在 0.1ppm（体积分数）以下。由塔顶出来的净化气，经换热器 E3014、进料气冷却器 E3022A/B 回收冷量，温度提高到 31℃左右进入合成工段。下塔主要用来脱硫，由于 H_2S 的溶解度大于 CO_2 溶解度，且硫组分在气体中含量要低于 CO_2，因此进入下塔的吸收了 CO_2 的甲醇液只需部分作为洗涤剂吸收 H_2S，使进入上塔的气体中总含硫量在 0.1ppm（体积分数）以下。

(3) 富液的膨胀闪蒸

从 T3001 上塔底盘上引出的不含硫富含 CO_2 的甲醇液，经甲醇换热器 E3005 和富甲醇深冷器 E3003 换热，温度分别降至 −26℃和 −35℃后，通过减压阀进入循环气闪蒸分离器 S3001，使得溶解的大部分 H_2 闪蒸解吸出来。

同时从 T3001 下塔底部来的富 H_2S 甲醇液，经尾气/甲醇换热器 E3002、甲醇换热器 E3005、净化气换热器 E3014 换热，温度降至 −32.4℃，经减压阀进入循环气闪蒸分离器 S3002，闪蒸气进入循环气压缩机 C3001、压缩机后冷器 E3001 冷却到 42℃送入 E3022A/B 前的进气管，以回收利用 H_2。

(4) CO_2 气体的解吸及 H_2S 浓缩

来自循环气闪蒸分离器 S3001 底部的不含硫的富 CO_2 甲醇液，直接进入到 H_2S 浓缩塔 T3003 塔顶再次降压进行 CO_2 闪蒸解吸，闪蒸液作为塔中段含硫甲醇液中闪蒸出的上升气中 H_2S 的洗涤液，以保证 T3003 塔顶尾气的 H_2S 低于 25ppm（体积分数）。从 S3002 底部来的同时溶解有 CO_2 和 H_2S 的甲醇液，进入 T3003 塔中部闪蒸解吸。同时解吸的 H_2S 被来自塔上部的不含硫的富 CO_2 甲醇闪蒸回流液洗涤重新进入甲醇液中。

从 T3003 塔中部升气管塔板上经 P3001 抽出的一股甲醇液作为低温冷源，对进入 T3001 的贫甲醇液在贫甲醇冷却器 E3006 中进一步预冷，进入循环甲醇冷却器 E3020 中，以移走 T3001 中甲醇吸收 CO_2 产生的熔解热，温度升高至 −38.6℃进入闪蒸罐 S3003 进行气液分离。由闪蒸罐 S3003 分离出的气体进入 T3003 塔中部，继续回收其中的含硫气体。为充分利用冷量，由闪蒸罐 S3003 底部出来的甲醇液经甲醇富液泵 P3002 抽出进入换热器

E3005 作为冷源对富甲醇液进行预冷。

为使甲醇液中的 CO_2 能够充分地解吸，在 T3003 塔底部引入氮气。解吸出来的 CO_2 成为尾气以 0.205MPa、－67℃离开 T3003 塔顶，CO_2 含量达 87.4%，N_2 含量为 12.1%，H_2S 大约 55ppm。经 E3002 和 E3022B 回收冷量后以 35℃进入尾气洗涤塔 T3007，通过脱盐水洗涤尾气中夹带的甲醇，使尾气达到环保排放标准离开界区送火炬或放入大气中。

从 T3003 塔升气管塔板上经 P3001 泵抽出的一股甲醇液由于在上塔内不断减压并解吸出 CO_2，温度降为－59.4℃。在返回 T3003 塔底解吸 CO_2 前，其冷量在 E3006、E3020、E3005 中进行回收。

出 T3003 塔底的富 H_2S 甲醇液经 P3003 泵送入甲醇冷却器 E3007、甲醇换热器 E3016，自身温度分别提高到 33℃，进入氮气气提塔 T3006 顶部，通过塔底通入的氮气气提，使甲醇液中的 CO_2 进一步解吸，解吸出的 CO_2 连同气提氮气一起进入 T3003 下塔上段，塔底出来的富 H_2S 甲醇液经甲醇富液泵 P3004 送甲醇换热器 E3008 换热后，温度提高到 77℃进入热再生塔 T3004 中。从 H_2S 分离器 S3005 分离出来的－34℃的甲醇也进入 T3003 塔底。

(5) 甲醇再生

从 T3006 塔底进入 T3004 塔的甲醇液在此塔内完成甲醇再生，再生的甲醇作为贫甲醇循环利用。富含 CO_2、H_2S 的甲醇液被来自塔底再沸器 E3010 加热及醇水分离塔顶的甲醇蒸气气提，使 CO_2、H_2S 全部解吸。再沸器 E3010 用低压蒸汽加热向 T3004 提供热量。

解吸出的气体离开 T3004 塔顶，首先进入 T3004 回流冷却器 E3011 被水冷却，冷凝下来的液体在回流槽中分离后经回流泵 P3007 送入 T3004 塔顶回流。气体进入 H_2S 冷却器和丙烯冷却器，再在 H_2S 分离器 S3005 中分离，分离的液体送回 T3003 塔底。分离的气体经酸气冷却器 E3012 换热后送入克劳斯装置。

再生后的贫甲醇以 98.5℃离开 T3004 塔左室，经贫甲醇冷却器冷却后进入甲醇储槽 V3001。定期补充的甲醇也加入到此槽中，经甲醇贫液泵 P3005 从 V3001 抽出的贫甲醇，在水冷器 E3009 中被冷却后分成两股，大部分进入 T3001 塔顶作为洗涤剂，另一部分作为喷射甲醇送入进料气冷却器 E3022A/B 前的原料气总管中。

T3004 塔右室的甲醇液经回流泵 P3006 抽出，与左室出口液体汇合去 E3008，另一部分经 T3005 进料、冷却器 E3018 冷却作为 T3005 塔的回流液，同时将所携带的一部分水分离掉。

(6) 甲醇/水分离

从 S3006 分离器来的甲醇水混合物，经 E3018 加热进入 T3005 塔进行甲醇/水蒸馏分离。醇水分离塔 T3005 塔底再沸器 E3013 的加热介质为低压蒸汽。塔顶的甲醇蒸气直接送入 T3004 塔中部作为热再生塔的气提气。由塔底分离的废水经废水换热器 E3021 与来自尾气洗涤塔 T3007 的含醇废水换热送往废水处理工段。

由尾气洗涤塔 T3007 排出的含醇废水，经废水换热器 E3021 换热后，进入醇水分离塔 T3005 中部进行精馏，分离其中的甲醇。醇水分离塔 T3005 塔顶回流液来自 T3004 塔右室，含水 0.54%，CH_3OH 为 99.5%，直接进入 T3005 塔板。

3. 仿真界面

煤化工净化仿真工艺总貌图见图 8-10，DCS 图与现场图见图 8-11 和图 8-12。

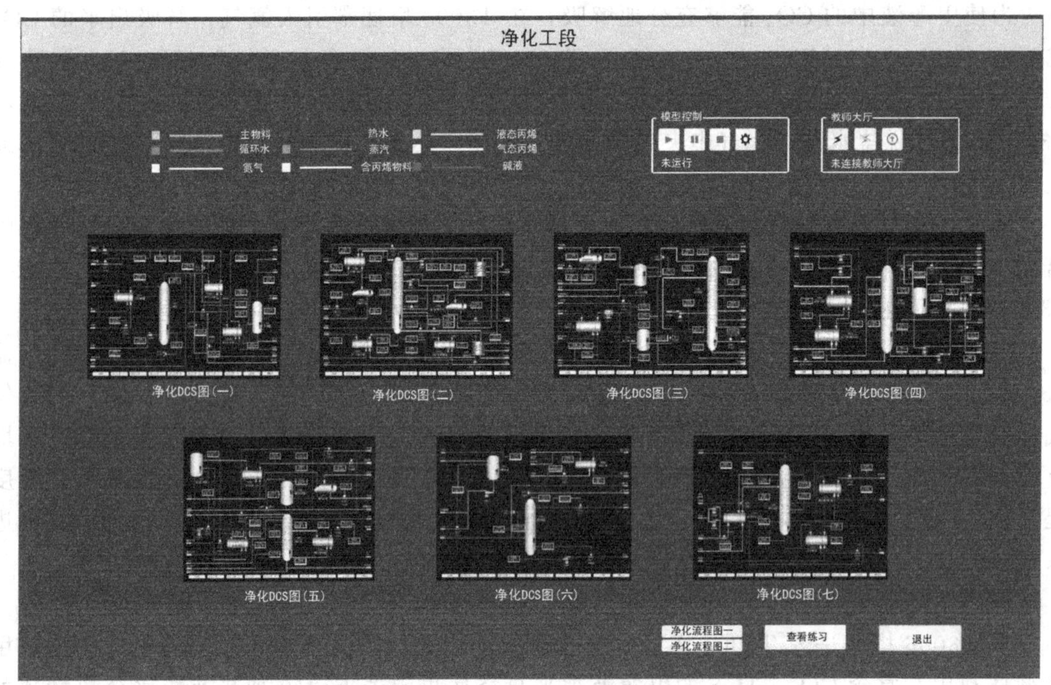

图 8-10　煤化工净化仿真工艺总貌图

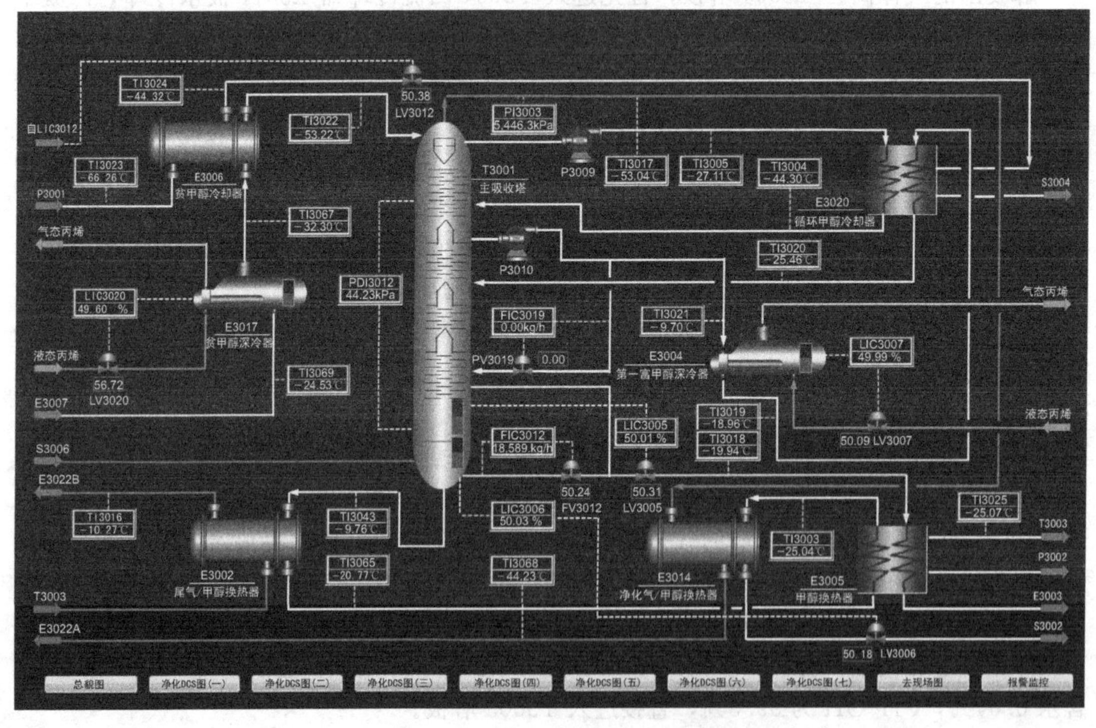

图 8-11　煤化工净化仿真 DCS 图

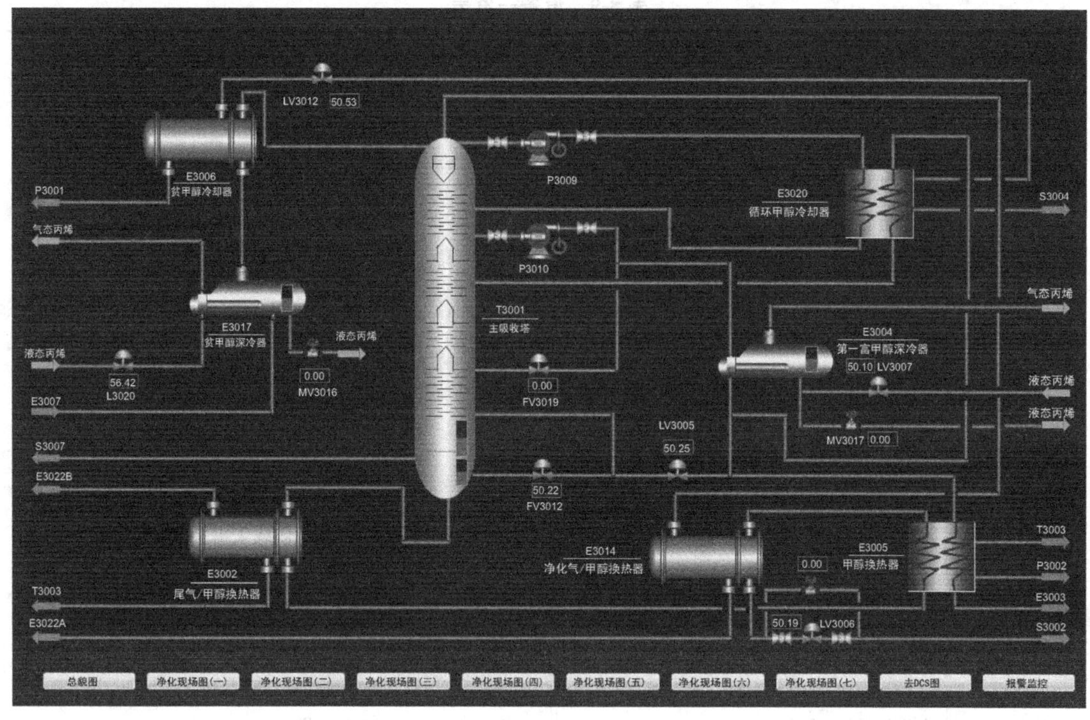

图 8-12　煤化工净化仿真现场图

二、工艺设备及参数

1. 工艺设备说明

E3011：硫化氢冷却器，冷却热再生塔解吸出来的气体。

E3019：洗涤水换热器，用循环水冷却进入洗氨塔前的高压锅炉给水。

S3006：水分离器，分离粗煤气中的被冷凝的水、甲醇混合物。

T3001：主吸收塔，又称甲醇洗涤塔，利用甲醇洗涤粗煤气中的 CO_2 和 H_2S 气体。

T3002：洗氨塔，粗煤气首先进入洗氨塔中，利用新鲜水洗涤粗煤气中的氨。

T3003：硫化氢浓缩塔，不含硫的富 CO_2 甲醇溶液，减压进行 CO_2 闪蒸，解吸的 H_2S 气体，被不含硫的富 CO_2 甲醇闪蒸回流液洗涤，重新进入甲醇溶液。

T3004：热再生塔，富含 CO_2、H_2S 的甲醇液被塔底的再沸器及甲醇蒸气气提，使 CO_2 和 H_2S 全部解吸。

T3005：醇水分离塔，分离甲醇和水，蒸馏出的甲醇蒸气，送入热再生塔中，塔底废水冷却后，送往废水处理工段。

T3006：氮气气提塔，通过氮气气提，使甲醇液中的 CO_2 气体进一步解吸。

T3007：尾气洗涤塔，通过新鲜水洗涤尾气中夹带的甲醇，使尾气达到环保排放标准，离开界区送往火炬。

V3001：甲醇储槽，提供净化工段所需的甲醇溶液。

设备与阀门一览表分别见表 8-9 和 8-10。

表 8-9　设备一览表

点位	描述	点位	描述
C3001	循环气压缩机	E3019	洗涤水换热器
S3001	第一闪蒸分离器	E3020	循环甲醇冷却器
S3002	第二闪蒸分离器	E3021	废水换热器
S3003	甲醇闪蒸罐	E3022A	进料气冷却器Ⅰ
S3004	第一硫化氢分离器	E3022B	进料气冷却器Ⅱ
S3005	H_2S分离器Ⅱ	P3001	甲醇富液泵Ⅰ
S3006	水分离器	P3002	甲醇富液泵Ⅱ
E3001	压缩机后冷器	P3003A	甲醇富液泵ⅢA
E3002	尾气/甲醇换热器	P3003B	甲醇富液泵ⅢB
E3003	富甲醇深冷器	P3004	甲醇富液泵Ⅳ
E3004	第一富甲醇深冷器	P3005	甲醇贫液泵
E3005	甲醇换热器	P3006	醇/水塔回流泵
E3006	贫甲醇冷却器	P3007	热再生塔回流泵
E3007	2# 甲醇冷却器	P3008	尾气洗涤水泵
E3008	第四甲醇换热器	P3009	主吸收塔的侧线采出泵
E3009	甲醇水冷器	P3010	主吸收塔的侧线采出泵
E3010	热再生塔再沸器	T3001	主吸收塔(甲醇洗涤塔)
E3011	硫化氢冷却器	T3002	洗氨塔
E3012	酸气换热器	T3003	H_2S浓缩塔
E3013	甲醇再沸器	T3004	热再生塔
E3014	净化气/甲醇换热器	T3005	醇水分离塔
E3015	酸气深冷器	T3006	氮气气提塔
E3016	第三甲醇换热器	T3007	尾气洗涤塔
E3017	贫甲醇深冷器	V3001	甲醇储槽
E3018	回流甲醇/水冷却器		

表 8-10　阀门一览表

名称	描述	名称	描述
XV3001	变换气进净化截断阀	LV3010	循环气闪蒸分离器 S3002 液位调节阀
XV3002	合成气去合成截断阀	LV3011	闪蒸罐 S3003 液位调节阀
FV3008	洗氨塔洗涤水调节阀	LV3012	浓缩塔液位调节阀
FV3009	1# 甲醇喷淋调节阀	LV3013	浓缩塔液位调节阀
FV3010	2# 甲醇喷淋调节阀	LV3014	甲醇流量调节阀
FV3011	补充甲醇调节阀	LV3015	H_2S分离器 S3004 液位调节阀
FV3012	集液盘回流调节阀	LV3016	E3015 液位调节阀
FV3013	氮气调节阀	LV3017	H_2S分离器 S3005 液位调节阀
FV3014	蒸汽调节阀	LV3018	醇水分离塔液位调节阀
FV3016	进精馏塔甲醇调节阀	LV3019	尾气洗涤塔液位调节阀
FV3017	尾气副线调节阀	LV3020	贫甲醇冷却器液位调节阀
FV3018	洗涤水调节阀	LV3021	气提塔液位调节阀
FV3019	反应器 R1003B 排空阀	PV3002	压缩机进口压力调节阀
FV3020	气提氮气调节阀	PV3006	尾气压力调节阀
LV3001	外加甲醇阀	PV3007	尾气压力调节阀
LV3003	洗氨塔液位调节阀	PV3008A	系统充压调节阀
LV3004	水分离器液位调节阀	PV3008B	系统充压调节阀
LV3005	集液盘液位调节阀	PV3009A	去硫回收压力调节阀
LV3006	主吸收塔液位调节阀	PV3009B	火炬放空阀
LV3007	深冷器液位调节阀	PV3010	热再生塔压力调节阀
LV3008	富甲醇深冷器液位调节阀	PV3011	合成气出工段压力调节阀
LV3009	循环气闪蒸分离器 S3001 液位调节阀	TV3058	蒸汽调节阀

名称	描述	名称	描述
TV3071	合成气温度调节阀	MV3010	去 E3001 截断阀
TV3073	变换气温度调节阀	MV3011	S3006 充压阀
MV3002	E3019 冷却水调节阀	MV3012	去精馏调节阀
MV3003	E3001 冷却水调节阀	MV3013	T3005 塔顶截断阀
MV3004	E3009 冷却水调节阀	MV3014	S3005 去甲醇回收截断阀
MV3005	E3011 冷却水调节阀	MV3015	碱液进料阀
MV3006	S3001 去甲醇回收截断阀	MV3016	丙烯排液阀
MV3007	S3002 去甲醇回收截断阀	MV3017	丙烯排液阀
MV3008	S3003 去甲醇回收截断阀	MV3018	丙烯排液阀
MV3009	合成气出工段调节阀		

2. 控制器介绍

PIC3006：单回路控制，通过阀门 PV3006 开度的调节，实现对第二闪蒸分离器压力的控制。阀门 PV3006 开度增大，压力降低；反之，阀门开度减小，压力增大。

PIC3011：单回路控制，通过阀门 PV3011 开度的调节，实现对合成气压力的控制。阀门 PV3011 开度增大，压力降低；反之，阀门开度减小，压力升高。

TIC3073：单回路控制，通过阀门 TV3073 开度的调节，实现对水分离器进料温度的控制。阀门 TV3073 开度增大，温度升高；反之，阀门开度减小，温度降低。

FIC3008：单回路控制，通过阀门 FV3008 开度的调节，实现对新鲜水流量的控制。阀门 FV3008 开度增大，流量增大；反之，阀门开度减小，流量减小。

LIC3006：单回路控制，通过阀门 LV3006 开度的调节，实现对 T3001 塔釜液位的调节。阀门 LV3006 开度增大，液位降低；反之，阀门开度减小，液位升高。

控制器稳态值一览表见表 8-11。

表 8-11 控制器稳态值一览表

位号	状态	OP	PV	SP
PIC3006	自动	阀 PV3006 开度	循环气放空压力	1147.7
PIC3007	自动	阀 PV3007 开度	H_2S 浓缩塔顶部尾气压力	103.67
PIC3008	自动	阀 PV3008 开度	充压压力	3.67
PIC3009A	自动	阀 PV3009A 开度	热再生塔塔顶压力	208.67
PIC3009B	手动	阀 PV3009B 开度	热再生塔塔顶压力	208.67
PIC3010	手动	阀 PV3010 开度	热再生塔压力	171.67
PIC3011	自动	阀 PV3011 开度	合成气压力	5428.7
TIC3050	自动	阀 TV3050 开度	第一硫化氢分离器温度	45.46
TIC3058	自动	阀 TV3058 开度	醇水分离塔的温度	139.3
TIC3071	自动	阀 TV3071 开度	合成气温度	24.93
TIC3073	自动	阀 TV3073 开度	E3022 去 S3006 管线温度	2.86
FIC3008	自动	阀 FV3008 开度	洗涤水换热器的新鲜水流量	3586.7
FIC3009	自动	阀 FV3009 开度	进料气冷却器Ⅰ甲醇进口流量	680.38
FIC3010	自动	阀 FV3010 开度	进料气冷却器Ⅱ甲醇进口流量	633.71
FIC3011	自动	阀 FV3011 开度	补充甲醇流量	331474.4
FIC3012	自动	阀 FV3012 开度	主吸收塔集液盘回流流量	18595.2
FIC3013	自动	阀 FV3013 开度	去 H_2S 浓缩塔的氮气流量	14286.8

续表

位号	状态	OP	PV	SP
FIC3014	自动	阀 FV3014 开度	低压蒸汽流量	17174.6
FIC3015	自动	阀 FV3015 开度	回流孔板流量	47205.4
FIC3016	自动	阀 FV3016 开度	回流甲醇/水冷却器的入口流量	9509.6
FIC3017	手动	阀 FV3017 开度	进入尾气洗涤塔的流量	196905.7
FIC3018	自动	阀 FV3018 开度	尾气洗涤塔的新鲜水流量	5727.03
FIC3019	手动	阀 FV3019 开度	主吸收塔中部回流流量	9958.6
FIC3020	自动	阀 FV3020 开度	氮气气提塔进口氮气流量	2342.2
LIC3001	自动	阀 LV3001 开度	甲醇储罐的液位	10
LIC3002	自动	阀 LV3002 开度	氮气气提塔的液位	50
LIC3003	自动	阀 LV3003 开度	洗氨塔液位	50
LIC3004	自动	阀 LV3004 开度	水分离器液位	50
LIC3005	自动	阀 LV3005 开度	主吸收塔集液盘液位	50
LIC3006	自动	阀 LV3006 开度	主吸收塔液位	50
LIC3007	自动	阀 LV3007 开度	深冷器液位	50
LIC3008	自动	阀 LV3008 开度	富甲醇深冷器液位	50
LIC3009	自动	阀 LV3009 开度	第一闪蒸分离器液位	50
LIC3010	自动	阀 LV3010 开度	第二闪蒸分离器液位	50
LIC3011	自动	阀 LV3011 开度	甲醇闪蒸罐液位	50
LIC3012	自动	阀 LV3012 开度	H_2S浓缩塔液位	50
LIC3013	自动	阀 LV3013 开度	H_2S浓缩塔液位	50
LIC3014	自动	阀 LV3014 开度	热再生塔液位	50
LIC3015	自动	阀 LV3015 开度	第一 H_2S分离器液位	50
LIC3016	自动	阀 LV3016 开度	酸气深冷器液位	50
LIC3017	自动	阀 LV3017 开度	H_2S分离器Ⅱ液位	50
LIC3018	自动	阀 LV3018 开度	醇水分离塔液位	50
LIC3019	自动	阀 LV3019 开度	尾气洗涤塔液位	50
LIC3020	自动	阀 LV3020 开度	贫甲醇冷却器液位	50

3. 进口物料成分一览表（见表 8-12）

表 8-12　进口物料成分一览表

物流名称	粗煤气	
成分	摩尔分数/%	质量分数/%
H_2	45.95	4.322
N_2	0.33	0.4313
CO	19.588	25.602
CH_4	0.08	0.0599
CO_2	33.682	69.169
H_2S	0.14	0.2226
H_2O	0.23	0.1933
总	100	100

4. 工艺指标一览表（见表 8-13）

表 8-13　工艺指标一览表

位号	描述	稳态值	单位
FI3001	甲醇罐区出口流量	6640.15	kg/h
FI3002	合成气去甲醇合成的孔板流量	77814.76	kg/h
FI3007	粗煤气去洗氨塔的流量	255881.3	kg/h
FI3008	洗涤水换热器的新鲜水流量	3586.67	kg/h
FI3012	主吸收塔集液盘回流流量	18596.57	kg/h
FI3013	去 H_2S 浓缩塔的氮气流量	14286.63	kg/h
FI3020	氮气气提塔进口氮气流量	2342.24	kg/h
TI3002	H_2S 浓缩塔的甲醇进口温度	−35.81	℃
TI3003	净化气/甲醇换热器的合成气进口温度	−25.58	℃
TI3004	循环甲醇冷却器去主吸收塔的富甲醇温度	−45.11	℃
TI3005	主吸收塔上部循环泵的甲醇出口温度	−29.19	℃
TI3006	净化气/甲醇换热器合成气出口温度	−31.96	℃
TI3007	醇水分离塔的物料进口温度	69.82	℃
TI3008	粗煤气去洗氨塔的进口温度	41.99	℃
TI3009	洗氨塔底部的废水温度	41.56	℃
TI3010	洗氨塔顶部的合成气出口温度测量	42	℃
TI3011	洗氨塔洗涤水温度	42	℃
TI3012	进料气冷却器Ⅰ合成气进口温度	45.58	℃
TI3013	进料气冷却器Ⅱ顶部出口温度	34.82	℃
TI3014	粗煤气温度	−10.93	℃
TI3015	主吸收塔底部气相进口温度	−10.93	℃
TI3016	主吸收塔底部出口温度	−9.88	℃
TI3017	塔顶合成气温度	−54	℃
TI3018	甲醇换热器甲醇进口温度	−19.91	℃
TI3020	循环甲醇冷却器去主吸收塔的甲醇温度	−26	℃
TI3021	第一富甲醇深冷器的富甲醇入口温度	−9.68	℃
TI3022	贫甲醇冷却器去主吸收塔的洗涤甲醇温度	−54.14	℃
TI3023	贫甲醇冷却器甲醇进口温度	−66.48	℃
TI3024	贫甲醇冷却器甲醇出口温度	−45.6	℃
TI3025	H_2S 浓缩塔甲醇进口温度	−25.54	℃
TI3028	第二闪蒸分离器循环气进口温度	−35.03	℃
TI3029	第二闪蒸分离器循环气出口温度	−32.36	℃
TI3030	压缩机后冷器去原料冷却器的循环气温度	129.54	℃
TI3031	第一闪蒸分离器去 H_2S 浓缩塔管线温度	−65.18	℃
TI3032	H_2S 浓缩塔循环气进口温度	−61.24	℃
TI3033	H_2S 浓缩塔塔顶产品温度	−67.22	℃
TI3034	H_2S 浓缩塔甲醇富液出口温度	−66.79	℃
TI3035	H_2S 浓缩塔塔底产品温度	−36.94	℃
TI3036	$2^{\#}$ 甲醇冷却器的甲醇进口温度	−27.24	℃
TI3037	$2^{\#}$ 甲醇冷却器的甲醇出口温度	2.64	℃
TI3041	氮气气提塔底部的甲醇出口温度	31.66	℃
TI3042	第四甲醇换热器去甲醇储罐的甲醇温度	56.84	℃
TI3044	第四甲醇换热器去热再生塔的甲醇温度	76.83	℃
TI3045	热再生塔塔底产品温度	99.1	℃
TI3046	热再生塔塔顶产品温度	91.49	℃
TI3047	热再生塔塔体温度	92.77	℃
TI3048	热再生塔甲醇入口温度	97.97	℃
TI3049	热再生塔去醇/水塔回流泵的甲醇温度	99.04	℃

续表

位号	描述	稳态值	单位
TI3050	第一 H_2S 分离器顶部的 H_2S 温度	45.46	℃
TI3051	酸气换热器的 H_2S 出口温度	37.94	℃
TI3052	酸气换热器的 H_2S 进口温度	45.46	℃
TI3053	H_2S 分离器Ⅱ顶部出口 H_2S 的温度	－33.34	℃
TI3054	醇水分离塔的原料进口温度	76.5	℃
TI3055	醇水分离塔的塔顶产品温度	97.96	℃
TI3056	醇水分离塔塔节温度	101.43	℃
TI3057	醇水分离塔塔节温度	128.65	℃
TI3058	醇水分离塔的塔底温度	139.12	℃
TI3059	醇水分离塔去废水换热器的废水温度	139.79	℃
TI3060	废水换热器去醇水分离塔的洗涤水温度	102.69	℃
TI3061	废水换热器的废水温度	69.62	℃
TI3062	尾气洗涤塔底部洗涤水出口温度	17.86	℃
TI3063	尾气洗涤塔顶部尾气出口温度	17.86	℃
TI3064	尾气洗涤塔顶部去火炬总管的尾气出口温度	17.87	℃
TI3065	尾气/甲醇换热器甲醇出口温度	－21	℃
TI3067	贫甲醇冷却器甲醇进口温度	－34.22	℃
TI3068	净化气/甲醇换热器的甲醇出口温度	－45.07	℃
TI3070	进料气冷却器Ⅰ合成气出工段温度	24.89	℃
TI3071	合成气温度	24.89	℃
TI3072A	进料气冷却器Ⅰ去水分离器的管线温度	－11.87	℃
TI3072B	进料气冷却器Ⅱ去水分离器的管线温度	－9.03	℃
TI3074	主吸收塔塔底产品温度	－10.56	℃
PI3001	低压蒸汽去热再生塔再沸器的压力	1198.67	kPa
PI3003	主吸收塔顶部压力	5448.68	kPa
PI3004	压缩机后冷器去原料冷却器的循环气压力	6893	kPa
PI3005	甲醇/水分离塔再沸器的蒸汽凝液压力	893.67	kPa
PI3006	循环气放空压力	1147.02	kPa
PI3007	H_2S 浓缩塔顶部尾气压力	103.68	kPa
PI3008	充压压力	2.4	kPa
PI3009	热再生塔塔顶压力	207.32	kPa
PI3010	热再生塔压力	170.66	kPa
PI3011	合成气压力	5428.68	kPa
PDI3012	主吸收塔压差	44.11	kPa
PDI3013	热再生塔压差	23.34	kPa
PDI3014	硫化氢浓缩塔压差	35.02	kPa
PDI3015	氮气气提塔压差	0.72	kPa
PDI3016	醇水分离塔的压差	11.01	kPa

三、净化工段操作规程

(一) 稳态停车

净化停车操作首先要停止对硫回收工段的送气，以及切断变换工段的原料气输送。再切断甲醇循环，停止热再生系统、排甲醇操作，停循环水及系统泄压。

注：在控制阀打手动后，显示开度为 0 时，仍需重新设置 0 开度。如果排液速度过慢、降压速度过慢，可以加大相应阀开度。如果排液后出现罐内有液体情况为正常，液体多时可再次按照该设备的排液步骤进行操作。

1. 停原料气、出料，停止供热

稳态停车前，先将安全联锁控制全部关闭。

(1) 切断出料，停止进料

① 进入净化 DCS 图（一），关闭净化气去甲醇合成的截断阀 XV3002。

② 进入净化现场，关闭净化气去甲醇合成的出口阀 MV3009。

③ 进入净化现场，关闭压缩机出口阀 MV3010，停止循环气压缩机 C3001。

④ 进入净化 DCS 图（五），将去硫回收压力控制器 PIC3009A 投手动，并将 OP 值设定为 0。

⑤ 进入净化 DCS 图（五），将开火炬放空压力控制器 PIC3009B 投自动。

⑥ 进入净化 DCS 图（一），关闭粗煤气去 T3002 的截断阀 XV3001。

(2) 停止供热

① 进入净化 DCS 图（一），将 E3022 的出口温度控制器 TIC3073 投手动，并将 OP 值设定为 0。

② 进入净化 DCS 图（一），将 E3022A 的出口温度控制器 TIC3071 投手动，并将 OP 值设定为 0。

③ 进入净化 DCS 图（五），将低压蒸汽去 E3010 的流量控制器 FIC3014 投手动，并将 OP 值设定为 0。

④ 进入净化 DCS 图（七），将 E3013 的出口温度控制器 TIC3058 投手动，并将 OP 值设定为 0。

2. 切断甲醇循环进料、停止甲醇喷淋

① 进入净化 DCS 图（四），将 V3001 的液位控制器 LIC3001 投手动，OP 值设为 0。

② 进入净化现场，关闭 V3001 出料泵 P3005。

③ 进入净化 DCS 图（六），将 E3009 的入口流量控制器 FIC3011 投手动，并将 OP 值设定为 0。

④ 进入净化现场，关闭 E3009 的出口阀 MV3012。

⑤ 进入净化 DCS 图（一），将流量控制器 FIC3009 投手动，将 OP 值设定为 0。

⑥ 进入净化 DCS 图（一），将流量控制器 FIC3010 投手动，并将 OP 值设定为 0。

3. 停止洗氨塔、热再生系统（可以并行操作）

(1) 洗氨塔

① 进入净化 DCS 图（一），将新鲜水进高压锅炉 E3019 的进口流量控制阀 FIC3008 投手动，并将 OP 值设定为 0。

② 进入净化 DCS 图（一），将 T3002 的液位控制器 LIC3003 投手动，并将 OP 值设定为 100。

③ 进入净化 DCS 图（一），等待 LIC3003 降为 0 后，再将 OP 值设定为 0，停止排液（等待液位时先停热再生系统）。

(2) 热再生系统

① 进入净化 DCS 图（七），将 E3018 的出口流量控制器 FIC3016 投手动，并将 OP 值设定为 0。

② 进入净化 DCS 图（四），将 FIC3015 投手动，关闭 FV3015。

③ 进入净化现场，关闭泵 P3006A。

④ 进入净化现场，关闭碱液进料阀 MV3015。

⑤ 进入净化 DCS 图（六），将 E3002B 去 T3007 的流量控制器 FIC3017 的 OP 值设定为 50。

⑥ 进入净化 DCS 图（六），将新鲜水去 T3007 的进口流量控制器 FIC3018 投手动，并将 OP 值设定为 0。

⑦ 进入净化 DCS 图（六），将 T3007 的液位控制器 LIC3019 投手动，并将 OP 值设定为 50。

⑧ 进入净化 DCS 图（一），将 S3006 的液位控制器 LIC3004 投手动，并将 OP 值设定为 50。

⑨ 进入净化 DCS 图（六），待 T3007 的液位 LIC3019 降为 0 后，将其 OP 值设定为 0。

⑩ 进入净化现场，关闭 T3007 的排液泵 P3008。

⑪ 进入净化 DCS 图（一），等待 LIC3004 降为 0 后，再将 OP 值设定为 0，停止排液。

⑫ 进入净化 DCS 图（七），将 T3005 的液位控制器 LIC3018 投手动，并将 OP 值设定为 100。

⑬ 进入净化 DCS 图（七），待 T3005 的液位 LIC3018 降为 0 后，将其 OP 值设定为 0。

⑭ 进入净化现场，关闭 T3005 去 T3004 的出口阀 MV3013。

4. 停止供冷

E3017、E3004、E3003、E3015 排液步骤均为并列操作。

① 进入净化 DCS 图（二），将 E3017 的液位控制器 LIC3020 投手动，并将 OP 值设定为 0，停止给 E3004 供冷。

② 进入净化 DCS 图（二），将 E3004 的液位控制器 LIC3007 投手动，并将 OP 值设定为 0，停止给 E3003 供冷。

③ 进入净化 DCS 图（三），将 E3003 的液位控制器 LIC3008 投手动，并将 OP 值设定为 0，停止给 E3003 供冷。

④ 进入净化 DCS 图（五），将 E3015 的液位控制器 LIC3016 投手动，并将 OP 值设定为 0，停止给 E3015 供冷。

5. 循环甲醇排放

（1）T3001、S3001、S3002 排液

① 进入净化 DCS 图（二），将 T3001 的出口流量控制器 FIC3012 投手动，并将 OP 值设定为 0。

② 进入净化现场，依次关闭 T3001 的侧线采出泵 P3009。

③ 进入净化现场，依次关闭 T3001 的侧线采出泵 P3010。

④ 进入净化 DCS 图（二），将 T3001 的液位控制器 LIC3005 投手动，并将 OP 值设定为 50。

⑤ 进入净化 DCS 图（二），将 T3001 的塔釜液位控制器 LIC3006 投手动，并将 OP 值设定为 50。

⑥ 进入净化 DCS 图（三），将 S3001 液位控制阀 LIC3009 投手动，并将 OP 值设定为 0。

⑦ 进入净化现场，打开 S3001 去甲醇回收的出口阀 MV3006，开度设定为 50%。

⑧ 进入净化 DCS 图（三），将 S3002 液位控制器 LIC3010 投手动，并将 OP 值设定

为 0。

⑨ 进入净化现场，打开 S3002 去甲醇回收的出口阀 MV3007，开度设定为 50%。

注：为节约时间，在等待液位的时候，可以同时进行 T3003、S3003 的排液。

⑩ 进入净化 DCS 图（二），等待 LIC3005 降为 0 后，再将 LIC3005 的 OP 值设定为 0。

⑪ 进入净化 DCS 图（二），待 LIC3006 降为 0 后，再将 OP 值设定为 0。

⑫ 进入净化 DCS 图（三），等待液位 LI3009 为 0，并确认 LIC3005 降为 0 后，进入净化现场，关闭 S3001 去甲醇回收的出口阀 MV3006。

⑬ 进入净化 DCS 图（三），等待液位 LI3010 为 0，并确认 LIC3006 降为 0 后，进入净化现场，关闭 S2002 去甲醇回收的出口阀 MV3007。

（2）T3003 上塔、S3003 排液

① 进入净化 DCS 图（五），将 S3005 的液位控制器 LIC3017 投手动，并将 OP 值设定为 0。

② 进入净化 DCS 图（三），将 T3003 的集液盘液位控制器 LIC3012 投手动，并将 OP 值设定为 50。

③ 进入净化现场，打开 S3003 去甲醇回收的出口阀 MV3008，设定开度为 50%。

④ 进入净化 DCS 图（六），将 S3003 的液位控制器 LIC3011 投手动，并将 OP 值设定为 0。

⑤ 进入净化 DCS 图（三），待 LIC3012 降为 0 后，再将 OP 值设定，为 0。

⑥ 进入净化现场，依次关闭 T3003 侧线出料泵 P3001。

⑦ 进入净化 DCS 图（六），待 S3003 的液位 LIC3011 降为 0 后，进入净化现场，依次关闭 S3003 出料泵 P3002 泵，并关出口阀 MV3018。

注：为节约时间，在等待液位的时候，可以同时进行 T3003 下塔、T3006 的排液。

（3）T3003 下塔、T3006 排液

① 进入净化 DCS 图（三），将 T3003 的塔釜液位控制器 LIC3013 投手动，并将 OP 值设定为 50，等待 LIC3013 降为 0 后，再将 OP 值设定为 0。

② 进入净化现场，关闭 T3003 出口泵 P3001。

③ 进入净化 DCS 图（四），将 T3006 的液位控制器 LIC3021 投手动，并将 OP 值设定为 50，等待 LIC3021 降为 0 后，再将 OP 值设定为 0。

④ 进入净化现场，关闭 T3006 出口泵 P3004。

（4）S3004 排液、S3005 排液

S3004 排液和 S3005 排液可以同时进行。

① 进入净化 DCS 图（五），将 S3004 的液位控制器 LIC3015 投手动，并将 OP 值设定为 50。

② 进入净化 DCS 图（五），待 S3004 的液位 LIC3015 降为 0 后，将其 OP 值设定为 0。

③ 进入净化现场，关闭泵 P3007。

④ 进入净化现场，关闭换热器 E3011 冷却水阀 MV3050。

⑤ 进入净化现场，打开 S3005 去甲醇回收的出口阀 MV3014，开度设定为 50%。

⑥ 进入净化 DCS 图（五），待 S3005 的液位 LIC3017 降为 0 后，进入净化现场，关出口阀 MV3014。

（5）T3004 排液

① 进入净化 DCS 图（五），将 T3004 的液位控制器 LIC3014 投手动，并将 OP 值设定为 100。

② 进入净化 DCS 图（五），待 T3004 的液位 LIC3014 降为 0 后，将其 OP 值设定为 0。

6. 停循环水及系统泄压

① 进入净化现场，关闭换热器 E3019 冷却水阀 MV3002。

② 进入净化现场，关闭换热器 E3001 冷却水阀 MV3003。

③ 进入净化现场，关闭换热器 E3009 冷却水阀 MV3004。

④ 进入净化 DCS 图（三），将氮气进 T3003 的入口流量控制器 FIC3013 投手动，并将 OP 值设定为 0。

⑤ 进入净化 DCS 图（四），将氮气进 T3006 的入口流量控制器 FIC3020 投手动，并将 OP 值设定为 0。

⑥ 进入净化 DCS 图（一），将去火炬总管的压力控制器 PIC3011 投手动，并将 OP 值设定为 100。

⑦ 进入净化 DCS 图（三），将去火炬总管的压力控制器 PIC3007 投手动，并将 OP 值设定为 100。

⑧ 进入净化 DCS 图（三），将去火炬总管的压力控制器 PIC3006 投手动，并打开将尾气放空，开度设为 100%。

⑨ 进入净化 DCS 图（五），打开 PIC3009B，设开度为 50%。

⑩ 进入净化 DCS 图（五），将 PIC3010 投手动，并将 OP 值设为 0。

⑪ 进入净化 DCS 图（一），待 PIC3011 降到 0 后，再将 OP 值设定为 0。

⑫ 进入净化 DCS 图（三），待 PIC3007 降到 0 后，将 T3003 的压力控制器 PIC3007 的 OP 值设定为 0。

⑬ 进入净化 DCS 图（三），待 PIC3006 降为 0 后，将其 OP 值设定为 0。

⑭ 进入净化 DCS 图（四），将压力控制器 PIC3008 投手动，并将 OP 值设定为 50，即关闭 V3001 充压调节阀 PV3008A、PV3008B。

⑮ 进入净化 DCS 图（五），待 PIC3009A（B）降为 0 后，将 PIC3009B 的 OP 值设定为 0。

⑯ 进入净化 DCS 图（六），等待流量 FI3006 小于 10kg/h，将去火炬总管的流量控制器 FIC3017 的 OP 值设定为 0。

（二）冷态开车

净化工段开车练习主要包括：系统升压、冷却系统、甲醇循环、启动再生塔和醇水分离塔、投用喷淋甲醇、导气、开压缩机并送气等。开车一包括系统升压、冷却系统、甲醇循环，开车二包括启动再生塔和醇水分离塔、投用喷淋甲醇、导气、开压缩机并送气。

开车一建立液位后，注意维持塔 T3001 液位 LIC3005、LIC3006，塔 T3003 液位 LIC3012、LIC3013，塔 T3006 液位 LIC3021，塔 T3004 液位 LIC3014 稳定。

开车二建立液位后，除了开车一中液位还需维持 T3005 液位 LIC3018 稳定。

系统升压和冷却系统可同时进行。

1. 系统升压

系统升压包括 T3001、T3003、T3004，为节约时间，充压可同时进行。

首先进入净化现场，打开塔 T3005 去 T3004 现场阀 MV3013，设开度为 50%，使体系连通。

（1）T3001 升压

① 进入净化现场，打开氮气经 S3006 去 T3001 阀 MV3011，开度设为 100%，给 T3001 充压。

② 进入净化 DCS 图（一），待压力 PIC3011 升到 1400kPa 后，进入净化系统现场图（一），将 MV3011 的开度设定为 20%，使压力 PI3011 逐步上升。

（2）T3003 升压

① 进入净化 DCS 图（三），开氮气进口阀 FV3013，开度设定为 70%。

② 进入净化 DCS 图（四），开氮气进口阀 FV3020，开度设为 70%。

③ 进入净化 DCS 图（三），待 T3003 的塔顶压力 PIC3007 达到 103.67kPa 后，将 FV3013 的开度设定为 50%，并将 FIC3013 投自动，SP 值设定为 14286.834。

④ 进入净化 DCS 图（四），将 FV3020 的开度设定为 50%，并将 FIC3020 投自动，SP 值设定为 2342.228。

⑤ 进入净化 DCS 图（三），待 PIC3007 达到 103.67kPa 后，将 PIC3007 投自动。

（3）T3004 升压

① 进入净化 DCS 图（五），打开氮气补充阀 PV3010，开度设为 70%，给 T3004 塔顶充压。

② 进入净化 DCS 图（五），待 T3004 的压力 PIC3010 达到 208.67kPa 后，将 PV3010 的开度设定为 10%。

待以上数据都较稳定，可以继续进行冷却系统和甲醇循环，建立液位；在之后的操作中，也要注意以上的工艺指标，使之具有一定的稳定性。

2. 冷却系统

冷却系统包括 E3019、E3001、E3011 及 E3009 进冷却水，E3004、E3003、E3017、E3015 丙烯灌液，均可并行操作。

① 进入净化现场，打开换热器 E3019 冷却水阀 MV3002，设开度为 50%。

② 进入净化现场，打开换热器 E3001 冷却水阀 MV3003，设开度为 50%。

③ 进入净化现场，打开换热器 E3011 冷却水阀 MV3005，设开度为 50%。

④ 进入净化现场，打开换热器 E3009 冷却水阀 MV3004，设开度为 50%。

⑤ 进入净化 DCS 图（二），打开阀 LV3007，开度设为 60%，给 E3004 灌液，待液位 LIC3007 达到 50%，将 LIC3007 投自动，将 SP 值设为 50。

⑥ 进入净化 DCS 图（三），打开阀 LV3008，开度设为 100%，给 E3003 灌液，待液位 LIC3008 达到 50%，将 LIC3008 投自动，将 SP 值设为 50（此步骤建立液位较慢，请耐心等待）。

⑦ 进入净化 DCS 图（二），打开阀 LV3020，开度设为 60%，给 E3017 灌液，待液位 LIC3020 达到 50%，将 LIC3020 投自动，将 SP 值设为 50。

⑧ 进入净化 DCS 图（五），打开阀 LV3016，开度设为 60%，给 E3015 灌液，待液位 LIC3016 达到 50%，将 LIC3016 投自动，将 SP 值设为 50。

3. 甲醇循环

注意观察各个液位的增减趋势，各个液位间都有相互作用关系，在开车过程中最重要的也是建立稳定的液位。

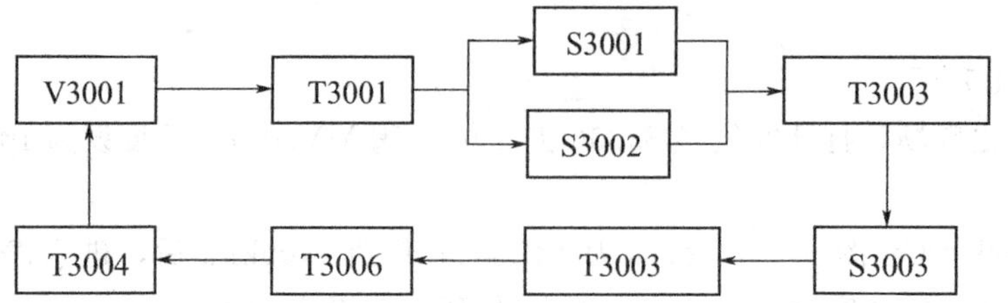

① 进入净化 DCS 图（四），打开 V3001 的甲醇补充阀 LV3001，将 LIC3001 投自动，给 V3001 补充液位。

② 进入净化现场，打开泵 P3005 开关。

③ 进入净化 DCS 图（六），将 FIC3011 的 OP 值设为 50，对 T3001 进行灌液。

④ 进入净化现场，打开阀 MV3012，阀门开度设为 50%，保持甲醇少量循环。

⑤ 进入净化 DCS 图（二），待 T3001 的集液盘液位 LIC3005 在 50%左右，将 LIC3005 投自动，并将 SP 值设为 50（液位的建立需要一定的时间，请耐心等待）。

⑥ 进入净化 DCS 图（二），将 T3001 去 E3005 的出口流量阀 FIC3012 投自动。

⑦ 进入净化 DCS 图（二），待 T3001 塔釜液位 LIC3006 在 50%左右，将 LIC3006 投自动，将 SP 值设为 50。

⑧ 进入净化 DCS 图（六），调整 FIC3011 的 OP 值，设为 10，降低灌液速度。

⑨ 进入净化现场，打开 T3001 的侧线采出泵 P3009 开关，打开侧线采出泵 P3010 开关。

⑩ 进入净化 DCS 图（三），待 S3001 的液位 LIC3009 达到 50%，将 LIC3009 投自动，SP 值设为 50。

⑪ 进入净化 DCS 图（三），待 S3002 的液位 LIC3010 达到 50%，将 LIC3010 投自动，SP 值设为 50。

⑫ 进入净化 DCS 图（三），待 T3003 液位 LIC3012 在 50%左右，将 LIC3012 投自动，SP 值设为 50。

⑬ 进入净化现场，打开泵 P3001。

⑭ 进入净化 DCS 图（六），待 S3003 的液位 LIC3011 达到 50%，将 LIC3011 投自动，SP 值设为 50。

⑮ 进入净化现场，打开泵 P3002，将 S3003 内液体送出。

⑯ 进入净化 DCS 图（三），待 T3003 塔釜液位 LIC3013 达到 50%后，将 LIC3013 投自动，SP 值设为 50（此液位的建立需要一定的时间）。

⑰ 进入净化现场，打开泵 P3003A，将 T3003 内液体送出。

⑱ 进入净化 DCS 图（四），待 T3006 的液位 LIC3021 达到 50%时，将 LIC3021 投自动，SP 值设为 50。

⑲ 进入净化现场，打开泵 P3004。

⑳ 进入净化 DCS 图（五），待 T3004 的液位 LIC3014 大于 50%后，将 LIC3014 投自动，SP 值设为 50（此步骤建立液位较慢，请耐心等待）。

4. 启动再生塔和醇水分离塔

待完成系统冷却后，监控 T3001 的温度 TI3022，待其温度降到－20℃后（等待时间较长)，开始启动再生塔和醇水分离塔。

① 进入净化 DCS 图（二），监控进 T3001 的甲醇温度 TI3022，待其温度降到－20℃。

② 进入净化 DCS 图（五），设 FIC3014 的 OP 为 50，并将 FIC3014 投自动，给 T3004 供蒸汽。

③ 进入净化 DCS 图（五），待 S3004 的液位 LIC3015 在 30%左右，将 LIC3015 投自动，SP 值设为 30。

④ 进入净化现场，打开热再生塔 T3004 的回流泵 P3007，建立回流。

⑤ 进入净化 DCS 图（五），待 S3005 的液位 LIC3017 达到 50%后，将 LIC3017 投自动，SP 值设为 50。

⑥ 进入净化 DCS 图（六），将 T3007 的入口流量控制器 FIC3018 的 OP 值设定为 50。

⑦ 进入净化 DCS 图（六），待 T3007 液位 LIC3019 达到 50%左右后，将 LIC3019 的 OP 值设定为 50，并投自动。

⑧ 进入净化 DCS 图（六），将 T3007 的入口流量控制器 FIC3018 的 OP 值调节为 5，以防塔 T3005 积液过快。

⑨ 进入净化现场，打开尾气洗涤水泵 P3008，输送液体。

⑩ 进入净化 DCS 图（七），待醇水分离塔 T3005 液位 LIC3018 大于 10%后，将 LIC3018 投自动，SP 值设为 50。

⑪ 进入净化 DCS 图（七），将 TIC3058 的 OP 值设定为 20。

⑫ 进入净化 DCS 图（七），将 FIC3016 的 OP 值设定为 20。

⑬ 进入净化 DCS 图（四），将 FIC3015 投自动。

⑭ 进入净化现场，打开醇/水塔回流泵 P3006A，建立回流。

⑮ 进入净化 DCS 图（七），等待 T3005 温度 TIC3058 达到 110℃。

⑯ 进入净化 DCS 图（六），将 T3007 的入口流量控制器 FIC3018 的 OP 值调节为 50，并投自动（如果 T3005 仍旧积液过快，可再次调节 FIC3018 的 OP 值，维持系统稳定）。

5. 投用喷淋甲醇

投用喷淋甲醇可与导气中的灌液同时进行，以节约时间。

① 进入净化 DCS 图（一），将 TIC3073 的 OP 值设定为 50。

② 进入净化 DCS 图（六），将 FIC3011 的 OP 值设为 15，增加流量。

③ 进入净化 DCS 图（一），将 FIC3009 的 OP 值设定为 50，投自动。

④ 进入净化 DCS 图（一），将 FIC3010 的 OP 值设定为 50，投自动。

⑤ 进入净化 DCS 图（一），待 S3006 的液位 LIC3004 达到 50%后，将 LIC3004 投自动，SP 值设为 50。

⑥ 进入净化现场，打开碱加料阀 MV3015，阀门开度设为 20%。

6. 导气

导气过程是打开界区入口阀，将变换气引进甲醇洗单元的操作。而去合成的净化气界区阀仍然保持关闭。

① 进入净化 DCS 图（一），打开 E3019 高压给水阀 FV3008，设开度为 50%。

② 进入净化 DCS 图（一），待 T3002 的液位 LIC3003 在 50%左右后，将 LIC3003 投自动，SP 值为 50。

③ 进入净化 DCS 图（一），将进料阀 FIC3008 投自动。

④ 进入净化 DCS 图（三），调节 PIC3006，将 SP 值设为 1147.7。

⑤ 进入净化 DCS 图（五），将 PIC3010 投自动。

⑥ 进入净化 DCS 图（四），将 PIC3008 投自动。

⑦ 进入净化 DCS 图（一），打开变换气进低温甲醇洗切断阀 XV3001，给低温甲醇洗装置通变换气。

⑧ 进入净化现场，关闭氮气去 T3001 阀 MV3011。

⑨ 进入净化 DCS 图（一），等待 PIC3011 的压力升至 5428kPa，将 PIC3011 投自动。

注：等待升压的过程，需进入净化 DCS 图（五），查看 T3004 的液位 LIC3014；如果 LIC3014≥80%并一直上涨，则进入净化 DCS 图（四），将 LIC3021 投手动，并使 OP 值适当减小，待液位恢复正常后，再投自动。如果升压时净化 DCS 图（一）中 FIC3010、FIC3009 没有流量，则进入净化 DCS 图（六），以 5%增速调大 FIC3011 的 OP 值，OP 值最好不超过 25。

7. 开压缩机并送气

① 进入净化现场，打开压缩机 C3001，并开压缩机出口切断阀 MV3010，开度为 50%。

② 进入净化 DCS 图（一），打开净化气出口切断阀 XV3002。

③ 进入净化现场，打开 MV3002，将开度设为 50%，给合成工段供气。

④ 进入净化 DCS 图（七），逐渐增加 FV3016 开度，直至 50%，将 FIC3016 投自动。

⑤ 进入净化 DCS 图（七），将 TIC3058 投自动。

⑥ 进入净化 DCS 图（六），逐渐增加 FV3011 开度，直至 50%，将 FIC3011 投自动。

注：以尽量小的开度增加，增加开度后注意 T3004 液位（滞后），确保液位稳定在 50%左右，再逐渐增大。

⑦ 进入净化 DCS 图（一），将 TIC3071、TIC3073 投自动。

净化工段的开车基本结束，但是由于该过程达到稳态的时间过长，因此等待达到稳态的过程省略，在等待的过程中需要不断地调节各点的压力。

开车成功后，将安全联锁控制全部打开。

开车稳态标志

PIC3009A/B：207kPa 左右；

PIC3007：103.67kPa 左右；

PIC3011：5428kPa 左右；

TI3022：−54℃左右。

(三) 故障

1. S3006 液位过低

故障现象：水分离器 S3006 的液位过低。

故障处理：检查 S3006 的液位控制设定。

操作步骤：

① 进入净化 DCS 图（一），将 LIC3004 投手动。

② 进入净化 DCS 图（一），将 LIC3004 的 OP 设为 5。

③ 进入净化 DCS 图（一），待 LIC3004 液位升到 50%。

④ 进入净化 DCS 图（一），将 LIC3004 投自动。

⑤ 进入净化 DCS 图（一），将 LIC3004 的 SP 值设为 50。

2. H_2S 浓缩塔 T3003 塔顶的压力升高

故障现象：H_2S 浓缩塔 T3003 塔顶的压力升高。

故障处理：检查 T3003 的泄压阀的压力控制设定。

操作步骤：

① 进入净化 DCS 图（六），将 PIC3007 的控制投手动。

② 进入净化 DCS 图（六），将 PIC3007 的 OP 值设为 80。

③ 进入净化 DCS 图（六），待 PIC 的压力 PV 值降至 103.7kPa。

④ 进入净化 DCS 图（六），将 PIC3007 投自动。

⑤ 进入净化 DCS 图（六），将 PIC3007 的 SP 值设为 103.67。

3. LIC3006 的液位升高

故障现象：LIC3006 的液位升高，无法自动调节。

故障处理：检查液位控制阀。

操作步骤：

① 进入净化 DCS 图（二），将 LIC3006 投手动。

② 进入净化 DCS 图（二），将 LIC3006 的 OP 值设为 80。

③ 进入净化 DCS 图（二），待 LIC3006 的液位降至 50。

④ 进入净化 DCS 图（二），将 LIC3006 投自动。

⑤ 进入净化 DCS 图（二），将 LIC3006 的 SP 值设为 50。

4. 热再生塔 T3004 回流液的温度升高

故障现象：温度 TI3050 不断升高；换热器 E3015 液位降低。

故障处理：调节冷却水进料，使回流液温度下降。

操作步骤：

① 进入净化现场，将 E3011 循环水入口阀 MV3005 开度设为 65%。

② 进入净化 DCS 图（五），等待温度 TI3050 降为 50℃（不要低于 45℃）。

③ 进入净化现场，将 E3011 循环水入口阀 MV3005 开度设为 50%。

④ 进入净化 DCS 图（五），观察 TI3050 温度是否维持在 45.46℃左右。

5. T3003 塔釜的液位上升

故障现象：T3003 塔釜的液位上升。

故障处理：检查液位控制阀。

操作步骤：

① 进入净化现场，将 LIC3013 投手动。

② 进入净化现场，将 LIC3013 的 OP 值设为 80。

③ 进入净化现场，待液位降至 50%。

④ 进入净化现场，将 LIC3013 投自动。

⑤ 进入净化现场，将 LIC3013 的 SP 值设为 50。

6. 气提氮气故障

故障现象：氮气气提塔的氮气进料量减小。

故障处理：调节氮气的进料阀，使进料增加。

操作步骤：

① 进入净化 DCS 图（四），将 FIC3020 投手动，设 OP 值为 50。

② 进入净化 DCS 图（四），调节 FV3020 的开度使 FIC3020 的流量维持在 2342kg/h 左右。

③ 进入净化 DCS 图（四），将 FIC3020 投自动，设 SP 值为 2342。

④ 进入净化 DCS 图（四），观察 FIC3020 的流量是否稳定在 2342kg/h 左右。

7. 水分离器的液位过低

故障现象：水分离器 S3006 的液位过低。

故障处理：调节 S3006 的排液阀 LV3004，使液位回升。

操作步骤：

① 进入净化 DCS 图（一），将 S3006 液位控制器 LIC3004 投手动，设 OP 值为 5。

② 进入净化 DCS 图（一），等待 LIC3004 的液位升至 50%（不要超过 60%）。

③ 进入净化 DCS 图（一），设 S3006 液位控制器 LIC3004 的 OP 值设为 50。

④ 进入净化 DCS 图（一），将 LIC3004 投自动，设 SP 值为 50。

⑤ 进入净化 DCS 图（一），观察 S3006 液位 LI3004 是否稳定在 50%左右。

第四节　煤制甲醇合成工段仿真实训

一、合成工艺介绍

1. 工作原理

本工艺模拟甲醇合成工段，原料气通过加压后送入反应器 R4001 反应合成甲醇。

主反应：　$CO+2H_2 \longrightarrow CH_3OH+Q$

副反应：　$CO+2H_2 \longrightarrow CH_3OH+H_2O+Q$

$2CO+4H_2 \longrightarrow CH_3OCH_3+H_2O$

$2CO+4H_2 \longrightarrow C_2H_5OH+H_2O$

$CO+3H_2 \longrightarrow CH_4+H_2O$

$nCO+2nH_2 \longrightarrow (CH_2)_n+nH_2O$

2. 工艺流程

来自净化工段的新鲜净化气经过压缩机 C4002 压缩至 8.7MPa、161℃，与从水洗塔 T4001 塔顶经循环压缩机 C4001 循环回来的气体混合，进入内部换热器 E4001 预热到 8.4MPa、210℃后，进入合成反应器 R4001；在反应器中，H_2、CO、CO_2 反应转化成 CH_3OH。合成反应器出口反应气体的温度约为 240℃，出塔气在内部换热器 E4001 中被原料气冷却到 127℃左右，冷凝少部分的甲醇，再进入循环水冷却换热器 E4002 被进一步冷却至 40℃，此时大部分甲醇冷凝下来，在高压分离塔 S4001 中进行气液分离，底部出来的粗甲醇经减压进入粗甲醇储槽 V4001；粗甲醇（约 94t/h）再送入至精馏工段。

从高压分离塔 S4001 出来的气体，进入水洗塔 T4001，回收其中的甲醇，塔顶出来的气体部分（2.5t/h 左右）进入火炬总管，以免原料气中包含的少量的惰性气体，如 N_2、Ar、CH_4 等积累太多；另一部分（207t/h 左右）作为循环气与新鲜气混合进入反应器。水洗塔 T4001 塔底排出的液体进入稀甲醇储罐 V4002，通过稀甲醇泵 P4002 输送至精馏工段。甲醇合成反应是强放热反应，反应热由甲醇合成反应器 R4001 壳侧的饱和水汽移出。甲醇合成反应器壳侧副产 2.4MPa 左右的饱和蒸汽，进入汽包 V4004，再经调节阀调压后，送饱和中压蒸汽管网（2.4MPa），汽包 V4004 和甲醇合成反应器 R4001 为一自然循环式锅炉。汽包 V4004 所用锅炉给水温度 133℃，压力 4.5MPaG，来自变换工段，甲醇合成反应器 R4001 内床层温度通过调节汽包的压力进行控制。合成触媒的升温加热由开工蒸汽喷射器 P4004 加入过热中压蒸汽进行，过热中压蒸汽的压力为 4MPa，温度 300℃。过热中压蒸汽经开工蒸汽喷射器 P4004 喷射进入合成塔，带动炉水循环，使床层温度逐渐上升。煤化工合成工艺流程示意图见图 8-13。

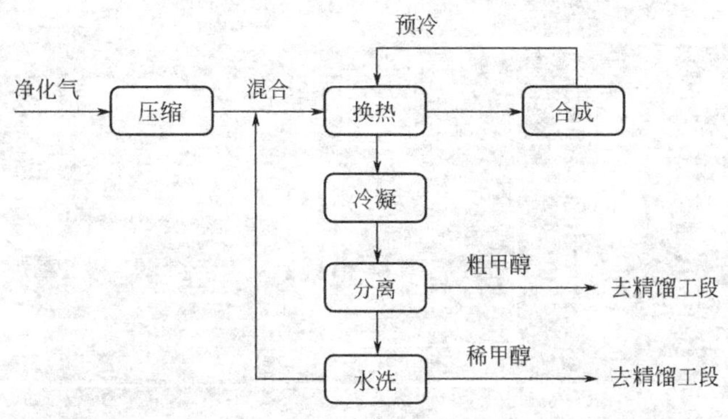

图 8-13　煤化工合成工艺流程示意图

3. 仿真界面

煤化工合成仿真工艺总貌图见图 8-14，DCS 图和现场图见图 8-15 和图 8-16。

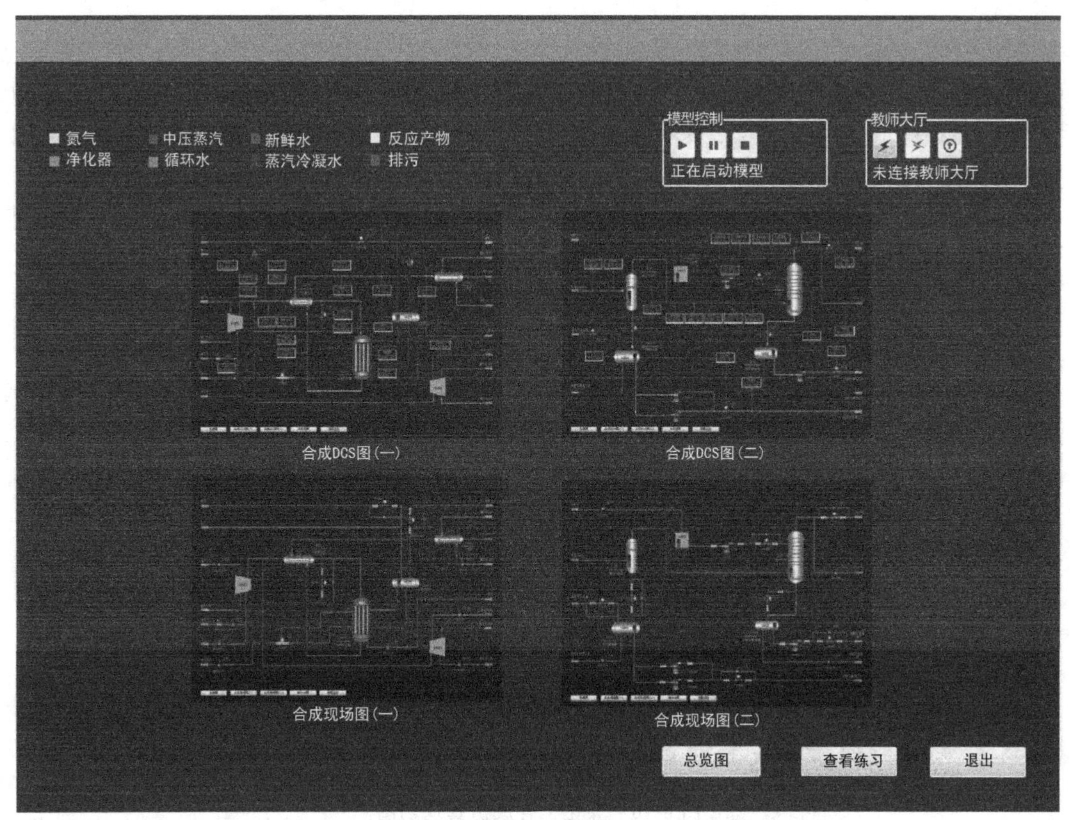

图 8-14　煤化工合成仿真工艺总貌图

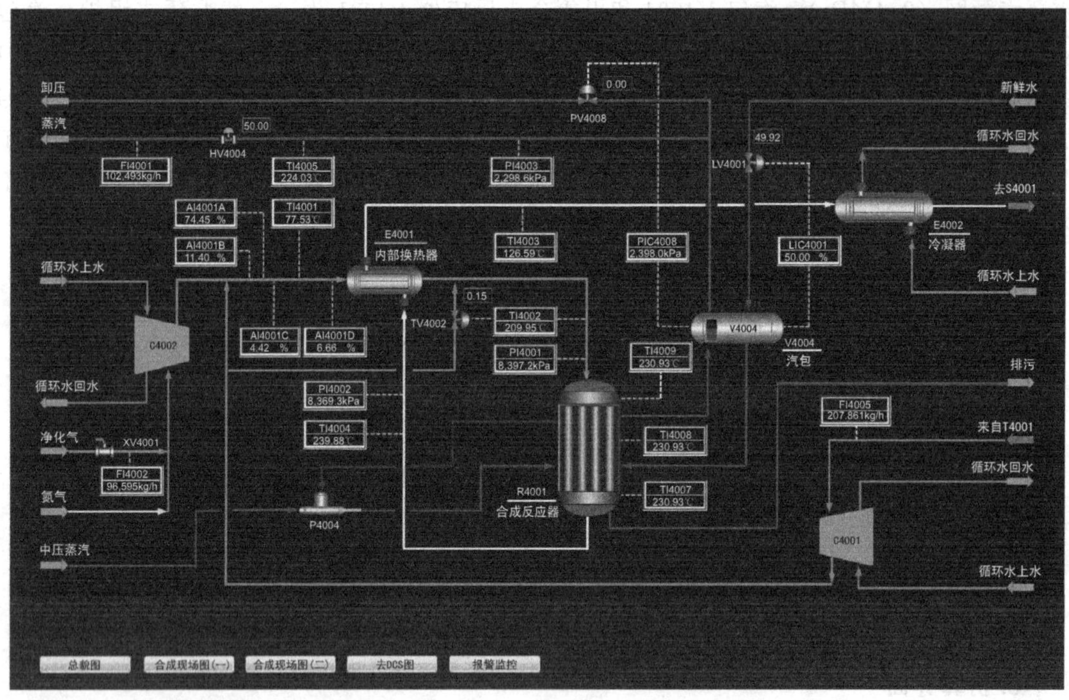

图 8-15 煤化工合成仿真 DCS 图

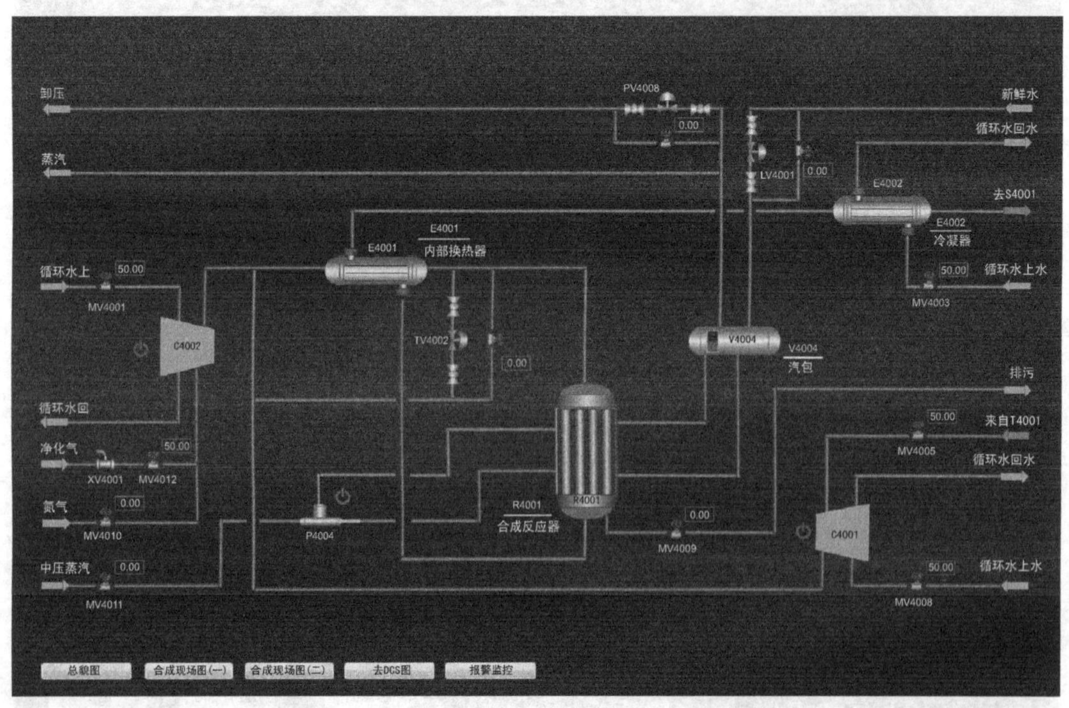

图 8-16 煤化工合成仿真现场图

二、工艺设备及参数

1. 工艺设备说明

C4001：循环压缩机，将 T4001 的塔顶出气打循环。

C4002：压缩机，对新鲜气进行加压。

E4001：内部换热器，预热冷的反应原料，同时对反应产物进行第一阶段的冷却。

E4002：冷却换热器，将反应产物进一步冷却。

R4001：合成反应器。

S4001：高压分离塔，主要将粗甲醇分离出来。

T4001：水洗塔，回收气体中的甲醇。

V4001：粗甲醇储槽。

V4002：稀甲醇储槽。

V4003：软水储槽。

V4004：汽包，与反应器进行换热。

P4001：粗甲醇泵，将粗甲醇送至精馏工段。

P4002：稀甲醇泵，将稀甲醇送至精馏工段。

P4003：醇回收泵，将 V4003 中的软水送至醇回收塔。

阀门一览表见表 8-14。

表 8-14 阀门一览表

名称	描述	名称	描述
MV4002	E4002 冷却水调节阀	LV4004	V4001 液位控制阀
MV4003	V4001 卸液阀	LV4005	V4002 液位控制阀
MV4004	循环气调节阀	LV4006	软水储槽液位控制阀
MV4005	V4002 卸液阀	PV4003	汽包压力控制阀
MV4006	V4003 循环水调节阀	PV4006	V4001 压力控制阀
MV4012	净化气去合成气压缩机的阀门	PV4007	水洗塔塔顶压力控制阀
LV4001	汽包液位控制阀	TV4002	塔前预热器混合气出口温度控制阀
LV4002	高压分离塔液位控制阀	XV4001	净化气进料切断阀
LV4003	水洗塔液位控制阀		

2. 控制器介绍

LIC4001：单回路控制，通过阀门 LV4001 开度调节中压锅炉水进料量，进而对汽包 V4004 的液位进行控制。阀门 FV1001 开度增大，进料量增加；反之，阀门开度减小，进料量减小。

LIC4002：单回路控制，通过阀门 LV4002 开度的调节控制高压分离塔 S4001 的出料流量，进而对 S4001 的液位进行控制。阀门 LV4002 开度增大，S4001 出料量增加；反之，阀门开度减小，出料量减小。

LIC4003：单回路控制，通过阀门 LV4003 开度的调节控制水洗塔 T4001 的出料流量，进而对 T4001 的液位进行控制。阀门 LV4003 开度增大，T4001 的出料量增加；反之，阀门开度减小，出料量减小。

LIC4004：单回路控制，通过阀门 LV4004 开度的调节控制粗甲醇储槽 V4001 的出料流量，进而对 V4001 的液位进行控制。阀门 LV4004 开度增大，V4001 的出料量增加；反之，阀门开度减小，出料量减小。

LIC4005：单回路控制，通过阀门 LV4005 开度的调节控制稀甲醇储槽 V4002 的出料流量，进而对 V4002 的液位进行控制。阀门 LV4005 开度增大，V4002 的出料量增加；反之，阀门开度减小，出料量减小。

LIC4006：单回路控制，通过阀门 LV4006 开度的调节控制软水储槽 V4003 的出料流量，进而对 V4003 的液位进行控制。阀门 LV4006 开度增大，V4003 的出料量增加；反之，阀门开度减小，出料量减小。

PIC4003：单回路控制，通过阀门 PV4003 的开度的调节控制 V4004 的气体出量，进而对 V4004 的压力进行控制。阀门 PV4003 开度增大，V4004 的出气量增加；反之，阀门开度减小，出气量减小。

PIC4006：单回路控制，通过阀门 PV4006 开度的调节控制 V4001 的气体出量，进而对 V4001 的压力进行控制。阀门 PV4006 开度增大，V4001 的出气量增加；反之，阀门开度减小，出气量减小。

PIC4007：单回路控制，通过阀门 PV4007 的开度的调节控制惰性气体的排出量，进而对 T4001 的压力进行控制。阀门 PV4006 开度增大，T4001 的出气量增加；反之，阀门开度减小，出气量减小。

TIC4002：单回路控制，通过阀门 TV4002 的开度调节控制不经过预热器直接进入反应器的物料流量，进而对进料的温度进行控制。

控制器稳态值一览表见表 8-15。

表 8-15 控制器稳态值一览表

控制器	状态	OP	PV	SP
LIC4001	自动	阀 LV4001 开度	V4004 内液位	50
LIC4002	自动	阀 LV4002 开度	S4001 内液位	50
LIC4003	自动	阀 LV4003 开度	T4001 内液位	50
LIC4004	自动	阀 LV4004 开度	V4001 内液位	50
LIC4005	自动	阀 LV4005 开度	V4002 内液位	50
LIC4006	自动	阀 LV4006 开度	V4003 液位	50
PIC4003	自动	阀 PV4003 开度	V4004 压力	2398.67
PIC4006	自动	PIC1001 的 SP 值	V4001 压力	398.67
PIC4007	自动	PIC1001 的 SP 值	T4001 塔顶压力	8198.67
TIC4002	自动	阀 TV4002 开度	反应气进料温度	210

3. 进口物料组分一览表（见表 8-16）

表 8-16 进口物料组分一览表

物流名称	新鲜气		原料气	
组分	摩尔分数/%	质量分数/%	摩尔分数/%	质量分数/%
CH_4	0.14	0.20	4.04	7.78
CO	28.94	74.98	4.93	16.59
CO_2	2.80	11.40	5.01	26.48
H_2	67.82	12.64	76.89	18.60
H_2O	0	0	0.10	0.22
N_2	0.3	0.78	9.00	30.27
C_2H_5OH	0	0	1.44×10^{-6}	7.99×10^{-6}
CH_3OH	0	0	0.014	0.053
总	100	100	100	100

4. 工艺指标一览表（见表 8-17）

表 8-17　工艺指标一览表

名称	描述	稳态值	工程单位
FI4002	副产蒸汽出料	102813	kg/h
FI4003	粗甲醇出料	93981	kg/h
FI4004	惰性排放量	2523	kg/h
TI4002	反应器进口温度	209	℃
TI4004	反应器出料温度	240	℃
PI4001	反应器进料压力	8398.67	kPaG
PI4002	反应器出料压力	8370.67	kPaG
PI4005	水洗塔进口压力	2398.67	kPaG
PI4007	水洗塔出口压力	8348.67	kPaG
PI4008	汽包压力	8348.67	kPaG
AI4001B	混合气中 CO 摩尔含量	11.39	%
AI4001C	混合气中 CO_2 摩尔含量	4.42	%
AI4001D	混合气中 N_2 摩尔含量	6.66	%

三、合成工段操作规程

(一) 稳态停车

先切断新鲜气，使系统中的气体继续进行反应，将 CO、CO_2 基本反应完全；用循环气对反应器进行降温；最后再对整个反应系统进行泄压。

① 稳态停车前，先将安全联锁控制全部关闭。

② 进入合成 DCS 图（一），将 TIC4002 投手动，将 OP 值设为 0。

③ 去合成现场，关闭净化气进气阀 XV4001。

④ 去合成现场，关闭 C4002。

⑤ 进入合成 DCS 图（二），将 V4001 的液位控制器 LIC4004 投手动，将 OP 值设为 0。

⑥ 去合成现场，关闭泵 P4001A。

⑦ 进入合成 DCS 图（二），将 V4002 的液位控制器 LIC4005 投手动，OP 值设为 0。

⑧ 去合成现场，关闭泵 P4002。

⑨ 去合成现场，将 V4002 排放阀 MV4005 打开，开度设为 25%。

⑩ 进入合成 DCS 图（二），将 S4001 的液位控制器 LIC4002 投手动，将 OP 值设为 100。

⑪ 去合成现场，打开 V4001 排放阀 MV4003，开度设为 50%。

⑫ 进入合成 DCS 图（二），待 S4001 的液位 LIC4002 降为 0 后，将 LIC4002 的 OP 值设为 0，关闭阀门 LV4002。

⑬ 进入合成 DCS 图（二），待 V4001 的液位 LIC4004 降为 0 后，去合成现场，关闭 V4001 的排液阀 MV4003。

⑭ 进入合成 DCS 图（二），监视水洗塔 T4001 的出气组成，当 AI4003B（CO）、AI4003C（CO_2）之和不大于 0.5%时，去合成现场，关闭 P4004，并关闭 MV4011。

⑮ 进入合成 DCS 图（一），将 R4001 的入口温度控制器 TIC4002 的 OP 值设为 50，加快反应器 R4001 的冷却速度。

⑯ 去合成现场，关闭 V4003 的进料阀门 MV4006。

注：时刻关注合成反应器 R4001 的出口温度 TI4004 的变化，如果 LIC4003、LIC4005 的液位还未降到 0，但 TI4004 的温度已经降到 120℃以下时，可以将⑳～㉕操作提前，如果 TI4004 的温度降得过低会导致 PIC4003 的压力下降过快，没有足够的压差来排 V4004 中的液体。

⑰ 进入合成 DCS 图（二），将 T4001 的液位控制器 LIC4003 投手动，OP 值设为 100。

⑱ 进入合成 DCS 图（二），待 LIC4003 降为 0 后，关闭 LV4003。

⑲ 进入合成 DCS 图（二），待 LIC4005 液位降为 0 后，去合成现场，关闭 V4002 的排液阀 MV4005。

⑳ 去合成现场，关闭软水进料阀门 MV4006。

㉑ 进入合成 DCS 图（二），将 V4003 的液位控制器 LIC4006 投手动，OP 值设为 100。

㉒ 去合成现场，将 V4002 排液阀 MV4005 开度增大为 100%。

㉓ 进入合成 DCS 图（二），待 V4003 的液位 LIC4006 降为 0 后，关闭阀 LV4006。

㉔ 去合成现场，关闭泵 P4003。

㉕ 进入合成 DCS 图（一），将 TIC4002 开度设定为 50%，待 TI4004 的温度降为 120℃以下时，控制器 LIC4001 投手动，OP 值设为 0。

㉖ 进入合成 DCS 图（一），关闭 R4001 的入口温度控制阀 TV4002。

㉗ 进入合成 DCS 图（一），将 PIC4003 改手动，并将 OP 值设为 0，同时打开阀 SV4001，开度为 50%；当 PIC4003 的压力降为 0 后，关闭阀 SV4001。

㉘ 去合成现场，关闭循环压缩机 C4001。

㉙ 去合成现场，关闭 C4001 的物料入口阀 MV4004。

注：㉙～㉚为粗甲醇储槽 V4001 的卸压，㉛～㉝为水洗塔 T4001 的卸压，两者可同时操作。

㉚ 进入合成 DCS 图（二），将 T4001 的压力控制器 PIC4007 的 OP 值设为 100。

㉛ 进入合成 DCS 图（二），待 T4001 的压力 PIC4007 低于 200kPa 后，将 OP 值设为 0，使泄压阀 PV4007 关闭。

㉜ 进入合成 DCS 图（二），将 V4001 的压力控制器 PIC4006 投手动，将 OP 值设为 100。

㉝ 进入合成 DCS 图（二），待 V4001 的压力 PIC4006 低于 360kPa 后，将 OP 值设为 0。

㉞ 去合成现场，关闭 E2002 的循环水上水入口阀 MV4002。

至此，稳态停车完成。

(二) 冷态开车

开车顺序为：先用氮气对系统充压，维持循环气流量（循环气的另一个作用是带走反应热）；开喷射泵，对反应器进行预热，使反应器的温度达到 230℃左右，开始通原料气，汽包给中压水，对反应器进行移热。

① 进入合成 DCS 图（一），将 LIC4001 打成手动，OP 值设为 50。

② 进入合成 DCS 图（一），当汽包 V4004 液位 LIC4001 达到 50%，将 LIC4001 打成自动，SP 值设置为 50。

③ 去合成现场，打开 E4002 的循环水上水入口阀门 MV4002，开度设定为 50%。

④ 去合成现场，打开 V4003 的新鲜水入口阀 MV4006，开度设定为 50%。

注：步骤④～⑥为 V4003 的蓄液及排放，等待其蓄液的过程中可以进行步骤⑦～⑲。

⑤ 进入合成 DCS 图（二），当 V4003 的液位显示 LIC4006 到 50%左右后，将其投自动，并将 SP 值设定为 50。

⑥ 去合成现场，开启泵 P4003。

⑦ 进入合成 DCS 图（一），打开 XV4001，引进净化来的合成气。

⑧ 去合成现场，打开压缩机 C4002。

⑨ 进入合成 DCS 图（一），将 PIC4003 打成自动，SP 值设为 2398.67。

⑩ 进入合成 DCS 图（二），将 PIC4007 打成自动，SP 值设为 8198.67。

⑪ 进入合成 DCS 图（二），观察 S4001 的液位，当液位达到 50%时，将 LIC4002 打成自动，SP 值设为 50。

⑫ 进入合成 DCS 图（二），将 PIC4006 打成自动，SP 值设为 398.67。

⑬ 去合成现场，打开压缩机 C4001 的入口阀 MV4004，开度 50%，启动压缩机 C4001，使循环量保持在 180000～2200000kg/h。

⑭ 进入合成 DCS 图（一），将 TIC4002 打成自动，SP 值设为 210。

⑮ 进入合成 DCS 图（二），观察 V4001 的液位，当液位达到 50%时，将 LIC4004 打成自动，SP 值设为 50。

⑯ 去合成现场，启动 P4001A。

⑰ 进入合成 DCS 图（二），观察 T4001 的液位，当液位达到 50%时，将 LIC4003 打成自动，SP 值设为 50。

⑱ 进入合成 DCS 图（二），观察 V4002 的液位，当液位达到 50%时，将 LIC4005 打成自动，SP 值设为 50。

⑲ 开车成功后，将安全联锁全部打开。

开车成功的指标为：

① 汽包压力为 2398.67kPa。

② 反应器进料压力为 8398.67kPa，T4001 的气相出料压力为 8198.67kPa。

③ 反应器的出口温度为 240℃，进料温度为 210℃。

④ 循环气体的量为 207555kg/h 左右，净化气进量为 99160kg/h 左右。

(三) 故障

1. 汽包 V4004 液位过低

故障现象：汽包 V4004 液位很低甚至无液位；合成塔出料温度升高。

故障处理：对汽包补水。

操作步骤：

① 进入合成 DCS 图（一），将 V4004 的液位控制器 LIC4001 投手动，并将其 OP 值设定为 100，对汽包 V4004 进行补水。

② 进入合成 DCS 图（一），将控制器 PIC4003 改手动，并将 OP 值设为 50。

③ 进入合成 DCS 图（一），等待 V4004 的液位 LIC4001 达到 50%，将 LIC4001 的 OP 值设为 50。

④ 进入合成 DCS 图（一），等待 V4004 的压力回到 2398.67kPa 左右，调节 PV4008 的开度，将 OP 值设定为 25.3。

⑤ 进入合成 DCS 图（一），监测 V4004 的液位（LIC4001）5min，微调 LIC4001 的 OP 值，使 V4004 的液位维持在 50%。

⑥ 进入合成 DCS 图（一），监测 V4004 压力（PIC4008）5min，微调 PV4008 的开度，使其维持在 2398.67MPa 左右。

⑦ 进入合成 DCS 图（一），将 PIC4003 投自动。

2. 汽包 V4004 液位过高

故障现象：汽包液位明显过高，有满灌的趋势。

故障处理：对汽包减少灌液。

操作步骤：

① 进入合成 DCS 图（一），将 V4004 的液位控制器 LIC4001 投手动，并将其 OP 值设定为 20，对汽包 V4004 减少进水量。

② 进入合成 DCS 图（一），将控制器 PIC4003 改手动，并将 OP 值设为 50。

③ 进入合成 DCS 图（一），等待 V4004 的液位 LIC4001 降到 50%，将 LIC4001 的 OP 值设为 50。

④ 进入合成 DCS 图（一），等待 V4004 的压力回到 2398.67kPa 左右，调节 PV4008 的开度，将 OP 值设定为 25.3。

⑤ 进入合成 DCS 图（一），监测 V4004 的液位（LIC4001）5min，微调 LIC4001 的 OP 值，使 V4004 的液位维持在 50%。

⑥ 进入合成 DCS 图（一），监测 V4004 压力（PIC4008）5min，微调 PV4008 的开度，使其维持在 2398.67MPa 左右。

⑦ 进入合成 DCS 图（一），监测合成塔触媒层的温度（TI4004）5min，确保其维持在 240℃附近。

⑧ 进入合成 DCS 图（一），将 LIC4001 的 SP 值设定为 50，并投自动。

⑨ 进入合成 DCS 图（一），将 PIC4003 投自动。

3. 冷却换热器 E4002 循环进水中断

故障现象：高压分离塔 S4001 进口温度过高；高压分离塔 S4001 液位降低。

故障处理：启动 E4002 循环进水。

操作步骤：

① 去合成现场，打开循环进水阀 MV4002，开度为 50%。

② 进入合成 DCS 图（二），将 LV4002 开度设为 20%。

③ 进入合成 DCS 图（二），待液位 LIC4002 升至 50%左右，将 LIC4002 投自动。

4. 稀甲醇储槽 V4002 液位过高

故障现象：V4002 液位过高。

故障处理：打通 V4002 排液流程。

操作步骤：

① 去合成现场，启动泵 P4002。

② 进入合成 DCS 图（二），将阀 LV4005 开度设为 80%。

③ 进入合成 DCS 图（二），将 LIC4005 投自动。

5. 合成气指标严重不合格

故障现象：合成气指标严重不合格，系统报警过多。

故障处理：停车处理。

6. 停电

故障现象：泵设备失效。

故障处理：停车处理。

7. 停仪表风

故障现象：风力驱动阀失效。

故障处理：停车处理。

第五节　煤制甲醇精馏工段仿真实训

一、精馏工艺介绍

1. 工作原理

精馏是将由挥发度不同的组分组成的混合液，在精馏塔内通过同时而且多次部分汽化和部分冷凝，使其分离成几乎纯态组分的过程。

在精馏过程中，混合料液由塔的中部某适当位置连续加入，塔顶设有冷凝器，将塔顶蒸汽冷凝为液体，冷凝液的一部分返回塔顶，进行回流，其余作为塔顶产品连续排出，塔底部装有再沸器以加热液体产生蒸汽，蒸汽沿塔上升，与下降的液体在塔板或填料上进行充分的逆流接触并进行热量交换和物质传递，塔底连续排出部分液体作为塔底产品。

在加料位置以上，上升蒸汽中所含的重组分向液相传递，而回流液中的轻组分向汽相传递。如此反复进行，使上升蒸汽中轻组分的浓度逐渐升高。只要有足够的相际接触面和足够的液体回流量，到达塔顶的蒸汽将成为高纯度的轻组分。塔的上半部完成了上升蒸汽的精制，即除去了其中的重组分，因而称为精馏段。

在加料位置以下，下降液体中轻组分向汽相传递，上升蒸汽中的重组分向液相传递。这样只要两相接触面和上升蒸汽量足够，到达塔底的液体中所含的轻组分可降至很低。塔的下半部完成了从下降液体中提取轻组分，即重组分的提浓，因而称为提馏段。

一个完整的精馏塔应包括精馏段和提馏段，在精馏塔内可将一个双组分混合物连续地、高纯度地分离为轻组分和重组分。

精馏操作就是控制塔的物料平衡（$F=D+W$，$FX_F=DX_D+WX_W$）、热量平衡（$Q_入=Q_出+Q_损$）和汽液相平衡（$Y_i=k_iX_i$）。根据进料量，给塔釜一定的热量，建立热量平衡，随之达到一定的溶液平衡，然后用物料平衡作为调节手段，控制热量平衡和汽液平衡的稳定。

在节能型三塔双效精馏中，用中压塔顶出来的甲醇蒸气作为低压塔再沸器的热源，这样既节省了冷凝中压塔顶蒸汽用的循环水，又节省了低压塔再沸器加热用蒸汽。

2. 工艺流程

煤化工精馏工艺流程简图如图 8-17 所示。

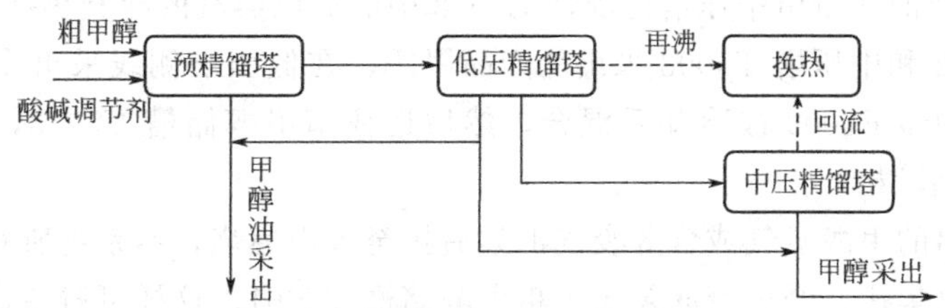

图 8-17　煤化工精馏工艺流程简图

甲醇系统的粗甲醇进入粗甲醇储槽 V5001，用粗甲醇进料泵 P5001 将粗甲醇原料送至精馏界区的预甲醇精馏塔 T5001 的第 5 块塔板。预甲醇精馏塔 T5001 的作用是除去粗甲醇中残余溶解气体以及甲酸甲酯等为代表的轻于甲醇的低沸点物质。塔顶蒸汽先进入预塔塔顶冷凝器 E5003 冷却至 60℃，将塔内上升气中的甲醇大部分冷凝下来，产生的气液混合物在预塔回流槽 V5006 中被分离。气体部分即未冷凝的甲醇蒸气、不凝气及轻组分，进入塔顶不凝气冷凝器 E5004 被冷却至 40℃，其中绝大部分的甲醇冷凝回收，不凝气则通过压力调节阀 MV5001 控制，排至火炬总管焚烧处理或作为燃料使用。

来自预塔回流槽 V5006 的液体的绝大部分经预精馏塔塔底回流泵 P5005 加压后回流至 T5001 的顶部，为防止轻组分在系统中累积，其中一小股液流被采出送至粗甲醇油储槽 V5012。预甲醇精馏塔 T5001 所需的热量由预塔再沸器 E5002 的低压蒸汽来提供，预甲醇精馏塔 T5001 塔底的富甲醇液中主要包含甲醇、水和少量的乙醇以及其他的高级醇，经预塔去低压塔泵 P5006 送往低压甲醇精馏塔 T5002。

在低压甲醇精馏塔，塔顶的甲醇蒸气经低压塔塔顶冷凝器 E5007 冷却至 63℃后进入低压塔回流槽 V5009。顶部的产品原则上是甲醇，然而比甲醇更易挥发的微量的副产物也在塔顶被浓缩，为了控制酮等微量副产物在低压甲醇塔顶部的浓缩累积，将少量回流液再送回到预塔回流槽 V5006。而甲醇产品在比塔顶塔板低几块塔板的地方以液态采出，在此位置挥发物杂质的浓度更低。低压甲醇塔塔底的产品是甲醇和水的混合物，但也含有少量的比甲醇更难挥发的副产重组分，塔底产品用低压塔去中压塔泵 P5008 送往中压甲醇精馏塔 T5003。低压塔 T5002 侧线采出的产品甲醇，经低压塔侧线采出冷却器 E5010 冷却至 40℃以下作为精甲醇产品送至精甲醇储槽 V5013。

中压甲醇精馏塔 T5003 塔顶甲醇蒸气进入冷凝器/再沸器 E5006，作为低压塔 T5002 的热源，甲醇蒸气被冷凝后进入中压塔回流槽 V5010，一部分由中压塔回流泵 P5009 升压后送至中压塔顶部作为回流液，其余部分经中压塔塔顶采出冷却器 E5009 冷却到 40℃以下作为精甲醇产品送至精甲醇储槽 V5013。

比甲醇难挥发和比水易挥发的高级醇在中压塔 T5003 的下部被浓缩，为了避免高级醇在产品甲醇中含量太高，在中压塔下部高级醇浓度最高的第 31、32 层塔板上设侧线采出口采出一部分液体，采出的这些高级醇与从预精馏塔塔顶提取的酮混合在一起后，混合物经杂醇油冷却器 E5011 冷却至 40℃后送往粗甲醇油储槽 V5012。这些甲醇油可以作为燃料使用。原料中的水在塔底被浓缩，作为塔底产品排出。

当中压甲醇精馏塔 T5003 塔底水中甲醇浓度低于 50ppm（质量分数）后被送出界区。

在精馏塔塔顶，低沸点组分聚集，为防止在低压甲醇精馏塔 T5002 塔顶和中压甲醇精馏塔 T5003 塔顶聚积，将低沸点的气体组分排放。

中压塔 T5003 提高压力操作是为了能使塔顶蒸汽的冷凝热被用于低压甲醇塔再沸器，中压塔 T5003 需要的热量由中压塔再沸器 E5008 中的低压蒸汽的冷凝热提供。

低压塔 T5002 和中压塔 T5003 采出的产品甲醇，在低压塔侧线采出冷却器 E5010 和中压塔塔顶采出冷却器 E5009 被冷却后混合，然后送往精甲醇储槽 V5013，后经精甲醇出料泵 P5012 送往成品贮槽。

精馏工段排出的甲醇蒸气或含醇废气汇集后排至火炬燃烧，本系统所有排净液收集于布置在地下的废液收集槽，经由废液泵送至粗甲醇储槽 V5001。这样可避免设备、管道在检修时排出的甲醇对环境造成污染。

3. 仿真界面

精馏仿真工艺总貌图见图 8-18，DCS 图和现场图见图 8-19 和图 8-20。

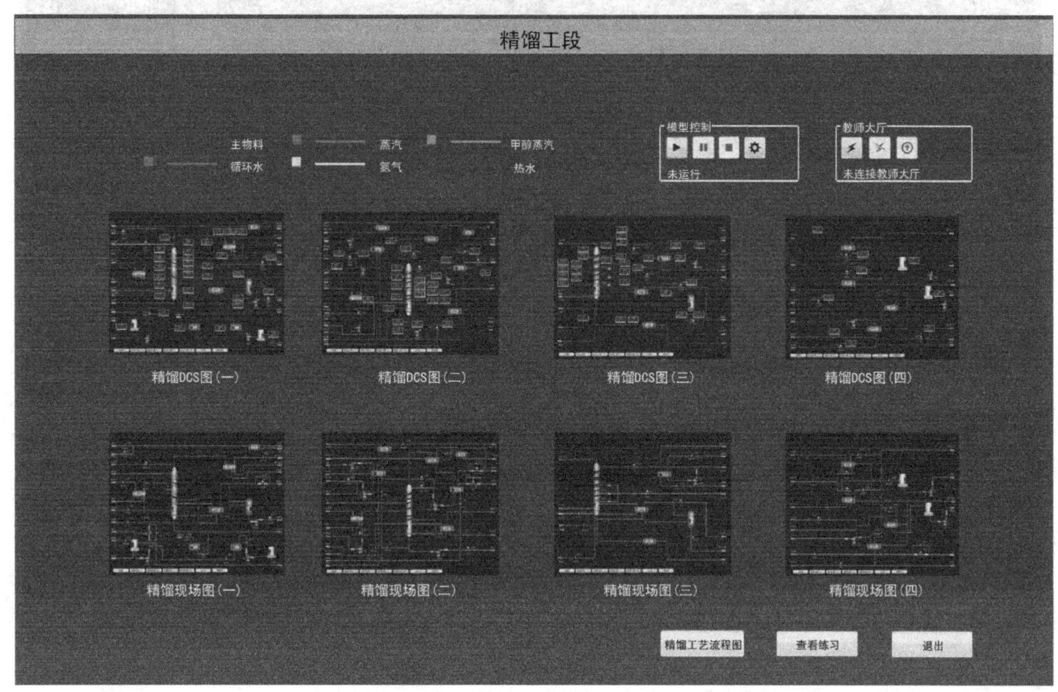

图 8-18　精馏仿真工艺总貌图

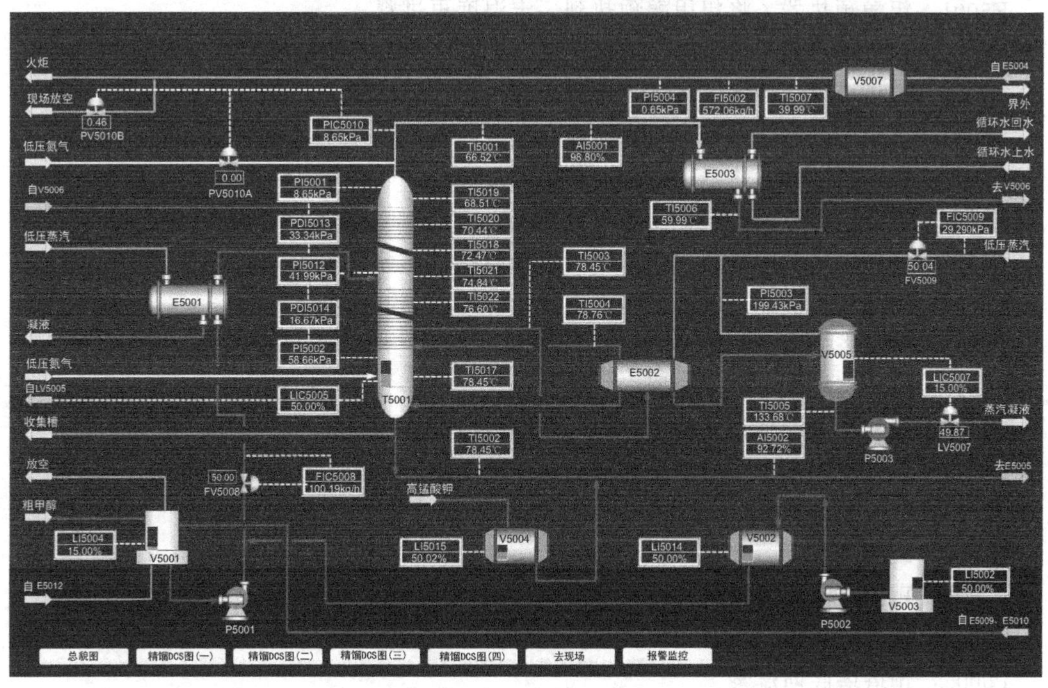

图 8-19　精馏仿真工艺 DCS 图

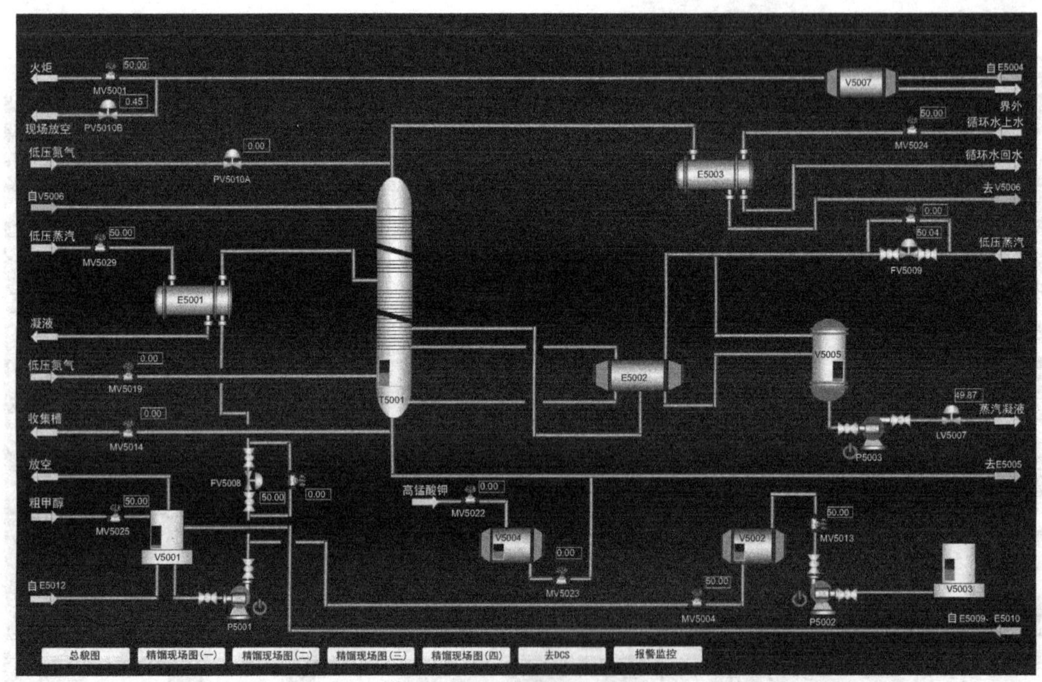

图 8-20　精馏仿真工艺现场图

二、工艺设备及参数

1. 工艺设备说明

E5001：粗醇预热器，将粗甲醇预热到一定温度再进料。

E5002：预塔再沸器，给预精馏塔提供能量，将轻组分提浓。

E5003：预塔塔顶冷凝器，将塔顶出液冷却。

E5004：塔顶不凝气冷凝器，对去火炬和放空的气体进行冷却。

E5005：预后粗甲醇预热器，对预后粗甲醇加热。

E5006：低压塔再沸器，给低压塔提供能量。

E5007：低压塔塔顶冷凝器，给塔顶出料降温。

E5008：中压塔再沸器，给中压塔提供能量。

E5009：中压塔塔顶采出冷却器。

E5010：低压塔侧线采出冷却器。

E5011：杂醇油冷却器，将侧线采出的高级醇混合液冷却。

E5012：精馏水冷却器，对中压塔塔底馏出液冷却。

P5001：粗甲醇进料泵。

P5002：碱液进料泵。

P5003：再沸蒸汽凝液出料泵。

P5004：烯醇进料泵。

P5005：预塔塔底回流泵。

P5006：预塔去低压塔泵。

P5007：低压塔回流泵。

P5008：低压塔去中压塔泵。

P5009：中压塔回流泵。

P5010：中压塔塔底出水泵。

P5011：甲醇油出料泵。

P5012：精甲醇出料泵。

T5001：预甲醇精馏塔，对粗甲醇进行预精馏。

T5002：低压甲醇精馏塔，对预后甲醇进行精馏。

T5003：中压甲醇精馏塔，对粗甲醇再次提浓。

V5001：需要进行精馏提纯的粗甲醇储槽。

V5002：碱液高位槽。

V5003：与粗甲醇混合进料的碱液储槽。

V5004：高锰酸钾储槽。

V5005：预塔再沸器蒸汽冷凝罐，加热蒸汽冷凝液储罐。

V5006：预塔回流槽，预塔回流液的储罐。

V5007：预塔液封槽，对去火炬和放空的气体液封处理。

V5008：低压塔液封槽，对去火炬的气体进行液封处理。

V5009：低压塔回流槽，低压塔回流液储槽。

V5010：中压塔回流槽，中压塔塔顶回流液储槽。

V5011：残液槽，中压塔塔底馏出液储槽。

V5012：粗甲醇油储槽。

V5013：精甲醇储槽。

V5014：中压塔再沸蒸汽冷凝罐。

阀门一览表见表 8-18。

表 8-18　阀门一览表

名称	描述	名称	描述
FV5008	粗甲醇进料阀	PV5011B	低压塔塔顶压力调节阀
FV5009	预塔蒸汽调节阀	XV5001	中压塔中段采出阀
FV5011	去预塔回流槽流量调节	XV5002	中压塔中段采出阀
FV5012	预塔回流调节阀	XV5003	中压塔中段采出阀
FV5013	低压塔回流调节阀	MV5001	碱液调节阀
FV5014	甲醇采出调节阀	MV5002	碱液高位槽出口
FV5015	中压塔采出调节阀	MV5003	高锰酸钾高位槽进口调节阀
FV5016	甲醇采出调节阀	MV5004	高锰酸钾高位槽出口调节阀
FV5017	去气化废水调节阀	MV5005	预塔排尽调节阀
FV5018	去气化废水调节阀	MV5006	预塔充压调节阀
LV5005	预塔塔釜调节阀	MV5007	冷却水调节阀
LV5007	预塔蒸汽凝液液位调节阀	MV5008	预塔回流槽调节阀
LV5008	预塔回流槽液位调节阀	MV5009	低压塔充压调节阀
LV5009	低压塔液位调节阀	MV5010	低压塔排尽调节阀
LV5010	低压塔回流槽液位调节阀	MV5011	E5009、E5010 混合去 V5001 调节阀
LV5012	中压塔蒸汽凝液罐液位调节阀	MV5013	中压塔充压调节阀
LV5013	中压塔回流槽液位调节阀	MV5014	冷却水调节阀
PV5010A	去甲醇槽废水调节阀	MV5015	低压塔回流槽调节阀
PV5010B	预塔塔顶压力调节阀	MV5016	V5010 火炬管道出口调节阀
PV5011A	预塔塔顶压力调节阀	MV5017	中压塔回流槽调节阀

续表

名称	描述	名称	描述
MV5018	冷却水调节阀	MV5023	去 V5001 流量调节阀
MV5019	冷却水调节阀	MV5024	E5001 低压蒸汽进口调节阀
MV5020	冷却水调节阀	MV5025	粗醇计量槽上部甲醇进口调节阀
MV5021	冷却水调节阀	MV5026	预塔冷凝器循环水上水进口调节阀
MV5022	甲醇调节阀	MV5028	冷却水调节阀

2. 控制器介绍

PIC5010：分程控制，通过阀门 PV5010A/B 开度的调节控制 T5001 塔顶压力。阀门 PV5010B 开度增大，压力减小；反之，阀门开度减小，压力增大。

PIC5011：分程控制，通过阀门 PV5011A/B 开度的调节控制 T5002 塔顶压力。阀门 PV5010A 开度增大，压力减小；反之，阀门开度减小，压力增大。

FIC5008：单回路控制，通过阀门 FV5008 开度的调节控制进料流量。阀门 FV5008 开度增大，流量增加；反之，阀门开度减小，流量减小。

FIC5009：单回路控制，通过阀门 FV5009 开度的调节控制蒸汽流量。阀门 FV5009 开度增大，流量增加；反之，阀门开度减小，流量减小。

FIC5011：单回路控制，通过阀门 FV5011 开度的调节控制粗甲醇回流液流量。阀门 FV5011 开度增大，流量增加；反之，阀门开度减小，流量减小。

FIC5012：单回路控制，通过阀门 FV5012 开度的调节控制甲醇油流量。阀门 FV5012 开度增大，流量增加；反之，阀门开度减小，流量减小。

FIC5013：单回路控制，通过阀门 FV5013 开度的调节控制回流量。阀门 FV5013 开度增大，流量增加；反之，阀门开度减小，流量减小。

FIC5014：单回路控制，通过阀门 FV5014 开度的调节控制蒸汽流量。阀门 FV5014 开度增大，流量增加；反之，阀门开度减小，流量减小。

FIC5015：单回路控制，通过阀门 FV5015 开度的调节控制精甲醇流量。阀门 FV5015 开度增大，流量增加；反之，阀门开度减小，流量减小。

FIC5016：单回路控制，通过阀门 FV5016 开度的调节控制精甲醇流量。阀门 FV5016 开度增大，流量增加；反之，阀门开度减小，流量减小。

FIC5017：单回路控制，通过阀门 FV5017 开度的调节控制气化液流量。阀门 FV5017 开度增大，流量增加；反之，阀门开度减小，流量减小。

FIC5018：单回路控制，通过阀门 FV5018 开度的调节控制甲醇油流量。阀门 FV5018 开度增大，流量增加；反之，阀门开度减小，流量减小。

LIC5005：单回路控制，通过阀门 LV5005 开度的调节控制液位。阀门 LV5005 开度增大，液位降低；反之，阀门开度减小，液位升高。

LIC5007：单回路控制，通过阀门 LV5007 开度的调节控制液位。阀门 LV5007 开度增大，液位降低；反之，阀门开度减小，液位升高。

LIC5008：单回路控制，通过阀门 LV5008 开度的调节控制液位。阀门 LV5008 开度增大，液位降低；反之，阀门开度减小，液位升高。

LIC5009：单回路控制，通过阀门 LV5009 开度的调节控制液位。阀门 LV5009 开度增大，液位降低；反之，阀门开度减小，液位升高。

LIC5010：单回路控制，通过阀门 LV5010 开度的调节控制液位。阀门 LV5010 开度增大，液位降低；反之，阀门开度减小，液位升高。

LIC5011：单回路控制，通过阀门 LV5011 开度的调节控制液位。阀门 LV5011 开度增大，液位降低；反之，阀门开度减小，液位升高。

LIC5012：单回路控制，通过阀门 LV5012 开度的调节控制液位。阀门 LV5012 开度增大，液位降低；反之，阀门开度减小，液位升高。

LIC5013：单回路控制，通过阀门 LV5013 开度的调节控制液位。阀门 LV5013 开度增大，液位降低；反之，阀门开度减小，液位升高。

控制器稳态值一览表见表 8-19。

表 8-19　控制器稳态值一览表

控制器	状态	OP	PV	SP
PIC5010	自动	阀 PV5010A/B 开度	T5001 塔顶压力	8.652
PIC5011	自动	阀 PV5011A/B 开度	T5002 塔顶压力	6.377
FIC5008	自动	阀 FV5008 开度	原料进料流量	100198.423
FIC5009	自动	阀 FV5009 开度	加热蒸汽量	29290.605
FIC5011	自动	阀 FV5011 开度	粗甲醇回流液流量	30.742
FIC5012	自动	阀 FV5012 开度	甲醇油流量	548.559
FIC5013	自动	阀 FV5013 开度	粗甲醇回流量	108.020
FIC5014	自动	阀 FV5014 开度	加热蒸汽流量	88114.824
FIC5015	自动	阀 FV5015 开度	精甲醇流量	40714.597
FIC5016	自动	阀 FV5016 开度	精甲醇流量	50710.026
FIC5017	串级	阀 FV5017 开度	气化液流量	5651.807
FIC5018	自动	阀 FV5018 开度	甲醇油流量	1969.669
LIC5005	自动	阀 LV5005 开度	预精馏塔液位	50
LIC5007	自动	阀 LV5007 开度	加热蒸汽冷凝罐液位	15
LIC5008	自动	阀 LV5008 开度	预塔回流槽液位	20
LIC5009	自动	阀 LV5009 开度	低压塔液位	50
LIC5010	自动	阀 LV5010 开度	低压塔回流槽液位	20
LIC5011	自动	阀 LV5011 开度	中压塔液位	50
LIC5012	自动	阀 LV5012 开度	加热蒸汽冷凝罐液位	15
LIC5013	自动	阀 LV5013 开度	中压塔回流槽液位	20

3. 进口物料一览表（见表 8-20）

表 8-20　进口物料成分一览表

物流名称	成分	H_2	H_2O	CO	N_2	CO_2	Ar	CH_4	CH_4O	C_2H_6O	总
粗甲醇	摩尔分数/%	0.00	11.6	0.00	0.00	0.3	0.00	0.00	87.9	0.2	100
混合液	质量分数/%	0.00	6.80	0.00	0.00	0.4	0.00	0.00	92.4	0.4	100

4. 工艺指标一览表（见表 8-21）

表 8-21　工艺指标一览表

名称	描述	稳态值	工程单位	名称	描述	稳态值	工程单位
AI5001	预塔塔顶成分	98.8	%	AI5006	中压塔侧线采出成分	6.41	%
AI5002	预塔塔底成分	92.71	%	AI5007	中压塔侧线采出成分	0.94	%
AI5003	低压塔去预塔回流成分	99.95	%	AI5008	中压塔塔底成分	0.06	%
AI5004	低压塔底部成分	85.26	%	AI5009	中压塔塔顶成分	99.6	%
AI5005	中压塔侧线采出成分	16.16	%	LI5002	碱液储槽液位	50	%

续表

名称	描述	稳态值	工程单位	名称	描述	稳态值	工程单位
LI5003	甲醇油储槽液位	50	%	TI5005	预塔蒸汽罐凝液温度	133.64	℃
LI5004	粗甲醇储槽液位	50	%	TI5006	空冷器出口温度	59.97	℃
LI5014	碱液高位槽液位	50	%	TI5007	预塔塔顶冷凝液温度	39.81	℃
LI5015	高锰酸钾高位槽液位	50	%	TI5008	低压塔塔底产品温度	80.62	℃
LI5016	粗甲醇中间槽液位	50	%	TI5009	低压塔塔顶产品温度	67.22	℃
PI5001	预塔塔顶压力	8.65	kPa	TI5010	低压塔液相去再沸器温度	80.65	℃
PI5002	预塔塔底压力	58.64	kPa	TI5011	低压塔再沸器液相温度	80.65	℃
PI5003	预塔蒸汽凝液管压力	199.1	kPa	TI5012	空冷器出口温度	62.71	℃
PI5004	预塔塔顶冷凝液压力	0.67	kPa	TI5013	中压塔塔底温度	140.82	℃
PI5005	低压塔塔顶压力	11.19	kPa	TI5014	中压塔塔板温度	97.96	℃
PI5006	低压塔塔底压力	54.49	kPa	TI5015	中压塔塔底产品温度	140.87	℃
PI5007	中压塔塔顶压力	188.91	kPa	TI5016	中压塔蒸汽罐冷凝液温度	159.09	℃
PI5008	中压塔塔底压力	268.81	kPa	TI5017	预塔温度	78.44	℃
PI5009	蒸汽凝液罐压力	511.19	kPa	TI5018	预塔温度	72.47	℃
PI5010	预塔塔顶产品压力	8.65	kPa	TI5019	预塔温度	68.51	℃
PI5011	低压塔回流槽压力	6.37	kPa	TI5020	预塔温度	70.44	℃
PI5012	预塔压力	41.97	kPa	TI5021	预塔温度	74.84	℃
PI5015	低压塔压力	34.5	kPa	TI5022	预塔温度	76.59	℃
PI5017	低压塔压力	61.6	kPa	TI5023	低压塔温度	72.27	℃
PI5018	低压塔压力	41.17	kPa	TI5024	低压塔温度	73.69	℃
PI5021	中压塔压力	204.9	kPa	TI5025	低压塔温度	77.41	℃
PI5022	中压塔压力	223.18	kPa	TI5026	低压塔温度	80.62	℃
PI5023	中压塔压力	241.45	kPa	TI5028	中压塔回流温度	88.18	℃
TI5001	预塔塔顶产品温度	66.52	℃	TI5029	中压塔温度	93.95	℃
TI5002	预塔塔底产品温度	78.44	℃	TI5030	中压塔温度	95.65	℃
TI5003	预塔去再沸器液体温度	78.45	℃	TI5031	中压塔温度	99.07	℃
TI5004	再沸器去预塔气体温度	78.76	℃	TI5032	中压塔温度	101.23	℃

5. 报警一览表（见表 8-22）

表 8-22　报警一览表

位号	描述	单位	HH	H	L	LL
AI5003	低压塔去预塔回流成分	%	100	100	99	98
AI5009	中压塔塔顶成分	%	100	100	99	98
FI5008	预塔进料孔板流量	kg/h	200000	150000	50000	1000
FI5009	蒸汽管线流量	kg/h	50000	40000	20000	10000
FI5014	中压塔再沸器蒸汽进口流量	kg/h	110000	100000	75000	65000
LI5005	预塔液位	%	90	80	10	5
LI5008	预塔回流槽液位	%	90	80	10	5
LI5009	低压塔液位	%	90	80	10	5
LI5010	低压塔回流槽液位	%	90	80	10	5
LI5011	中压塔液位	%	90	80	10	5
LI5013	中压塔回流罐液位	%	90	80	10	5
PI5001	预塔塔顶压力	kPa	30	20	4	0
PI5002	预塔塔底压力	kPa	150	90	30	10
PI5005	低压塔塔顶压力	kPa	30	20	4	0
PI5006	低压塔塔底压力	kPa	150	90	30	10
PI5007	中压塔塔顶压力	kPa	400	300	100	50
PI5008	中压塔塔底压力	kPa	400	300	100	50

续表

位号	描述	单位	HH	H	L	LL
TI5001	预塔塔顶温度	℃	100	80	60	40
TI5002	预塔塔底温度	℃	120	100	60	50
TI5006	空冷器出口温度	℃	70	63	50	20
TI5008	低压塔塔底温度	℃	140	120	60	50
TI5009	低压塔塔顶温度	℃	120	100	50	40
TI5013	中压塔塔底温度	℃	200	180	120	80
TI5029	中压塔温度	℃	150	130	70	50

三、精馏工段操作规程

（一）稳态停车

精馏工段停车包括停止供料，停止供热系统、维稳塔压、降液排液、系统降压。因精馏系统的复杂性，停车应循序进行。

稳态停车前，先将安全联锁控制全部关闭。

1. 停止供料，停止供热系统

① 去精馏现场，关闭 V5002 的碱进料阀 MV5001。

② 去精馏现场，关闭泵 P5002，停止碱液进料。

③ 进入精馏 DCS 图（一），将 FIC5008 打手动，OP 值设为 0。

④ 去精馏现场，关闭粗甲醇进料阀 MV5025。

⑤ 去精馏现场，关闭泵 P5001。

⑥ 去精馏现场，关闭粗醇预热器的低压蒸汽阀 MV5024。

⑦ 进入精馏 DCS 图（二），将控制器 FIC5013 打手动，OP 值设为 0，停止 T5001 回流槽进液。

⑧ 进入精馏 DCS 图（四），将控制器 FIC5011 打手动，OP 值设为 0。

⑨ 进入精馏 DCS 图（四），将控制器 FIC5012 打手动，OP 值设为 0。

⑩ 进入精馏 DCS 图（三），将控制器 FIC5002 打手动，OP 值设为 0。

⑪ 进入精馏 DCS 图（三），关闭侧线采出截断阀 XV5002。

⑫ 进入精馏 DCS 图（四），将控制器 FIC5017 打手动，OP 值设为 0。

⑬ 进入精馏 DCS 图（三），将控制器 LIC5011 打手动。

⑭ 去精馏现场，设置回流回粗甲醇储槽阀 MV5023 的开度为 5%。

⑮ 进入精馏 DCS 图（一），将控制器 FIC5009 打手动，OP 值设为 0，停止预塔再沸。

⑯ 进入精馏 DCS 图（二），将控制器 LIC5008 打手动，OP 值设为 0。

⑰ 进入精馏 DCS 图（二），关闭泵 P5005。

⑱ 进入精馏 DCS 图（一），将 LIC5005 打手动，OP 值设为 80。当液位 LIC5005 降到 20%时，OP 值设为 0。

⑲ 去精馏现场，关闭 T5002 进料泵 P5006。

⑳ 去精馏现场，关闭精甲醇采出阀 MV5022。

㉑ 去精馏现场，打开精甲醇回流阀 MV5011，开度设为 100%。

㉒ 进入精馏 DCS 图（二），将 LIC5010 打手动，OP 值设为 70，待槽内液位 LIC5010 在 10%后，OP 值设为 0。

㉓ 进入精馏 DCS 图（二），将 LIC5009 打手动，OP 值设为 0。

㉔ 去精馏现场，关闭泵 P5007。

㉕ 去精馏现场，关闭泵 P5008。

㉖ 进入精馏 DCS 图（三），将 FIC5014 打手动，OP 值设为 0。

㉗ 进入精馏 DCS 图（三），将 LIC5013 打手动，OP 值设为 70，待槽内液位 LIC5013 在 10%后，OP 值设为 0。

㉘ 进入精馏 DCS 图（四），将 FIC5015 打手动，OP 值设为 0。

㉙ 进入精馏 DCS 图（四），将 FIC5016 打手动，OP 值设为 0。

㉚ 去精馏现场，关闭现场阀 MV5011。

㉛ 去精馏现场，关闭泵 P5009。

㉜ 去精馏现场，开大阀门 MV5023 至 50%，使 T5003 塔釜液位 LIC5011 降至 40%（降液较慢）后，关闭阀门 MV5023。

2. 维稳塔压，顺利排液

① 去精馏现场，关闭泵 P5010。

② 去精馏现场，打开 V5006 去收集槽的阀门 MV5008，开度设为 100%。

③ 去精馏现场，打开 T5001 收集槽阀门 MV5005，开度设为 100%。

④ 进入精馏 DCS 图（二），待液位 LIC5008 为 0 后，关闭阀门 MV5008。

⑤ 进入精馏 DCS 图（一），待液位 LIC5005 为 0 后，关闭阀门 MV5005。

⑥ 去精馏现场，打开 V5009 收集槽阀门 MV5015，开度设为 100%。

⑦ 去精馏现场，打开 T5002 收集槽阀门 MV5010，开度设为 100%。

⑧ 进入精馏 DCS 图（二），待液位 LIC5010 为 0 后，关闭阀门 MV5015。

⑨ 进入精馏 DCS 图（二），待液位 LIC5009 为 0 后，关闭阀门 MV5010。

⑩ 去精馏现场，打开 V5010 收集槽阀门 MV5017，开度设为 100%。

⑪ 去精馏现场，打开 T5003 收集槽阀门 MV5012，开度设为 100%。

⑫ 进入精馏 DCS 图（三），待液位 LIC5013 为 0 后，关闭阀门 MV5017。

⑬ 进入精馏 DCS 图（三），待液位 LIC5011 为 0 后，关闭阀门 MV5012。

⑭ 去精馏现场，关闭 E5003 的进水阀 MV5026。

⑮ 去精馏现场，关闭 E5004 的进水阀 MV5007。

⑯ 去精馏现场，关闭 E5007 的进水阀 MV5028。

⑰ 去精馏现场，关闭 E5010 的进水阀 MV5019。

⑱ 去精馏现场，关闭 E5009 的进水阀 MV5018。

⑲ 去精馏现场，关闭 E5011 的进水阀 MV5020。

⑳ 去精馏现场，关闭 E5012 的进水阀 MV5021。

㉑ 进入精馏 DCS 图（一），将 V5005 液位调节控制器 LIC5007 打手动，OP 值设为 100，待液位 LIC5007 降为 0 后，OP 值为 0。

㉒ 去精馏现场，关闭泵 P5003。

㉓ 进入精馏 DCS 图（三），将 V5014 液位调节阀控制器 LIC5012 打手动，OP 值为 100，待液位 LIC5012 降为 0 后，OP 值为 0。

㉔ 去精馏现场，关闭泵 P5011。

㉕ 去精馏现场，关闭泵 P5012。

3. 系统降压

① 进入精馏 DCS 图（一），将压力控制器 PIC5010 打手动，OP 值设为 100。

② 去精馏现场，打开 T5001 低压氮气阀 MV5006，开度设为 50%。

③ 去精馏现场，待塔顶温度 TI5019 降为 26℃，关闭 MV5006。

④ 进入精馏 DCS 图（一），待塔顶压力 PI5001 降为 0.5kPa 后，将 PIC5010 的 OP 值设为 50。

⑤ 进入精馏 DCS 图（二），将压力控制器 PIC5011 打手动，OP 值设为 100。

⑥ 去精馏现场，打开 T5002 低压氮气阀 MV5009，开度为 50%。

⑦ 进入精馏 DCS 图（二），待塔顶温度 TI5023 降为 26℃，关闭 MV5009。

⑧ 进入精馏 DCS 图（二），待塔顶压力 PI5005 降为 0.5kPa，将 PIC5011 的 OP 值设为 50。

⑨ 去精馏现场，将 PIC5011 的 OP 值设为 50，关闭 PV5011A 及 PV5011B。

⑩ 去精馏现场，打开卸压阀 MV5016，开度设为 20%。

⑪ 去精馏现场，打开 T5003 低压氮气阀 MV5013，开度设为 50%（可适当加大开度，加快降温）。

⑫ 进入精馏 DCS 图（三），待中压塔塔顶温度 TI5029 降为 26℃后，关闭阀 MV5013。

⑬ 进入精馏 DCS 图（三），待塔顶压力 PI5007 降为 0.5kPa 后，关闭阀 MV5016。

(二) 冷态开车

开车前保证三个精馏塔塔顶压力都为正压（$p>0$），通过调节精馏塔氮气阀门和泄压阀来调节精馏塔的压力。开车包括建立三塔液位、建立循环冷凝系统、维稳塔、槽液位及温压指标。在开车过程中，如果 PID 参数不合适，可以调 PID 参数后打自动。

1. 开预精馏塔

① 现场打开粗甲醇进料泵 P5001。

② 现场打开粗甲醇进料阀 MV5025，开度设为 50%。

③ 现场打开碱液进料泵 P5002。

④ 现场打开碱液进料阀 MV5001，开度设为 50%。

⑤ 现场打开碱液高位槽出口阀 MV5002，开度设定为 50%，开始向预精馏塔通碱液。

⑥ 进入精馏 DCS 图（一），把原料流量控制器 FIC5008 的 OP 值设为 50，对 T5001 投料，当流量稳定时将 FIC5008 打自动，设定流量为 100198.42kg/h。

⑦ 现场打开低压蒸汽阀 MV5024，开度设为 50%，给原料加热。

⑧ 等到预甲醇精馏塔 T5001 液位 LIC5005 的 PV 值达到 30%。

⑨ 进入精馏 DCS 图（一），将蒸汽流量控制器 FIC5009 打手动，OP 值设为 50，待流量稳定后，控制器 FIC5009 投自动，设定流量为 29275.64kg/h。

⑩ 现场打开再沸蒸汽凝液出料泵 P5003。

⑪ 进入精馏 DCS 图（一），把预塔蒸汽凝液液位控制器 LIC5007 的 OP 值设为 50，开始排预塔再沸器蒸汽冷凝罐冷凝水，待稳定后将 LIC5007 打自动，设定液位为 15%。

⑫ 现场打开 E5003 循环水进水阀 MV5026，开度设为 50%，投用预塔塔顶冷凝器。

⑬ 现场打开换热器 E5004 循环水进料阀 MV5007，开度设为 50%。

⑭ 进入精馏 DCS 图（一），将预塔塔顶压力控制器 PIC5010 投自动，SP 值设为 8.65kPa。

2. 开低压精馏塔（与预塔并列操作）

① 现场打开 T5002 的进料泵 P5006，对 T5002 进行进料。

② 进入精馏 DCS 图（一），等到预塔液位 LIC5005 达到 50%。

③ 进入精馏 DCS 图（一），打开液位调节阀 LIC5005，OP 值开至 50，稳定后将 LIC5005 打自动，设定液位在 50%。

3. 预塔回流操作

① 进入精馏 DCS 图（二），待预塔回流槽 V5006 的液位升至 15%。

② 现场打开预塔塔底回流泵 P5005。

③ 进入精馏 DCS 图（二），把回流流量控制器 LIC5008 的 OP 值设为 50，将 LIC5008 打自动，设定 LIC5008 液位为 20%，预塔建立回流。

④ 现场打开 E5011 循环水进料阀 MV5020，开度设为 50%。

4. 中压塔塔釜建液位

① 现场打开脱盐水的进口阀 MV5014，开度设为 100%，对 T5003 的塔釜进行灌液。

② 进入精馏 DCS 图（三），观察液位 LIC5011 的变化，等待液位升为 20%。

③ 现场关闭阀门 MV5014，停止对 T5003 的脱盐水注入。

5. 建立循环冷凝系统

① 现场打开 T5003 塔釜出料泵 P5010。

② 现场打开 E5012 的循环水进料阀 MV5021，开度设为 50%，准备对中压塔塔底出口进行冷却。

③ 进入精馏 DCS 图（四），把 FIC5011 的 OP 值设为 50，对 V5006 进行充回流液。待流量稳定后打自动，设定流量为 30.74kg/h。

采出甲醇油（与采出达标甲醇并列操作）

④ 进入精馏 DCS 图（二），等到预塔回流甲醇含量 AI5003>99.5%。

⑤ 进入精馏 DCS 图（四），把流量控制器 FIC5012 的 OP 值设为 50，稳定后，将 FIC5012 投自动，设定 FIC5012 的流量为 548.75kg/h。开始预塔塔顶产品采出。

⑥ 进入精馏 DCS 图（四），待粗甲醇油储槽液位 LI5003 达到 50%左右。

⑦ 现场打开甲醇油出料泵 P5011，开始粗甲醇的采出。

6. 低压塔操作

① 进入精馏 DCS 图（二），观察低压塔 T5002 的液位 LIC5009，待其升至 40%。

② 现场打开低压塔去中压塔泵 P5008。

③ 进入精馏 DCS 图（二），把低压塔液位控制器 LIC5009 的 OP 值设为 50，开始向中压塔进料。待 T5002 塔釜液位 LIC5009 升至 49%后，将 LIC5009 打自动，设定液位为 50%。

④ 现场打开换热器 E5007 的循环水进料阀 MV5028，开度设为 50%。投用低压塔塔顶冷凝器。

⑤ 进入精馏 DCS 图（二），将控制器 PIC5011 打手动，手动调节 OP 值，使其 PV 值降为 9kPa 附近，再将 PIC5011 打自动，控制器的 SP 值设为 6.75kPa。

7. 中压甲醇精馏塔

① 进入精馏 DCS 图（三），观察中压塔 T5003 的液位 LIC5011，待其升至 40%。

② 进入精馏 DCS 图（三），把蒸汽流量控制器 FIC5014 的 OP 值设为 50。

③ 进入精馏 DCS 图（三），待中压塔再沸蒸汽冷凝罐有液位，打开液位调节阀 LV5012，将 LIC5012 打自动，设定液位为 50%。

④ 进入精馏 DCS 图（三），开始投用中压塔再沸器蒸汽。加蒸汽的过程中，要慢慢开大蒸汽流量，避免蒸汽过大使中压塔塔釜液位过低。待中压塔塔顶温度在 140℃左右，中压塔系统稳定后，将 FIC5014 投自动，设定流量为 88114.83kg/h。

⑤ 进入精馏 DCS 图（三），观察 T5003 塔釜液位，当液位 LIC5011 在 49%后，将 FIC5011 投自动，设定为 50%。

⑥ 进入精馏 DCS 图（四），待流量较稳定后，FIC5017 勾串级。

⑦ 进入精馏 DCS 图（三），观察中压塔的塔顶压力 PI5007，通过调节卸压阀 MV5016 开度来控制 PI5007 的压力在 186.67kPa 左右。

中压塔回流（与低压塔回流并列操作）

⑧ 进入精馏 DCS 图（三），待中压塔的回流槽 V5010 液位 LIC5013 升至 19%。

⑨ 进入精馏 DCS 图（三），把液位控制器 LIC5013 的 OP 值设为 50%。将 LIC5013 打自动，并将 SP 值设为 20。

⑩ 现场打开中压塔回流泵 P5009，建立 T5003 回流。

⑪ 现场打开阀门 MV5011，开度设为 50%，打通中压塔回流槽 V5010 的出口回流管线。

⑫ 现场打开 E5009 的循环水进料阀 MV5018，开度设为 50%。

⑬ 进入精馏 DCS 图（四），把 FIC5015 的 OP 值设为 50。

⑭ 进入精馏 DCS 图（四），待流量稳定后，将 FIC5015 打自动，设定流量为 40713.07kg/h。

8. 低压塔回流

① 进入精馏 DCS 图（二），待低压塔回流槽 V5009 的液位 LIC5010 升至 19%。

② 进入精馏 DCS 图（二），把液位控制器 LIC5010 的 OP 值设为 50。

③ 进入精馏 DCS 图（二），待 LIC5010 稳定后打自动，并将 SP 值设为 20。

④ 现场打开低压塔回流泵 P5007，建立 T5002 塔顶回流。

⑤ 进入精馏 DCS 图（二），把流量控制器 FIC5013 的 OP 值设为 50，稳定后，将 FIC5013 打自动，设定流量为 108.00kg/h。开始低压塔塔顶回流到预塔回流罐。

⑥ 现场打开 E5010 的循环水进料阀 MV5019，开度设为 50%。

⑦ 进入精馏 DCS 图（四），把 FIC5016 的 OP 值设为 50，流量稳定后，将控制器 FIC5016 打自动，设定流量为 50714.31kg/h。

9. 采出达标甲醇

① 进入精馏 DCS 图（二），待预塔回流甲醇含量 AI5009>99.5%。

② 进入精馏 DCS 图（三），打开中压塔侧线采料阀 XV5002。

③ 进入精馏 DCS 图（三），将 FIC5002 的 OP 值为 50。

④ 进入精馏 DCS 图（三），待 FIC5002 稳定后投自动，设定值为 1970kg/h。

⑤ 现场打开精甲醇采出阀 MV5022，开度设为 50%。

⑥ 现场关闭去粗甲醇槽阀 MV5011，开始精甲醇去储罐。

⑦ 进入精馏 DCS 图（四），待精甲醇储槽液位 LI5001 达到 50%。

⑧ 现场打开精甲醇出料泵 P5012，开始精甲醇的采出。

10. 开车成功的指标

① AI5003＞99.5％。

② AI5009＞99.5％（以上两个指标最重要）。

③ AI5008＜0.1％。

④ T5001 塔顶压力 p（PI5001）在 9kPa 左右。

⑤ T5002 塔顶压力 p（PI5005）在 15kPa 左右。

⑥ T5003 塔顶压力 p（PI5007）在 200kPa 左右。

⑦ T5001 塔顶温度 T（TI5001）在 66℃左右。

⑧ 塔底温度 T（TI5003）在 80℃左右。

⑨ T5002 塔顶温度 T（TI5009）在 66℃左右。

⑩ 塔底温度 T（TI5010）在 80℃左右。

⑪ T5003 塔顶温度 T（TI5029）在 93℃左右。

⑫ 塔底温度 T（TI5013）在 140℃左右。

（三）故障

1. 预精馏塔塔顶压力过高

故障现象：预精馏塔塔顶压力偏高，进料困难。

故障原因：塔底再沸器蒸汽过多。

故障处理：减少塔底再沸器蒸汽，降低塔顶压力。

操作步骤：

① 进入精馏 DCS 图（一），将 PIC5010 投手动，OP 值设为 80。

② 进入精馏 DCS 图（一），待塔顶压力降为 9kPa 以下。

③ 进入精馏 DCS 图（一），将 PIC5010 的 OP 值设为 50，投自动，设定 SP 值为 8.653。等待警报解除。

2. 低压塔塔顶压力偏高

故障现象：低压塔塔顶压力偏高，回流困难。

故障原因：低压塔塔顶压力控制失效。

故障处理：手动调节低压塔塔顶压力。

操作步骤：

① 进入精馏 DCS 图（二），将 PIC5011 打为手动，调节 OP 值，开大 PV5011A 的开度，开始卸压。

② 进入精馏 DCS 图（二），等待低压塔压力 PIC5011 降到 9kPa 左右。

③ 进入精馏 DCS 图（二），将 PIC5011 投自动，调节好 PID 参数，维持塔顶压力正常。

3. 中压精馏塔塔底部温度低

故障现象：中压塔塔底温度低，塔底轻组分多，回流槽液位下降，中压塔塔顶压力下降。

故障原因：塔底加热量太少。

故障处理：加大中压塔的再沸器蒸汽流量。

操作步骤：

① 进入精馏 DCS 图（三），将 T5003 再沸蒸汽阀 FIC5014 投手动，调大 OP 值。

② 进入精馏 DCS 图（三），待 T5003 塔底温度升高到 140℃左右。

③ 进入精馏 DCS 图（三），调回中压塔蒸汽量，将 FIC5014 的 OP 值调回 50，打自动，控制 FIC5014 流量为 88114.82kg/h，控制塔底温度在 140℃左右。

4. AI5009 精甲醇产品不合格

故障现象：AI5009 浓度显示低。

故障原因：塔顶轻组分出来太多或重组分过高。

故障处理：控好塔釜塔顶温度和压力，加大回流量，减少采出量，替换罐中不合格的产品。

操作步骤：

① 去精馏现场，关闭采出阀 MV5022，打开回流阀 MV5011，开度设为 50%。

② 进入精馏 DCS 图（三），将 FIC5014 打手动，OP 值设为 80。

③ 去精馏现场，通过调节卸压阀 MV5016 来控制中压塔的塔顶压力 PI5007，使其维持在 190kPa 左右。

④ 进入精馏 DCS 图（二），待塔釜液位 LIC5009 降至 50%。

⑤ 进入精馏 DCS 图（三），把 FIC5014 的 OP 值设为 50，投自动。

⑥ 进入精馏 DCS 图（三），观察 AI5009 的浓度变化，直到 AI5009≥99.5%。

⑦去精馏现场，关闭回流阀 MV5011，打开采出阀 MV5022，开度设为 50%。

5. 粗甲醇进料低

故障现象：FIC5008 的流量很低。

故障原因：人为失调失误。

故障处理：手动调节。

操作步骤：

① 进入精馏 DCS 图（一），将 FIC5008 投手动，OP 值设为 50。

② 进入精馏 DCS 图（一），待粗甲醇流量稳定后，将 FIC5008 的 SP 值设为 100198.42 并投自动。

6. 低压塔塔釜液位过高

故障现象：低压塔 T5002 塔釜液位过高。

故障原因：排液流程未通。

故障处理：打通排液流程。

操作步骤：

① 去精馏现场，打开泵 P5008。

② 进入精馏 DCS 图（二），将 LIC5009 的 OP 值设为 50。

③ 进入精馏 DCS 图（二），待液位降至 50%左右，将 LIC5009 投自动。

7. 预精馏塔出换热器 TI5006 温度过高

故障现象：TI5006 温度偏高，塔顶冷凝的液体变少。

故障原因：换热器循环水过少。

故障处理：开大 E5003 的循环水阀门。

操作步骤：

① 去精馏现场，开大 E5003 的循环水进料阀 MV5026，开度设为 50%以上。

② 进入精馏 DCS 图（一），观察 E5003 的出料口温度变化，直到 TI5006 温度降至 60℃左右。

③ 去精馏现场，将 E5003 的循环水进料阀 MV5026 的开度设为 50%。

8. 紧急停车

故障现象：产品不合格，设备参数不合格，漏气等等。

故障原因：设备坏，人为操作不正常。

故障处理：停蒸汽，停进料，停采出。

操作步骤：

① 进入精馏 DCS 图（一），关闭 T5001 的再沸器蒸汽阀门 FV5009。

② 进入精馏 DCS 图（三），关闭 T5003 的再沸器蒸汽阀门 FV5014。

③ 进入精馏 DCS 图（一），关闭预精馏塔进料阀 FV5008。

④ 去精馏现场，关闭阀 MV5022，停止精甲醇产品采出。

⑤ 进入精馏 DCS 图（三），关闭中压塔侧线采出阀 FV5018。

⑥ 进入精馏 DCS 图（四），关闭阀 FV5012，甲醇油产品停止采出。

第九章 实物投料生产操作实训

第一节 概 述

为了满足高校或企业化工类相关专业人员的工程实践和创新能力培养的需要，建设小型中试化工生产实训装置具有重要的现实意义，实物投料装置主要具有以下功能。

① 化工类工程实践创新基地具有实验教学、工程设计、实习训练、技术创新等集成功能，可为高校化工类相关专业的本科生和研究生提供一个教学实习、工程实践和科技创新的平台，以适应复合型、创新型人才培养的需要。

② 增强学员对现代化工企业的连续化、自动化操作的认识和了解。结合国内外化工企业（尤其是大中型化工企业）生产普遍采用连续化、自动化操作的实际，基地建设中的主要反应与分离系统应充分体现现代化工生产的连续化、自动化等操作特点，以满足这方面的学习和工程实践需求。

③ 为高层次科技成果转化和科技合作提供中试平台。

④ 为推动高层次科技成果转化和科技合作，促进科研水平的提升，所建设的工程实践创新基地可作为从实验室研究规模走向实际生产规模的化工中试基地，成为化工类学科建设的支撑平台。

第二节 胶水制备实训

一、实训目的

① 了解聚乙烯醇缩醛反应及其简单工艺过程。

② 认识实训设备结构。

③ 认识实训设备流程及仪表。

④ 掌握实训装置运行操作技能。

二、生产工艺流程

1. 基本原理

一定聚合度及醇解度的聚乙烯醇与甲醛在无机酸的催化作用下进行反应，反应式如下：

$$\sim\sim CH_2-\underset{\displaystyle OH}{\underset{|}{CH}}-CH_2-\underset{\displaystyle OH}{\underset{|}{CH}}\sim\sim + HCHO \xrightarrow{H^+} \sim\sim CH_2-\underset{O}{\underset{|}{CH}}-CH_2-\underset{O}{\underset{|}{CH}}\sim\sim + H_2O \quad (\text{两个 O 之间以 } CH_2 \text{ 相连})$$

2. 胶水制备流程图（见图 9-1）

三、原料

（1）聚乙烯醇

聚乙烯醇由聚醋酸乙烯酯在碱或酸的存在下经皂化制得。为白色至奶油色的粉末。根据皂化程度不同，或可溶于水，或仅能溶胀，耐矿物油、油脂等大多数有机溶剂。主要用于制造聚乙烯醇缩甲醛、维尼龙纤维和耐汽油管道等，也用作临时保护膜、胶黏剂、装订用胶料、上浆剂等。

（2）甲醛水

甲醛水俗称福尔马林，通常是甲醛含量 37%～40%的水溶液，有刺激性气味的无色液体。有强还原作用，其蒸气与空气能形成爆炸性混合物，爆炸极限 7%～73%（体积分数），常用于农药、消毒剂、化工原料等。

（3）盐酸

盐酸又称氢氯酸，氯化氢的水溶液，纯品无色。一般因含杂质而呈黄色。商品浓盐酸含氯化氢 37%～38%，是一种强酸。在芯线脱碳及脱钙钠处理中供前处理用。

（4）氢氧化钠

氢氧化钠又称苛性钠，俗名烧碱、火碱，成溶液状的为液碱，固体碱为无色或白色的透明晶体，有粒、块、片、棒等各种形状，吸湿溶化，极易溶于水，并强烈放热。溶液滑腻呈碱性，溶于乙醇、不溶于丙酮。有强腐蚀性。在铂触媒粉制造中用作碱剂。

（5）尿素

尿素又称碳酰胺（carbamide），白色晶体，是最简单的有机化合物之一。碳酸的二酰胺分子式为 $H_2NCONH_2[CO(NH_2)_2]$。尿素是哺乳动物和某些鱼类体内蛋白质代谢分解的主要含氮终产物，也是目前含氮量最高的氮肥。作为一种中性肥料，尿素适用于各种土壤和植物。它易保存，使用方便，对土壤的破坏作用小，是目前使用量较大的一种化学氮肥。工业上用氨气和二氧化碳在一定条件下合成尿素。

（6）水

水（化学式为 H_2O）是由氢、氧两种元素组成的无机物，一般无毒。在常温常压下为无色无味的透明液体，是人类生命的源泉。水包括天然水（河流、湖泊、大气水、海水、地下水等）和人工制水（通过化学反应使氢氧原子结合得到的水）。水是地球上最常见的物质之一，是包括人类在内所有生命生存的重要资源，也是生物体最重要的组成部分。水在生命演化中起到了重要作用。它是一种狭义不可再生的资源，广义可再生资源。

四、生产配方

聚乙烯醇　30L

甲醛（40%）　20L

盐酸（36%～38%）　6L

去离子水自公用工程
导热油自公用工程
冷却水自公用工程
导热油去公用工程
冷却水去公用工程
水：DN15
导热油：DN15
进料泵入口：DN32
齿轮泵入口：DN25
泵出口：DN25
排污、放空：DN15
V101 原料罐
V102 原料罐
V103 原料罐
V104 高位槽
V105 高位槽
V106 高位槽
P101 进料泵
P102 进料泵
P103 进料泵
VA135
R101 反应釜
R102 反应釜
X101 静态混合器
X102 静态混合器
P104 齿轮泵
P105 齿轮泵
F102 全自动包装机组
北方民族大学化工学院工程训练中心
天津市睿智天成科技发展有限公司
胶水制备中试实训装置流程图
设计
制图
校核
审核
比例
项目名称
项目编号
图号
设计阶段
年 月 日
第 页 共 页

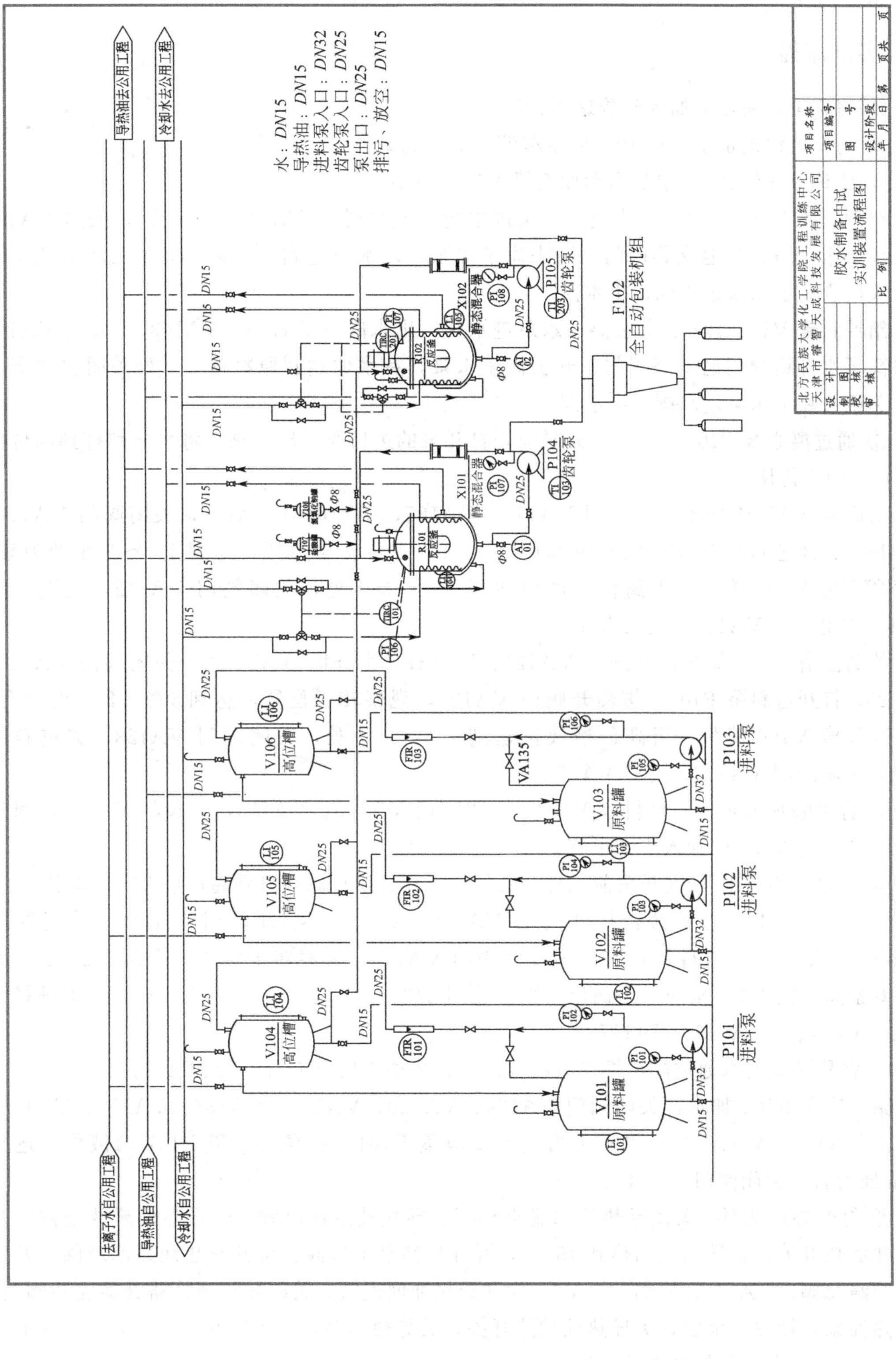

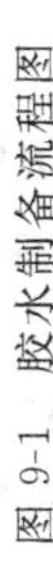

图 9-1 胶水制备流程图

尿素　10L

氢氧化钠（工业级）　2L

水　900L

五、实训流程

① 将称量好的盐酸加入到酸罐 V107。

② 将氢氧化钠加水配成 10%的水溶液，加入到碱罐 V108。

③ 将称量好的 220L 水加入到原料罐 V101、V103。

给原料罐 V101 加水：开去离子水泵进水阀、出水阀（VA104、VA101），关闭 VA107 及去离子水管路的其他支路阀门。开去离子水泵，待水位达到原料罐 2/3 处关闭去离子水泵。关闭去离子水泵进水阀、出水阀。

给原料罐 V103 加水：开去离子水泵进水阀、出水阀（VA106、VA103），关闭 VA109 及去离子水管路的其他支路阀门。开去离子水泵，待水位达到原料罐 2/3 处关闭去离子水泵。关闭去离子水泵进水阀、出水阀。

④ 通过离心泵 P101、P103（开泵前先打开泵的进口阀、出口阀）将水分别打到高位槽 V104、V106 备用。

给高位槽 V104 加水：开阀门 VA110、VA165，半开阀门 VA111，关闭阀门 VA114、VA115，打开进料泵 P101，缓慢开阀门 VA112，观察转子位置，达到 1/2～2/3 处为宜。观察高位槽 V104 液位，当高位槽液位达到 2/3～3/4 处，关闭阀门 VA112，关进料泵 P101，关闭阀门 VA110、阀门 VA111。

给高位槽 V106 加水：开阀门 VA121、VA167，半开阀门 VA122，关闭阀门 VA124、VA125，打开进料泵 P103，缓慢开阀门 VA123，观察转子位置，达到 1/2～2/3 处为宜。观察高位槽 V106 液位，当高位槽液位达到 2/3～3/4 处，关闭阀门 VA123，关进料泵 P103，关闭阀门 VA122、阀门 VA121。

⑤ 将甲醛加入到中间原料罐 V102，关闭阀门 VA108、VA116，开阀门 VA102，通过进料口给原料罐 V102 加入 1/3 甲醛。

⑥ 通过离心泵 P102（开泵前先打开泵的进口阀、出口阀）打到高位槽 V105 备用。

给高位槽 V105 加甲醛：打开阀门 VA116、VA166，半开阀门 VA117，关闭阀门 VA119、VA120，开进料泵 P102，缓慢开阀门 VA118，观察转子位置，达到 1/2～2/3 为宜。观察高位槽 V105 液位，当高位槽液位达到 2/3～3/4 处，关闭阀门 VA118，关进料泵 P102，关闭阀门 VA116、VA117。

⑦ 将称量好的水通过高位槽自流的方式加到多功能反应釜 R101 或 R102。

给反应釜 R101 加水：关闭阀门 VA120、VA130、VA135、VA136、VA137、VA138，开阀门 VA115、VA133，让水靠重力流入反应釜 R101，观察反应釜 R101 的液位，达到 50cm 处为宜。关闭阀门 VA115、VA133。

⑧ 打开导热油泵。关闭导热油储罐出料阀、导热油泵进口阀，开导热油罐放空阀，开导热油加热开关，将导热油加热到 150℃，开导热油泵进口阀、微开导热油罐循环阀、开导热油管路总阀、VA142、VA143、VA145 和导热油回流阀，关闭导热油管路其他支路阀门，开导热油泵，加热结束后，关导热油加热开关，关导热油泵，全关所有阀门。

⑨ 启动导热油夹套加热到 70℃。

⑩ 在搅拌状态下通过加料口加入聚乙烯醇7.2kg，升温至90℃保温至全溶解。

⑪ 降温至80℃，在搅拌状态下以细流方式加入1.44L盐酸。关闭阀门VA115、VA132、VA120、VA137、VA138，打开阀门VA126、VA128、VA131、VA130、VA133，液体靠重力流下，加完后关闭阀门VA126、VA128、VA131、VA130、VA133。

⑫ 调pH值到2，继续搅拌20～30min后加入甲醛4.8L。关闭阀门VA130、VA115、VA137、VA138，打开高位槽出料阀VA120及反应釜R101进料阀VA133，结束后关闭所有阀门。

⑬ 保持75～80℃，反应40～60min。

⑭ 加入配制好的10%的氢氧化钠溶液0.5L，进行中和反应，使pH值在7～8。关闭阀门VA131、VA115、VA120、VA137、VA138，打开阀门VA127、VA129、VA130、VA133，液体靠重力流下，使溶液pH值为7～8，加完关闭阀门VA127、VA129、VA130、VA133。

⑮ 中和后加入尿素2.4kg（总量0.3%～0.5%的尿素）进行氨基化处理，搅拌均匀后降温。开水箱放空阀、自来水阀门，将水箱的水加到2/3～3/4，关闭自来水。关闭循环水其他支路阀门，开循环水泵进口阀、微开水箱循环阀，开循环水泵，开循环水泵出口阀VA139、VA140、VA146，开冷水塔电机开关，给反应釜R101冷却，冷却结束后关循环水泵，关闭所有阀门。

⑯ 出料，经包装机组F102计量包装后即可为办公用胶水成品。

六、设备一览表（见表9-1）

表9-1 胶水中试装置设备一览表

序号	类别	仪器设备名称	主要技术参数	数量
1	静设备	原料槽V101～V103	200L,316L	3
2		高位槽V104～V106	100L,316L	3
3		不锈钢反应釜R101～R102	200L,316L,浆式搅拌、搅拌电机、机械密封,导热油加热,盘管冷却	2
4		剪切分散机X101～X102		2
5	动设备	进料泵P101～P103	WB55/25,0.55kW	3
6		齿轮泵	$L=3m^3/h, H=10m$	2
7		全自动包装机组	500瓶/h,计量包装旋盖四头机	1
8		电子计量称	0～100kg	1
9	仪表	液位	宇电AI-501B(V24/X3/S4)	3
10			宇电AI-501B(V24/S)	2
11			玻璃管液位计0～800mm	2
12			玻璃管液位计0～800mm	2
13		温度	宇电AI-501B(X3/S4)	2
14		压力	宇电AI-501B(V24/S)	2
15			现场压力表0～0.4MPa	2
16	传感器	液位	磁翻板液位计0～800mm	3
17			压力传感器0～10kPa	2
18		温度	Φ3mm×90mm热电偶	2
19		压力	0～200kPa压力传感器	2

第三节　碳酸钙制备实训

一、实训目的

① 了解碳酸钙制备反应及其简单工艺过程。

② 认识实训设备结构。

③ 认识实训设备流程及仪表。

④ 掌握实训装置运行操作技能。

二、生产工艺流程

1. 基本原理

氯化钙与碳酸钠反应，生成碳酸钙沉淀和氯化钠。

$$CaCl_2 + Na_2CO_3 \longrightarrow CaCO_3 \downarrow + 2NaCl$$

2. 碳酸钙制备工艺流程图（见图 9-2）

三、原料

（1）氯化钙

氯化钙，一种由氯元素和钙元素构成的盐，化学式为 $CaCl_2$。它是典型的离子型卤化物，室温下为白色固体。它的常见应用包括制冷设备所用的盐水、道路融冰剂和干燥剂。因为它在空气中易吸收水分发生潮解，所以无水氯化钙必须在容器中密封储藏。氯化钙及其水合物和溶液在食品制造、建筑材料、医学和生物学等多个方面均有重要的应用价值。

（2）碳酸钠

碳酸钠（Na_2CO_3），俗名苏打、石碱、纯碱、洗涤碱，化学式为 Na_2CO_3，为强电解质，具有盐的通性和热稳定性，易溶于水，水溶液呈碱性，在水溶液或熔融状态下能导电，常温下为白色无气味的粉末或颗粒。

（3）氯化铵

氯化铵为无色晶体或白色结晶性粉末；无臭，味咸、凉；有引湿性。本品在水中易溶，在乙醇中微溶。

（4）己二酸

己二酸（adipic acid），又称肥酸，是一种重要的有机二元酸，能够发生成盐反应、酯化反应、酰胺化反应等，并能与二元胺或二元醇缩聚成高分子聚合物等。己二酸是工业上具有重要意义的二元羧酸，在化工生产、有机合成工业、医药、润滑剂制造等方面都有重要作用，产量居所有二元羧酸中的第二位。

（5）季戊四醇

季戊四醇主要用在涂料工业中，可用以制造醇酸树脂涂料，能使涂料膜的硬度、光泽和耐久性得以改善。它也用作色漆、清漆和印刷油墨等所需的松香脂的原料，并可制干性油、阴燃性涂料和航空润滑油等。季戊四醇的脂肪酸酯是高效的润滑剂和聚氯乙烯增塑剂，其环氧衍生物则是生产非离子表面活性剂的原料。季戊四醇易与金属形成络合物，也在洗涤剂配方中作为硬水软化剂使用。此外，还用于医药、农药等生产。

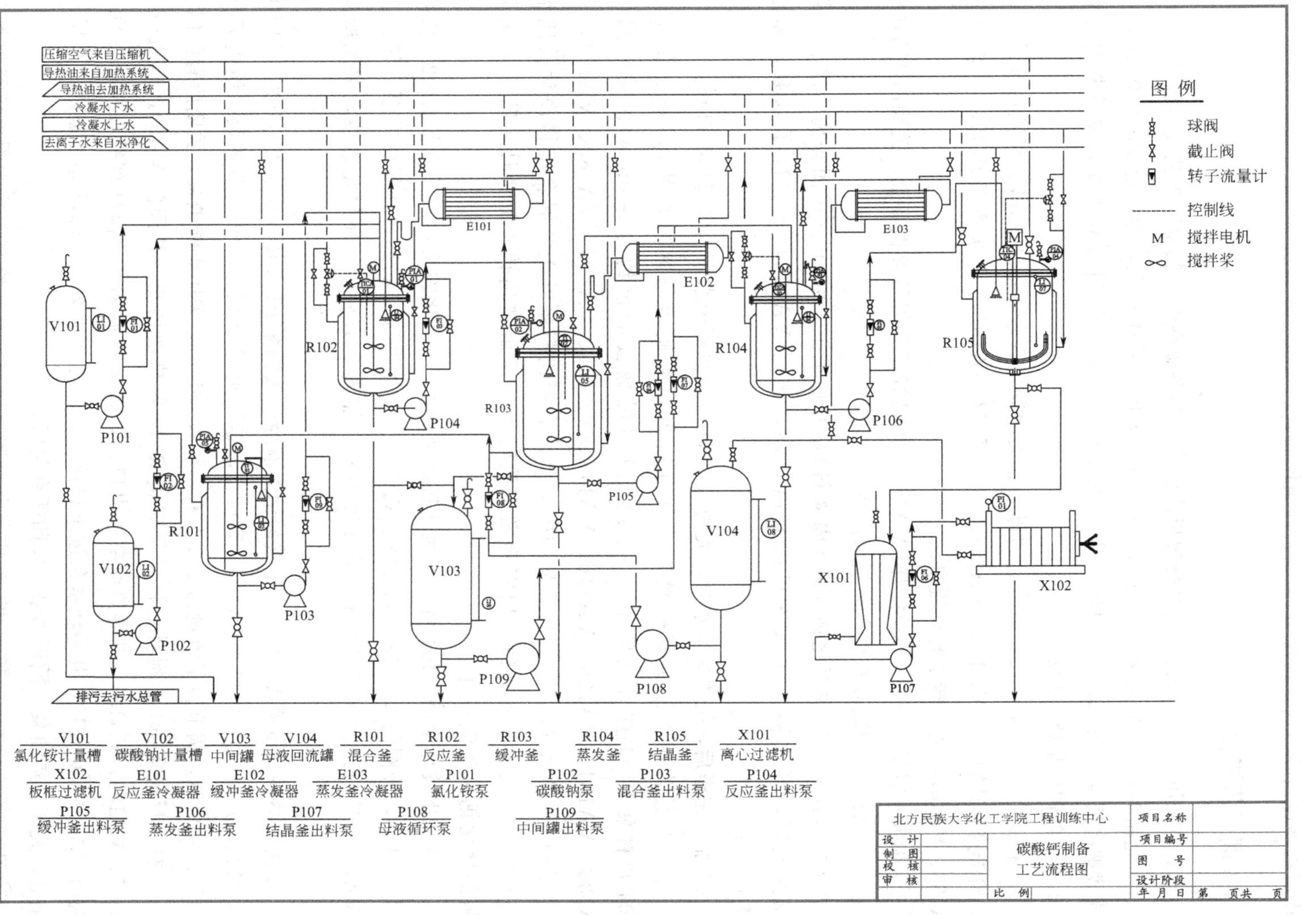

图 9-2 碳酸钙制备流程图

季戊四醇分子中含有四个等同的羟甲基，具有高度的对称性，因此常被用作多官能团化合物的制取原料。由它硝化可以制得季戊四醇四硝酸酯（太安，PETN），是一种烈性炸药；酯化可得季戊四醇三丙烯酸酯（PETA），用作涂料。

四、实训工艺流程

本装置采用氯化钙与碳酸钠复分解反应的方法制备碳酸钙，其生产工艺过程包括。

① 配制 1mol/L 的氯化铵溶液 45L（2.4kg 氯化铵固体粉末，加水至 45L）和 1mol/L 的碳酸钠溶液（4.8kg 碳酸钠固体粉末，加水至 45L），从加料口分别加入氯化铵计量槽 V101 和碳酸钠计量槽 V102。

② 在混合釜 R101 中加入一定量的母液。关闭阀门 VA105、VA107、母液回流罐排污阀，开阀门 VA101、VA164、VA165，半开阀门 VA168，开母液循环泵，缓慢开阀 VA166、VA167，防止转子打坏流量计。

③ 加入一定量母液后，关闭阀门 VA166、VA167，关闭母液循环泵，关阀门 VA164、VA165、VA168。初次开车用去离子水代替。

④ 加入经称量后的氯化钙 5kg（固体料），并加水至 500mm。关闭去离子水管路其他支路阀门，开去离子水泵入口阀和出口阀，阀门 VA102，开去离子水泵，加水至 500mm。

⑤ 加水完毕后，关去离子水泵，关阀门 VA102 及去离子水泵入口阀和出口阀。

⑥ 在搅拌作用下制成氯化钙料浆（可适当升温使溶解速度加快），并由混合釜 R101 出料泵 P103 打入反应釜 R102 约 90L（磁翻板液位约为 300mm）。关闭阀门 VA133、VA131、VA129、VA116、VA117、VA124、VA125、VA183、VA184，开阀门 VA107、VA108、VA110、VA104，开混合釜出料泵开关，混合釜排净后关闭混合釜出料泵，关闭所有阀门。用实物做实验时不建议走玻璃转子流量计，防止未完全溶解的氯化钙堵塞流量计。

⑦ 由氯化铵计量槽 V101 将一半氯化铵溶液经 P101 氯化铵泵加入反应釜 R102。关闭阀门 VA113，开阀门 VA118、VA112、VA114、半开阀门 VA116，开氯化铵泵，缓慢开阀 VA115、VA117，调节转子流量为 1/2 左右。加入 20L 后，关闭氯化铵泵，关闭所有阀门。

⑧ 由碳酸钠计量槽 V102 将一半碳酸钠溶液经碳酸钠泵 P102 加入反应釜 R102。关闭阀门 VA121，开阀门 VA119、VA120、VA122，半开阀门 VA125，开碳酸钠泵，缓慢开阀 VA123、VA124，调节转子流量为 1/2 左右。加入 20L 后，关闭碳酸钠泵，关闭所有阀门。

⑨ 打开反应釜 R102 搅拌，打开反应釜 R102 导热油加热。开阀门 VA301、VA302、VA305、VA183、VA184，开导热油泵进出口阀，开导热油加热，温度维持在 40～80℃，开阀门 VA209、VA210，开循环水泵进出口阀门，开循环水泵，冷却反应釜蒸汽，至反应完全后，关闭导热油泵、循环水泵，关闭所有阀门。

⑩ 在一定的温度下（40～80℃）进行复分解反应并至反应终点，然后用反应釜出料泵 P104 将物料打入缓冲釜 R103 备用。关闭阀门 VA138、VA132、VA162、VA181、VA182，开阀门 VA137、VA129、VA130、VA135，开反应釜出料泵，全打入缓冲罐后关闭反应釜

出料泵，关闭反应釜搅拌，关闭所有阀门。开阀门 VA181、VA182、VA207、VA208，开循环水泵进出口阀门，开循环水泵、开冷水塔风机，将缓冲釜的蒸汽冷却。20min 后关闭循环水泵及冷水塔风机，关闭所有阀门。

⑪ 开缓冲釜搅拌，开启去离子水阀门对反应釜 R102 进行洗涤。打开反应釜 R102 进气管阀门（进气前先打开中间罐 V103 的进口阀），洗涤液进入中间罐 V103。开阀门 VA126、VA104、去离子水泵进出口阀门，开去离子水泵，加到 500mm 后，关闭去离子水泵，关闭所有阀门，开反应釜搅拌，搅拌 10～20min 后，开阀门 VA127、VA133、压缩空气罐出口阀，关闭空气管路其他支路阀门，关闭阀门 VA159、VA160，开阀门 VA161，打开空压机开关。用气压将清洗液打入中间罐，结束后关闭空压机、反应釜搅拌及所有阀门。

⑫ 将缓冲釜 R103 中物料由缓冲釜出料泵 P105 打入蒸发釜 R104。关闭阀门 VA146、VA171、VA179、VA180，打开阀门 VA144、VA162、VA163、VA143，开缓冲釜出料泵，结束后关闭缓冲釜出料泵，关闭所有阀门。

⑬ 开启去离子水阀门对缓冲釜进行洗涤。开阀门 VA137、VA139 及去离子水泵进出口阀门，开去离子水泵，当缓冲釜液位达到 500mm 时关闭去离子水泵及所有阀门。开缓冲釜搅拌，10～20min 后，开阀门 VA132、VA140、空气缓冲罐出口阀，开空压机，用气压将冲洗液打入中间罐，结束后关闭缓冲釜搅拌、空压机及所有阀门。

⑭ 打开中间罐出料泵 P109 将洗涤液全部泵入蒸发釜 R104。开阀门 VA160、VA155，半开阀门 VA158，开中间罐出料泵，缓开阀门 VA156、VA157，使转子流量达到 1/2，冲洗液打完后，关闭中间罐出料泵，关闭相关阀门。

⑮ 开蒸发釜搅拌，打开蒸发釜 R104 的导热油加热。打开阀门 VA307、VA309、VA310、导热油泵进出口阀门，开导热油泵，将蒸发釜加热到 40～80℃，加速蒸发。

⑯ 将物料浓缩至 90L（磁翻板液位约为 300mm），同时打开冷却水阀门，冷凝液通过蒸发釜 R104 的冷凝器 E103（打开冷凝液的进、出口阀）导入母液回流罐 V104。开阀门 VA179、VA205、VA206、VA180、VA170、循环水泵进出口阀门，关阀门 VA178，开循环水泵和冷水塔风机，冷却蒸汽，使冷却液流到母液回流罐。

⑰ 由蒸发釜出料泵 P106 将物料导入结晶釜 R105 中进行冷却结晶。关闭阀门 VA154、结晶釜出料阀，打开阀门 VA151、VA171、VA172、VA150，开蒸发釜出料泵，排料结束后关闭蒸发釜出料泵，关闭所有阀门。

⑱ 开结晶釜搅拌，在结晶时为了控制晶型，可在结晶釜中适当加入少许晶型控制剂（225g 己二酸或 450g 季戊四醇）。

⑲ 在结晶完成后，可由结晶釜将物料通过重力输送至离心过滤机 X101。开结晶釜出料阀，使物料进入离心机，开离心机开关。

⑳ 然后将滤液通过泵 P107 泵入板框过滤机 X102 进一步进行固液分离。开阀门 VA173、VA174、VA177、VA185、VA186、VA178、VA170，开离心液泵。

㉑ 母液返回 V104 储槽备用，从过滤机中取出的固体物料即为碳酸钙湿产品。

㉒ 结束后关闭结晶釜搅拌、离心机、离心液泵，关闭所有阀门。

㉓ 冲洗蒸发釜和结晶釜。

五、设备一览表（见表 9-2）

表 9-2 碳酸钙制备实训装置一览表

序号	类别		设备名称	主要技术参数	数量
1	静设备		混合釜 R101	200L，搪玻璃，桨式搅拌，搅拌电机，机械密封，罐内：0.2MPa，设计温度：－4～200℃，转速：0～140r/min	1
2			反应釜 R102	200L，搪瓷内衬，搅拌电机，桨式搅拌，转速：0～140r/min，机械密封，罐内：－0.08～0.4MPa，夹套：0.6MPa，设计温度：－20～200℃	1
3			缓冲釜 R103	300L，搪瓷内衬，搅拌电机，桨式搅拌，转速：0～140r/min，机械密封，电机（防爆），罐内：－0.08～0.4MPa，夹套：0.6MPa，设计温度：－20～200℃	1
4			蒸发釜 R104	200L，搪玻璃，搅拌电机，机械密封，电机（防爆），罐内：0.2MPa，夹套：0.6MPa，夹层电加热 4×2kW，设计温度：－20～200℃	1
5			结晶釜 R105	200L，搪玻璃、搅拌、机械密封，罐内：0.2MPa，夹套：0.4MPa，设计温度：－20～200℃	1
6			氯化铵计量槽 V101	50L，316L	1
7			碳酸钠计量槽 V102	50L，316L	1
8			中间罐 V103	立式，200L，316L	1
9			母液回流罐 V104	立式，200L，316L	1
10			反应釜冷凝器 E101	列管式，不锈钢，$F=1.5\text{m}^2$，规格尺寸：Φ159	1
11			缓冲釜冷凝器 E102	列管式，不锈钢，$F=1.5\text{m}^2$，规格尺寸：Φ159	1
12			蒸发釜冷凝器 E103	列管式，不锈钢，$F=1.5\text{m}^2$，规格尺寸：Φ159	1
13 14 15	动设备		输送泵 P101～P109	氯化铵泵、碳酸钠泵、混合釜出料泵、反应釜出料泵、缓冲釜出料泵、蒸发釜出料泵、结晶釜出料泵、母液循环泵、中间罐出料泵共 9 台单螺杆泵，不锈钢，轴功率：0.25kW，出口压力：0.3MPa，流量：$1\text{m}^3/\text{h}$	9
16			板框过滤机 X102	过滤面积：4m^2，外框尺寸：500mm×500mm，过滤压力：0.8MPa，FRPP	1
17			离心过滤机 X101	三足式上部卸料，转鼓直径：450mm，转速：2000r/min，304 不锈钢，内衬橡胶	1
18	仪表测控	温度	温度集中控制	反应釜温度控制，蒸发釜温度控制，结晶釜温度集中控制：PT100 热电阻温度计＋高精度智能显示控制仪表	3 套
19			温度集中显示	缓冲釜温度集中显示：PT100 热电阻温度计＋高精度智能显示控制仪表	1 套
20			温度就地显示	混合釜温度就地显示：现场指针温度计	1 套
21		液位	液位集中显示	混合釜、反应釜、缓冲釜、蒸发釜、结晶釜液位集中显示：磁翻板远传液位计＋高精度智能显示控制仪表	5 套
22			液位就地显示	氯化铵计量槽、碳酸钠计量槽、中间罐、母液回流罐液位显示：磁翻板液位计	4 套
23		流量	流量就地显示	氯化铵泵流量、碳酸钠泵流量、混合釜出料泵流量、反应釜出料泵流量、缓冲釜出料泵流量、蒸发釜出料泵流量、结晶釜出料泵流量、母液循环泵流量、中间罐出料泵流量就地显示：玻璃转子流量计	9 套
24		压力	釜压集中显示	反应釜、蒸发釜、结晶釜压力集中显示：压力变送器＋高精度智能显示控制仪表	5 套
25			釜压就地显示	混合釜、缓冲釜压力就地显示：精密指正压力表	2 套
26			泵压就地显示	氯化铵泵、碳酸钠泵、混合釜出料泵、反应釜出料泵、缓冲釜出料泵、蒸发釜出料泵、结晶釜出料泵、母液循环泵、中间罐出料泵共 9 台压力就地显示：指针压力表	9 套

第四节 CO_2 吸收-解吸过程实训

一、实训目的

① 认识吸收-解吸设备结构。

② 认识吸收-解吸装置流程及仪表。

③ 掌握吸收-解吸装置的运行操作技能。

④ 学会常见异常现象的判别及处理方法。

二、生产工艺过程

气体吸收是典型的化工单元操作过程，其原理是根据气体混合物中各组分在选定液体吸收剂中物理溶解度或化学反应活性的不同而实现气体组分分离的传质单元操作。前者称物理吸收，后者称化学吸收。吸收操作所用的液体溶剂称为吸收剂，以 S 表示；混合气体中，能够显著溶解于吸收剂的组分称为吸收物质或溶质，以 A 表示；而几乎不被溶解的组分统称为惰性组分或载体，以 B 表示。吸收操作所得的溶液称为吸收液或溶液，它是溶质 A 在溶剂 S 中的溶液；被吸收后排出的气体称为吸收尾气，其主要成分为惰性气体 B，但仍含有少量未被吸收的溶质 A。吸收操作在石油化工、天然气化工以及环境工程中有极其广泛的应用，按工程目的可归纳为：

① 净化原料气或精制气体产品；

② 分离气体混合物以获得需要的目的组分；

③ 制取气体溶液作为产品或中间产品；

④ 治理有害气体的污染、保护环境。

与吸收相反的过程，即溶质从液相中分离出来而转移到气相的过程（用惰性气体吹扫溶液或将溶液加热或将其送入减压容器中使溶质析出），称为解吸或提馏。吸收与解吸的区别仅仅是过程中物质传递的方向相反，它们所依据的原理相同。

（一）基本原理

1. 物理吸收和化学吸收

气体中各组分因在溶剂中物理溶解度的不同而被分离的吸收操作称为物理吸收，溶质与溶剂的结合力较弱，解吸比较方便。

但是，一般气体在溶剂中的溶解度不高。利用适当的化学反应，可大幅度地提高溶剂对气体的吸收能力。同时，化学反应本身的高度选择性必定赋予吸收操作以高度选择性。此种利用化学反应而实现吸收的操作称为化学吸收。

2. 气体在液体中的溶解度，即气液平衡关系

在一定条件（系统的温度和总压力）下，气液两相长期或充分接触后趋于平衡。此时溶质组分在两相中的浓度分布服从相平衡关系。对气相中的溶质来说，液相中的浓度是它的溶解度；对液相中的溶质来说，气相分压是它的平衡蒸气压。气液平衡是气液两相密切接触后所达到的终极状态。在判断过程进行的方向（吸收还是解吸）、吸收剂用量、解吸吹扫气体用量以及设备的尺寸时，气液平衡数据都是不可缺少的。

吸收用的气液平衡关系可用亨利定律表示：气体在液体中的溶解度与它在气相中的分压

成正比，即

$$p^* = EX$$
$$Y^* = mX$$

式中 p^*——溶质在气相中的平衡分压，kPa；

Y^*——溶质在气相中的摩尔分率；

X——溶质在液相中的摩尔分率。

E 和 m 为以不同单位表示的亨利系数，m 又称为相平衡常数。这些常数的数值越小，表明可溶组分的溶解度越大，或者说溶剂的溶解能力越大。E 与 m 的关系为

$$m = \frac{E}{p}$$

式中 p——总压，kPa。

亨利系数随温度而变，压力不大（约 5MPa 以下）时，随压力而变得很小，可以不计。不同温度下，二氧化碳的亨利系数如表 9-3 所示。

表 9-3 不同温度下 CO_2 溶于水的亨利系数

温度/℃	0	5	10	15	20	25	30	35	40	45	50
E/MPa	73.7	88.7	105	124	144	166	188	212	236	260	287

吸收过程涉及两相间的物质传递，它包括三个步骤：

① 溶质由气相主体传递到两相界面，即气相内的物质传递；

② 溶质在相界面上的溶解，由气相转入液相，即界面上发生的溶解过程；

③ 溶质自界面被传递至液相主体，即液相内的物质传递。

一般来说，第二步即界面上发生的溶解过程很易进行，其阻力极小。因此，通常都认为界面上气、液两相的溶质浓度满足相平衡关系，即认为界面上总保持着两相的平衡。这样，总过程速率将由两个单相即气相与液相内的传质速率所决定。

无论气相或液相，物质传递的机理都包括以下两种：

① 分子扩散 分子扩散类似于传热中热传导，是分子微观运动的宏观统计结果。混合物中存在的温度梯度、压强梯度及浓度梯度都会产生分子扩散。吸收过程中常见的是因浓度差而造成的分子扩散速率。

② 对流传质 在流动的流体中不仅有分子扩散，而且流体的宏观流动也将导致物质的传递，这种现象称为对流传质。对流传质与对流传热相类似，通常是指流体与某一界面（如气液界面）之间的传质。

常见的解吸方法有升温、减压、吹气，其中升温与吹气最为常见。溶剂在吸收与解吸设备之间循环，其间的加热与冷却、泄压与加压消耗较多的能量。如果溶剂的溶解能力差，离开吸收设备的溶剂中溶质浓度较低，则所需的溶剂循环量大，再生时的能量消耗也大。同样，若溶剂的溶解能力对温度变化不敏感，所需解吸温度较高，溶剂再生的能耗也将增大。

3. 流体力学性能

填料塔是一种应用很广泛的气液传质设备，它具有结构简单、压降低、填料易用耐腐蚀材料制造等优点。

在填料塔内液膜所流经的填料表面是许多填料堆积而成的，形状极不规则。这种不规则的填料表面有助于液膜的湍动。特别是当液体自一个填料通过接触点流至下一个填

料时，原来在液膜内层的液体可能处于表面，而原来处于表面的液体可能转入内层，由此产生所谓的表面更新现象。这有力地加快液相内部的物质传递，是填料塔内气液传质中的有利因素。

但是，也应该看到，在乱堆填料层中可能存在某些液流所不及的死角。这些死角虽然是湿润的，但液体基本上处于静止状态，对两相传质贡献不大。

液体在乱堆填料层内流动所经历的路径是随机的。当液体集中在某点进入填料层并沿填料流下，液体将成锥形逐渐散开。这表明乱堆填料具有一定的分散液体的能力。因此，乱堆填料对液体预分布没有苛刻的要求。

另一方面，在填料表面流动的液体部分地汇集成小沟，形成沟流，使部分填料表面未能润湿。

综合上述两方面的因素，液体在流经足够高的一段填料层之后，将形成一个发展了的液体分布，称为填料的特征分布。特征分布是填料的特性，规整填料的特征分布优于散装填料。在同一填料塔中，喷淋液量越大，特征分布越均匀。

在填料塔中流动的液体占有一定的体积，操作时单位填充体积所具有的液体量称为持液量（m^3/m^3）。持液量与填料表面的液膜厚度有关。液体喷淋量大，液膜增厚，持液量也加大。在一般填料塔操作的气速范围内，由于气体上升对液膜流下造成的阻力可以忽略，气体流量对液膜厚度及持液量的影响不大。

在填料层内，由于气体的流动通道较大，因而一般处于湍流状态。气体通过干填料层的压降与流速的关系如图 9-3 所示，其斜率为 1.8～2.0。

当气液两相逆流流动时，液膜占一部分气体流动的空间。在相同的气体流量下，填料空隙间的实际气速有所增加，压降也相应增大。同理，在气体流量相同的情况下，液体流量越大，液膜越厚，压降也越大。

已知在干填料层内，气体流量增大将使压降按 1.8～2.0 次方增长。当填料层内存在两相逆流流动（液体流量不变）时，压强随气体流量增加的趋势要比干填料层大。这是因为气体流量的增大，使液膜增厚，塔内自由界面减少，气体的实际流速更大，从而造成附加的压降增高的缘故。

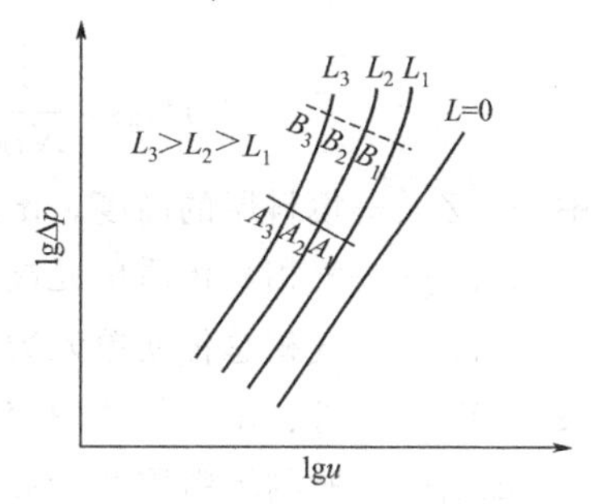

图 9-3　填料塔压降与空塔速度的关系

低气速操作时，膜厚随气速变化不大，液膜增厚所造成的附加压降增高并不明显。如图 9-3 所示，此时压降曲线基本上与干填料层的压降曲线平行。高气速操作时，气速增大引起的液膜增厚对压降有显著影响，此时压降曲线变陡，其斜率可远大于 2。

图 9-3 中 A_1、A_2、A_3 等点表示在不同液体流量下，气液两相流动的交互影响开始变得比较显著。这些点称为载点。不难看出，载点的位置不是十分明确，但它提示人们，自载点开始，气液两相流动的交互影响已不容忽视。

自载点以后，气液两相的交互作用越来越强烈。当气液流量达到某一定值时，两相的交互作用恶性发展。将出现液泛现象，在压降曲线上，出现液泛现象的标志是压降曲线近于垂直。压降曲线明显变为垂直的转折点（如图 9-3 所示的 B_1、B_2、B_3 等）称为泛点。

前已述及，在一定液体流量下，气体流量越大，液膜所受的阻力亦随之增大，液膜平均流速减小而液膜增厚。在泛点之前，平均流速减小可由膜厚增加而抵消，进入和流出填料层的液量可重新达到平衡。因此，在泛点之前，每一个气量对应一个膜厚，此时，液膜可能很厚，但气体仍保持为连续相。

但是，当气速增大至泛点时，出现了恶性的循环。此时，气量稍有增加，液膜将增厚，实际气速将进一步增加；实际气速的增大反过来促使液膜进一步增厚。泛点时，尽管气量维持不变，如此相互作用终不能达到新的平衡，塔内持液量将迅速增加。最后，液相转为连续相，而气相转为分散相，以气泡形式穿过液层。

泛点对应于上述转相点，此时，塔内充满液体，压降剧增，塔内液体返混和气体的液沫夹带现象严重，传质效果极差。

4. 传质性能

吸收系数是决定吸收过程速率高低的重要参数，而实验测定是获取吸收系数的根本途径。对于相同的物系及一定的设备（填料类型与尺寸），吸收系数将随着操作条件及气液接触状况的不同而变化。

虽然本实验所用气体混合物中二氧化碳的组成较高，所得吸收液的浓度却不高。可认为气-液平衡关系服从亨利定律，可用方程式$Y^*=mX$表示。又因是常压操作，相平衡常数m值仅是温度的函数。

(1) N_{OG}、H_{OG}、K_Ya、φ_A可依下列公式进行计算

$$N_{OG}=\frac{Y_1-Y_2}{\Delta Y_m},\quad \Delta Y_m=\frac{\Delta Y_1-\Delta Y_2}{\ln\dfrac{\Delta Y_1}{\Delta Y_2}}$$

$$H_{OG}=\frac{Z}{N_{OG}},\quad K_Ya=\frac{q}{H_{OG}\Omega},\quad \varphi_A=\frac{Y_1-Y_2}{Y_1}$$

式中 Z——填料层的高度，m；

H_{OG}——气相总传质单元高度，m；

N_{OG}——气相总传质单元数，无量纲；

Y_1，Y_2——进、出口气体中溶质组分（A与B）的摩尔比；

ΔY_m——所测填料层两端面上气相推动力的平均值；

ΔY_2，ΔY_1——填料层上、下两端面上气相推动力；

$$\Delta Y_1=Y_1-mX_1,\quad \Delta Y_2=Y_2-mX_2$$

X_2，X_1——进、出口液体中溶质组分（A与S）的摩尔比；

m——相平衡常数，无量纲；

K_Ya——气相总体积吸收系数，kmol/（$m^3\cdot h$）；

q——空气（B）的摩尔流量，kmol/h；

Ω——填料塔截面积，m^2；

φ_A——混合气中二氧化碳被吸收的百分率（吸收率），无量纲。

(2) 操作条件下液体喷淋密度的计算

$$喷淋密度\ U=\frac{流体流量}{塔截面积}$$

最小喷淋密度经验值U_{min}为$0.2m^3/(m^2\cdot h)$。

（二）主要物料的平衡及流向

空气（载体）由空气压缩机提供，二氧化碳（溶质）由钢瓶提供，二者混合后从吸收塔

的底部进入吸收塔，向上流动通过吸收塔，与下降的吸收剂逆流接触吸收，吸收尾气一部分进入二氧化碳气体分析仪，大部分排空；吸收剂（解吸液）存储于解吸液储槽，经解吸液泵输送至吸收塔的顶端，向下流动经过吸收塔，与上升的气体逆流接触吸收其中的溶质（二氧化碳），吸收液从吸收塔底部进入吸收液储槽。

空气（解吸惰性气体）由旋涡气泵机提供，从解吸塔的底部进入解吸塔，向上流动通过解吸塔，与下降的吸收液逆流接触进行解吸，解吸尾气一部分进入二氧化碳气体分析仪，大部分排空；吸收液存储于吸收液储槽，经吸收液泵输送至解吸塔的顶端，向下流动经过解吸塔，与上升的气体逆流接触解吸其中的溶质（二氧化碳），解吸液从解吸塔底部进入解吸液储槽。

（三）气体吸收-解吸净化平台工艺流程图（见图 9-4）

三、生产控制技术

在化工生产中，对各工艺变量有一定的控制要求。有些工艺变量对产品的数量和质量起着决定性的作用。例如，对吸收剂流量的控制可以直接影响到吸收液中二氧化碳的含量；而对吸收剂储槽液位的控制可以保证实训得以顺利进行。

为了实现控制要求，可以有两种方式，一是人工控制，二是自动控制。自动控制是在人工控制的基础上发展起来的，使用了自动化仪表等控制装置来代替人的观察、判断、决策和操作。

先进控制策略在化工生产过程的推广应用，能够有效提高生产过程的平稳性和产品质量的合格率，对于降低生产成本、节能减排降耗、提升企业的经济效益具有重要意义。

1. 各项工艺操作指标

（1）操作压力

二氧化碳钢瓶压力≥0.5MPa；压缩空气压力≤0.3MPa；吸收塔压差 0～1.0kPa；解吸塔压差 0～1.0kPa；加压吸收操作压力≤0.5MPa。

（2）流量控制

解吸液流量：50～60L/h；吸收液流量：40～50L/h；解吸气风机流量：10～30m^3/h；CO_2 气体流量：4.0～10.0L/min；吸收风机流量：10～30m^3/h。

（3）温度控制

吸收塔进、出口温度：室温；解吸塔进、出口温度：室温；各电机温升≤65℃。

（4）吸收液储槽液位（200～300mm）

（5）解吸液储槽液位（1/3～3/4）

2. 主要控制点的控制方法和仪表控制

（1）吸收剂（解吸液）流量控制（见图 9-5）

（2）吸收液储槽液位控制（见图 9-6）

（3）吸收惰性气体流量控制（见图 9-7）

四、物耗能耗指标

本实训装置的物质消耗为：二氧化碳、吸收剂（水）。

本实训装置的能量消耗为：吸收泵、解吸泵和旋涡气泵耗电。

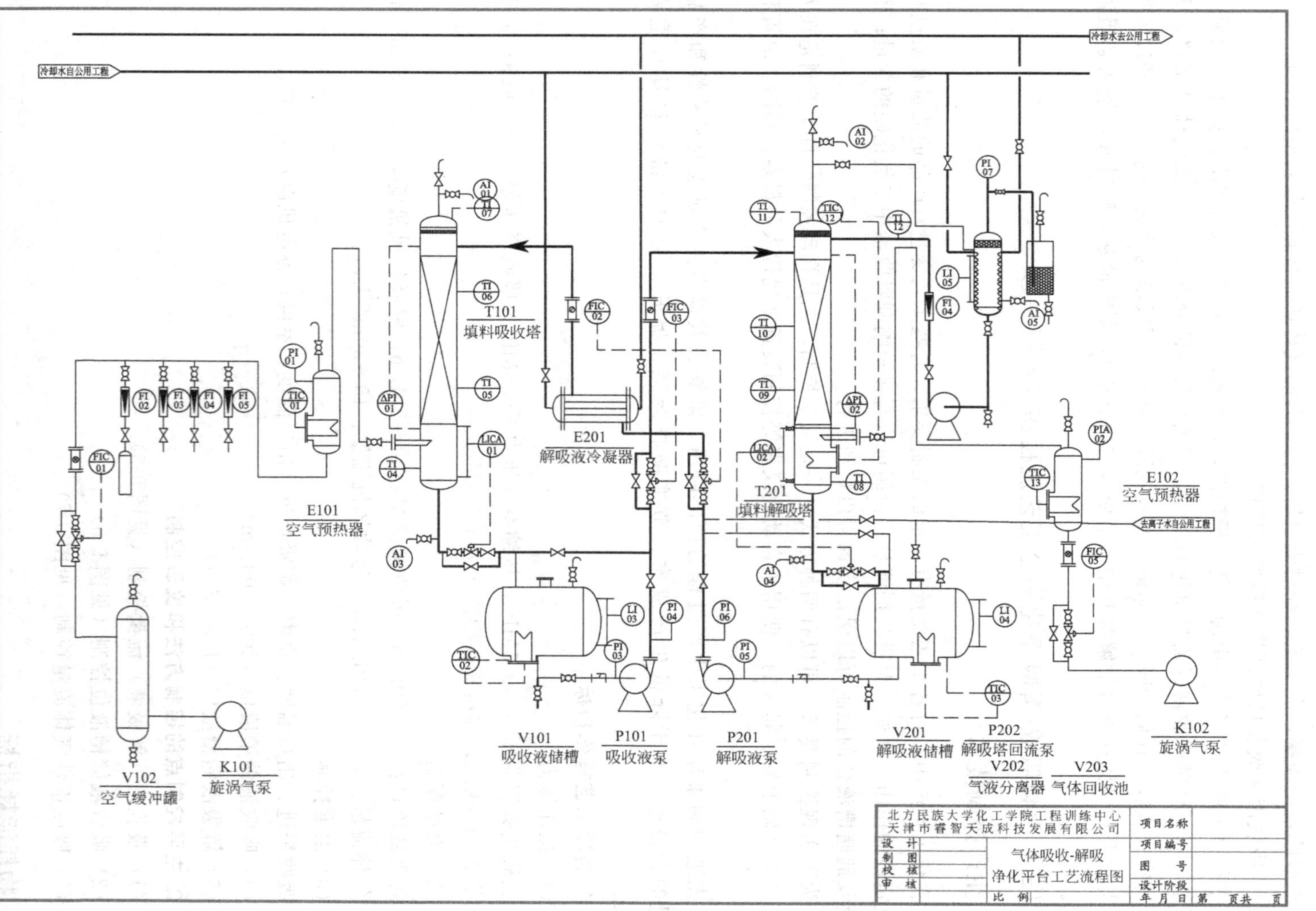

图 9-4 气体吸收-解吸净化平台工艺流程图

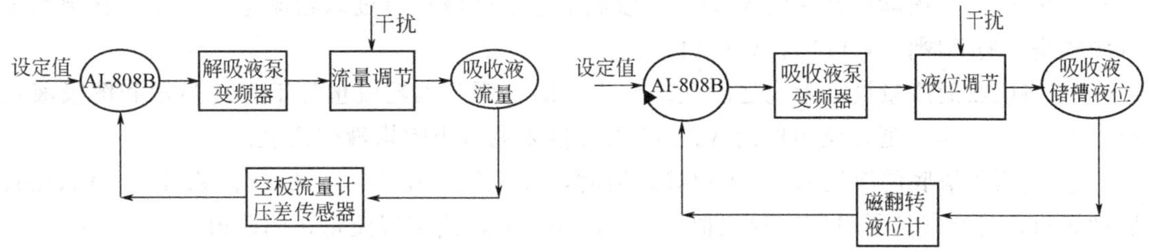

图 9-5　吸收剂流量控制方块图　　　图 9-6　吸收液储槽液位控制方块图

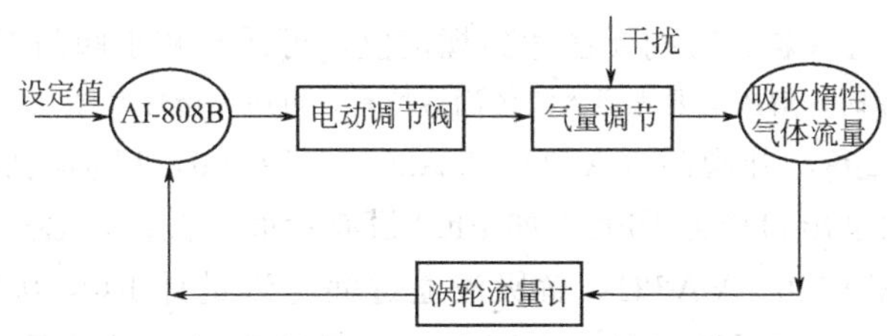

图 9-7　吸收惰性气体流量控制方块图

物耗能耗一览表见表 9-4。

表 9-4　物耗能耗一览表

名称	耗量	名称	额定功率
水	循环使用	吸收液泵	550W
总计	80L	解吸液泵	550W
二氧化碳	可调节	旋涡气泵	370W
总计	600L/min	总计	1.5kW

五、实训操作步骤

(一) 开车前准备

① 了解吸收和解吸传质过程的基本原理。

② 了解填料塔的基本构造，熟悉工艺流程和主要设备。

③ 熟悉各取样点及温度和压力测量与控制点的位置。

④ 熟悉用转子流量计，孔板流量计和涡轮流量计测量流量。

⑤ 检查公用工程（水、电）是否处于正常供应状态。

⑥ 设备上电，检查流程中各设备、仪表是否处于正常开车状态，动设备试车。

⑦ 了解本实训所用物系。

⑧ 检查吸收液储槽，是否有足够空间储存实训过程的吸收液。

⑨ 检查解吸液储槽，是否有足够解吸液供实训使用。

⑩ 检查二氧化碳钢瓶储量，是否有足够二氧化碳供实训使用。

⑪ 检查流程中各阀门是否处于正常开车状态：阀门关闭；阀门全开。

⑫ 按照要求制定操作方案。

发现异常情况，必须及时报告指导教师进行处理。

(二) 手动操作方案

1. 正常开车

① 确认阀门处于关闭状态，开阀门 VA102、VA106、VA107，半开阀门 VA105，启动

解吸液泵 P201，逐渐打开阀门 VA104，吸收剂（解吸液）通过涡轮流量计 FIC02 从顶部进入吸收塔。打开阀门 VA113、VA114。

② 将吸收剂流量设定为规定值（10～30L/h），观测涡轮流量计 FIC03 显示和解吸液入口压力 PI03 显示。通过调节阀门 VA115 的开度来调节吸收塔液位高度。

③ 当吸收塔底的液位 LI01 达到规定值时，开阀门 VA117、VA118、VA119、VA126，启动风机，将空气流量设定为规定值（10～30m^3/h），使空气流量达到此值。

④ 观测吸收液储槽的液位 LIC03，待其大于规定液位高度（200～300mm）后，开阀门 VA224、VA226，启动旋涡气泵 P202，将空气流量设定为规定值（0～10m^3/h），调节空气流量 FIC01 到此规定值（若长时间无法达到规定值，可适当减小阀门 VA223 的开度）。

注：新装置首次开车时，解吸塔要先通入液体润湿填料，再通入惰性气体。

⑤ 半开阀门 VA209，开阀门 VA202、VA205、VA206，启动吸收液泵 P101，逐渐打开阀门 VA204，观测泵出口压力 PI02（如 PI02 没有示值，关泵，必须及时报告指导教师进行处理），打开阀门 VA220、VA221，解吸液通过涡轮流量计 FI04 从顶部进入解吸塔，通过解吸液涡轮流量计调节解吸液流量，直至 LIC03 保持稳定。可以通过调节阀门 VA222 的开度调节解吸塔液位高度。

⑥ 观测空气由底部进入解吸塔和解吸塔内气液接触情况，空气入口温度由 TI03 显示。

2. 正常操作

① 打开二氧化碳钢瓶阀门，调节二氧化碳流量到规定值，打开二氧化碳减压阀保温电源。

② 二氧化碳和空气混合后制成实训用混合气从塔底进入吸收塔。

③ 注意观察二氧化碳流量变化情况，及时调整到规定值。

④ 操作稳定 20min 后，分析吸收塔顶放空气体（AI03）、解吸塔顶放空气体（AI05）。

本实训可以改变下列工艺条件：a. 吸收塔混合气流量和组成；b. 解吸液流量和组成；c. 解吸塔空气流量；d. 吸收液流量和组成。

在操作过程中，可以改变一个操作条件，也可以同时改变几个操作条件。需要注意的是，每次改变操作条件，必须及时记录实训数据，操作稳定后及时取样分析和记录。操作过程中发现异常情况，必须及时报告指导教师进行处理。

3. 正常停车

① 关闭二氧化碳钢瓶总阀门，关闭二氧化碳减压阀保温电源。

② 10min 后，关闭吸收液泵 P201 电源，关闭风机电源。

③ 吸收液流量变为零后，关闭解吸液泵 P101 电源。

④ 5min 后，关闭旋涡气泵 P202 电源。

⑤ 关闭总电源。

（三）DCS 操作方案

※宇电 AI-808 人工智能调节器和变频器的使用方法见本节末附录三和附录四。

将变频器的频率控制参数 F011 设置为 0002。

启动 DCS 控制程序，出现如图 9-8 所示画面：

点击控制方式切换将控制方式切换到 DCS 控制，如图 9-9 所示。

1. 正常开车

① 确认阀门 VA111 处于关闭状态，点击解吸液泵开关打开按钮，启动解吸液泵 P201，

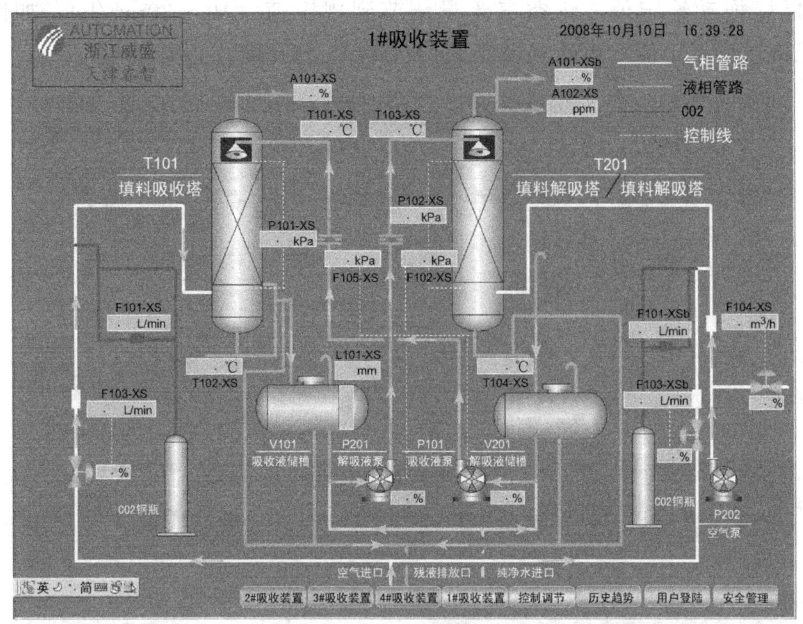

图 9-8 吸收装置界面

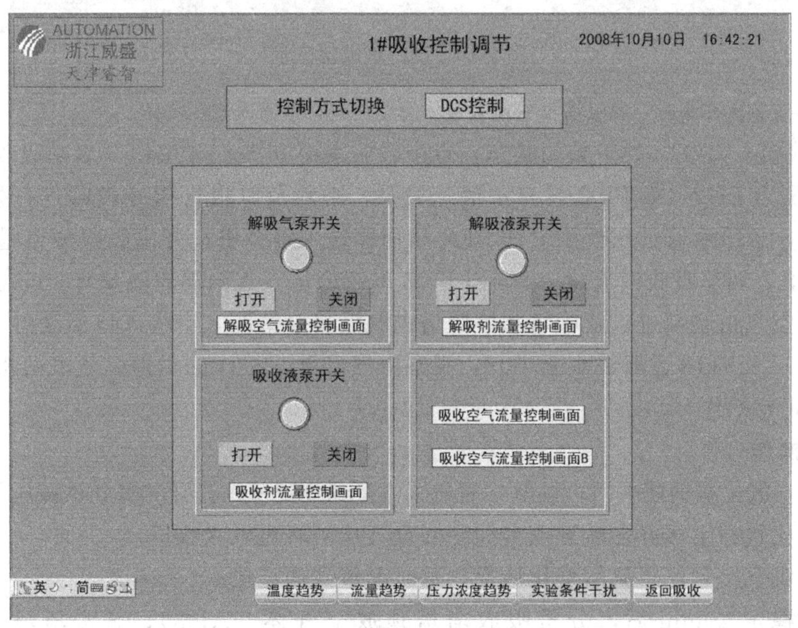

图 9-9 吸收控制调节界面

逐渐打开阀门 VA111，吸收剂（解吸液）通过涡轮流量计 FIC04 从顶部进入吸收塔。

② 点击解吸液流量控制画面，弹出解吸液流量窗口，用鼠标拖动给定值，将吸收剂流量调节到规定值（10～30L/h），观测孔板流量计 FIC03 显示和解吸液入口压力 PI03 显示。

③ 当吸收塔底的液位 LI01 达到规定值时，启动风机，将空气流量调节到规定值（10～30m³/h），通过质量流量计算仪使空气流量达到此值。

④ 观测吸收液储槽的液位 LIC03，待其大于规定液位高度（200～300mm）后，点击解吸气泵开关打开按钮，启动旋涡气泵 P202，点击解吸空气流量控制画面，弹出解吸空气流

量窗口，用鼠标拖动给定值，将空气流量调节到规定值（10～30m^3/h），如图 9-10 所示（若长时间无法达到规定值，可适当减小阀门 VA118 的开度）。

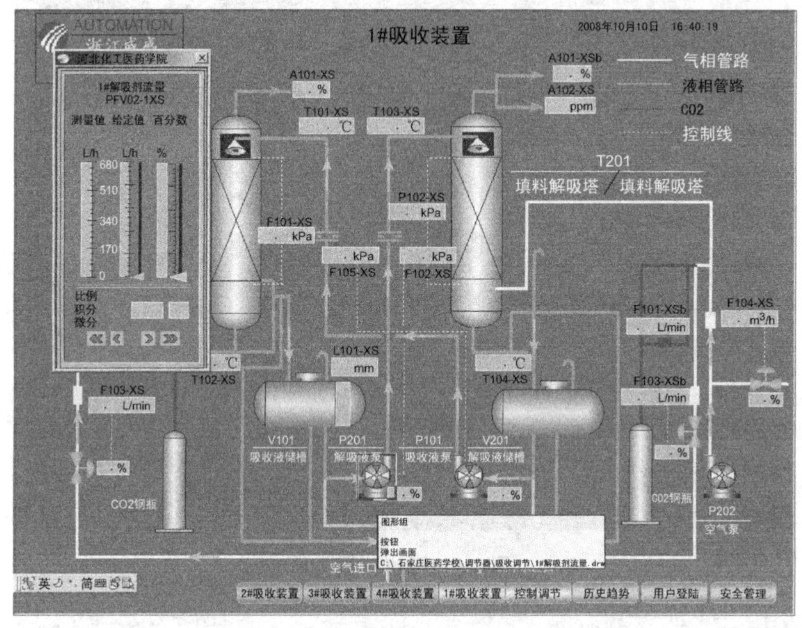

图 9-10　设定解吸剂流量

注：新装置首次开车时，解吸塔要先通入液体润湿填料，再通入惰性气体。

⑤ 确认阀门 VA112 处于关闭状态，点击吸收液泵开关打开按钮，启动吸收液泵 P101，观测泵出口压力 PI02（如 PI02 没有示值，关泵，必须及时报告指导教师进行处理），打开阀门 VA112，解吸液通过孔板流量计 FI04 从顶部进入解吸塔，弹出吸收液流量窗口，用鼠标拖动给定值，调节吸收液流量，直至 LIC03 保持稳定，观测涡轮流量计 FI04 显示。

⑥ 观测空气由底部进入解吸塔和解吸塔内气液接触情况，空气入口温度由 TI03 显示。

⑦ 将阀门 VA118 逐渐关小至半开，观察空气流量 FIC01 的示值。气液两相被引入吸收塔后，开始正常操作。

2. 正常操作

① 打开二氧化碳钢瓶阀门，调节二氧化碳流量到规定值，打开二氧化碳减压阀保温电源。

② 二氧化碳和空气混合后制成实训用混合气从塔底进入吸收塔。

③ 注意观察二氧化碳流量变化情况，及时调整到规定值。

④ 操作稳定 20min 后，分析吸收塔塔顶放空气体（AI03）、解吸塔塔顶放空气体（AI05）。

3. 本实训可以改变的工艺条件

① 吸收塔混合气流量和组成。

② 解吸液流量和组成。

③ 解吸塔空气流量。

④ 吸收液流量和组成。

在操作过程中，可以改变一个操作条件，也可以同时改变几个操作条件。需要注意的是，每次改变操作条件，必须及时记录实训数据，操作稳定后及时取样分析和记录。操作过程中发现异常情况，必须及时报告指导教师进行处理。

4. 正常停车

① 关闭二氧化碳钢瓶总阀门，关闭二氧化碳减压阀保温电源。

② 10min 后，点击吸收液泵开关关闭按钮，关闭吸收液泵 P201 电源，关闭空气压缩机电源。

③ 吸收液流量变为零后，点击解吸液泵开关关闭按钮，关闭解吸液泵 P101 电源。

④ 5min 后，点击解吸气泵开关关闭按钮，关闭旋涡气泵 P202 电源。

⑤ 关闭总电源。

六、安全生产技术

(一) 生产事故及处理预案

1. 吸收塔出口气体二氧化碳含量升高

造成吸收塔出口气体二氧化碳含量升高的原因主要有入口混合气中二氧化碳含量的增加、混合气流量增大、吸收剂流量减小、吸收贫液中二氧化碳含量增加和塔性能的变化（填料堵塞、气液分布不均等）。

处理的措施依次有：

① 检查二氧化碳的流量，如发生变化，调回原值。

② 检查入吸收塔的空气流量 FIC02，如发生变化，调回原值。

③ 检查入吸收塔的吸收剂流量 FIC04，如发生变化，调回原值。

④ 打开阀门 V112，取样分析吸收贫液中二氧化碳含量，如二氧化碳含量升高，增加解吸塔空气流量 FIC01。

⑤ 如上述过程未发现异常，在不发生液泛的前提下，加大吸收剂流量 FIC04，增加解吸塔空气流量 FIC01，使吸收塔出口气体中二氧化碳含量回到原值，同时向指导教师报告，观测吸收塔内的气液流动情况，查找塔性能的恶化的原因。

待操作稳定后，记录实验数据；继续进行其他实验。

2. 解吸塔出口吸收贫液中二氧化碳含量升高

造成吸收贫液中二氧化碳含量升高的原因主要有解吸空气流量不够、塔性能的变化（填料堵塞、气液分布不均等）。处理的措施有：

① 检查入解吸塔的空气流量 FIC01，如发生变化，调回原值。

② 检查解吸塔塔底的液封，如液封被破坏要恢复，或增加液封高度时，防止解吸空气泄漏。

③ 如上述过程未发现异常，在不发生液泛的前提下，加大解吸空气流量 FIC01，使吸收贫液中二氧化碳含量回到原值，同时向指导教师报告，观察塔内气液两相的流动状况，查找塔性能的恶化原因。

待操作稳定后，记录实验数据；继续进行其他实验。

(二) 工业卫生和劳动保护

进入化工单元实训基地后必须穿戴劳防用品：在指定区域正确戴上安全帽，穿上安全鞋，在任何作业过程中均需佩戴安全防护眼镜和合适的防护手套。无关人员不得进入化工单元实训基地。

1. 用电安全

① 进行实训之前必须了解室内总电源开关与分电源开关的位置，以便出现用电事故时

及时切断电源。

② 在启动仪表柜电源前，必须弄清楚每个开关的作用。

③ 启动电机，上电前先用手转动一下电机的轴，通电后，立即查看电机是否已转动；若不转动，应立即断电，否则电机很容易烧毁。

④ 在实训过程中，如果发生停电现象，必须切断电闸。以防操作人员离开现场后，因突然供电而导致电器设备在无人看管下运行。

⑤ 不要打开仪表控制柜的后盖和强电桥架盖，电器发生故障时应请专业人员进行电器的维修。

2. 高压钢瓶的安全知识

本实训装置要使用高压二氧化碳钢瓶。

① 使用高压钢瓶的主要危险是钢瓶可能爆炸和漏气。若钢瓶受日光直晒或靠近热源，瓶内气体受热膨胀，以致压力超过钢瓶的耐压强度时，容易引起钢瓶爆炸。

② 搬运钢瓶时，钢瓶上要有钢瓶帽和橡胶安全圈，并严防钢瓶摔倒或受到撞击，以免发生意外爆炸事故。使用钢瓶时，必须将其牢靠地固定在架子上、墙上或实训台旁。

③ 绝不可把油或其他易燃性有机物黏附在钢瓶上（特别是出口和气压表处）；也不可用麻、棉等物堵漏，以防燃烧引起事故。

④ 使用钢瓶时，一定要用气压表，而且各种气压表一般不能混用。一般可燃性气体的钢瓶气门螺纹是反扣的（如 H_2，C_2H_2），不燃性或助燃性气体的钢瓶气门螺纹是正扣的（如 N_2，O_2）。

⑤ 使用钢瓶时必须连接减压阀或高压调节阀，不经这些部件让系统直接与钢瓶连接是十分危险的。

⑥ 开启钢瓶阀门及调压时，人不要站在气体出口的前方，头不要在瓶口之上，而应在瓶的侧面，以防钢瓶的总阀门或气压表被冲出伤人。

⑦ 当钢瓶使用到瓶内压力为 0.5MPa 时，应停止使用。压力过低会给充气带来不安全因素，当钢瓶内压力与外界压力相同时，会造成空气的进入。

3. 使用梯子

不能使用有缺陷的梯子，登梯前必须确保梯子支撑稳固，上下梯子时应面向梯子并且双手扶梯，一人登高时要有同伴护稳梯子。

4. 环保

不得随意丢弃化学品，不得随意乱扔垃圾，避免水、能源和其他资源的浪费，保持实训基地的环境卫生。本实训装置无三废产生。在实训过程中，要注意不能发生物料的跑、冒、滴、漏等现象。

5. 行为规范

① 不准吸烟；

② 使用楼梯时应用手护栏杆；

③ 保持实训环境的整洁；

④ 不准从高处乱扔杂物；

⑤ 不准随意坐在灭火器箱、地板和教室外的凳子上；

⑥ 非紧急情况下不得随意使用消防器材（训练除外）；

⑦ 不得靠在实训装置上；

⑧ 在实训过程中、在教室里不得打骂和嬉闹；

⑨ 使用后的清洁用具按规定放置整齐。

七、设备一览表（见表 9-5）

表 9-5 CO_2 吸收-解吸实训装置设备一览表

序号	类别	仪器设备名称	主要技术参数	数量
1	静设备	SO_2、NH_3、CO_2、NO_2 气体钢瓶及相应的减压阀	40L	各 2 个
2		填料吸收塔 T101	主体 ϕ100mm×1000mm，塔高 2500mm，不锈钢压延环或金属波纹板，316L 不锈钢，保温	1
3		填料解吸塔 T201	主体 ϕ100mm×1000mm，塔高 2500mm，电加热功率 10kW(2 组，可调)，填料同吸收塔，316L 不锈钢，保温	1
4		解吸液储槽 V201	0.6m^3，保温 316L，含电加热器	1
5		吸收液储槽 V101	0.6m^3，保温 316L，含电加热器	1
6		空气缓冲罐 V102	ϕ100×800mm，316L	1
7		解吸液冷凝器 E201	列管式，传热面积 1.5m^2，316L 不锈钢	1
8		气液分离器 V202	50L，立式，316L 不锈钢	1
9		气体回收池 V203	20L，立式耐 SO_2 腐蚀，316L 不锈钢	2
10		空气预热器 E101	长 800mm，宽 600mm，高 800mm，厚 2mm，6kW，304	1
11	动设备	罗茨风机	流量 300m^3/h，风压 1MPa	1
12		离心泵	扬程 35m，流量 3m^3/h，316L 不锈钢	2
13		回流泵	扬程 5m，流量 1m^3/h，316L 不锈钢	1
14	仪表	流量	AI-708D(V24/X3/X5)	2
15			转子流量计 0.16～1.6m^3/h(液)	1
16			转子流量计 0.25～2.5m^3/h(气)	4 台
17		温度	AI-708D(X3/X5)	4 台
18			AI-702E(J1/J1/X3/X5)	3 台
19		压力	AI-501D(V24/X3)	2 台
20			AI-708D(V24/X3/X5)	1 台
21			现场压力表 0～600kPa	4 台
22		压差	AI-501D(V24/X3)	2 台
23		液位	AI-708D(V24/X3/X5)	3 台
24			玻璃管液位计	2 台
25	传感器	流量	涡轮流量计，LWQ-25	1 台
26		流量	涡轮流量计，LWGY-15	1 台
27		温度	ϕ3mm×90mm K 型热电偶	10 台
28		压力	0～0.1MPa 压力传感器	3 台
29		压差	0～20kPa 压力传感器	2 台
30		液位	磁翻板液位计	3 台
31	分析	便携式烟气分析仪	可连续分析测量 O_2，CO，SO_2 或 NO_x，0～10000mg/m^3，精度 5%	2 台

附录　算法算例及仪表使用方法

附录 1　溶液中二氧化碳含量的测定方法

用移液管吸取 0.1mol/L 的 $Ba(OH)_2$ 溶液 10mL，放入三角瓶中，并从塔底取样口处用移液管接收塔底溶液 20mL，用胶塞塞好，并振荡。用滤纸除去瓶中碳酸钡白色沉淀，清液中加入 2～3 滴甲基橙指示剂，最后用 0.1mol/L 的盐酸滴定到终点。直到其脱除红色的瞬时为止，按下式计算得出溶液中二氧化碳的浓度：

$$c_{CO_2}(\text{mol/L})=\frac{2c_{Ba(OH)_2}V_{Ba(OH)_2}-c_{HCl}V_{HCl}}{2V_{溶液}}$$

附录 2　本实训装置所用填料的相关参数（见表 9-6）

表 9-6　填料参数

填料		比表面积/(m^2/m^3)	空隙率	填料因子	堆积密度/(kg/m^3)
名称	尺寸/mm				
陶瓷拉西环	8	570	0.64	2500	600
	16	305	0.73	900	730
钢鲍尔环	16	341	0.93	230	605

附录 3　宇电仪表的使用

(1) 面板说明（见图 9-11）

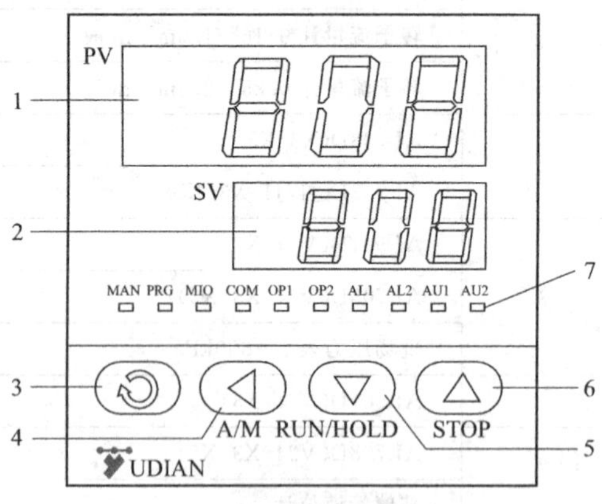

图 9-11　宇电仪表面板图

1—上显示窗；2—下显示窗；3—设置键；4—数据移位（兼手动/自动切换）；5—数据减少键；6—数据增加键；7—10 个 LED 指示灯

10 个 LED 指示灯中，MAN 灯灭表示自动控制状态，MAN 亮表示手动输出状态；PRG 表示仪表处于程序控制状态；OP1、OP2、AL1、AL2、AU1、AU2 等分别对应模块输入输出动作；COM 灯亮表示正与上位机进行通信。

(2) 基本使用操作

① 显示切换：按⟲键可以切换不同的显示状态（见图 9-12）。

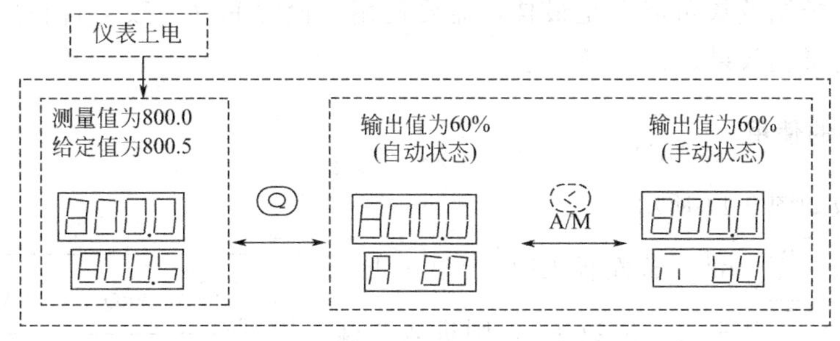

图 9-12　仪表显示状态

② 修改数据：需要设置给定值时，可将仪表切换到左侧显示状态，即可通过按◁、▽或△键来修改给定值。AI仪表同时具备数据快速增减法和小数点移位法。按▽键减小数据，按△键增加数据，可修改数值位的小数点同时闪动（如同光标）。按键并保持不放，可以快速地增加/减少数值，并且速度会随小数点右移自动加快（3级速度）。而按◁键则可直接移动修改数据的位置（光标），操作快捷。

③ 设置参数：在基本状态下按⟲键并保持约2s，即进入参数设置状态。在参数设置状态下按⟲键，仪表将依次显示各参数，例如上限报警值HIAL、LOAL等，见图9-13。用◁、▽、△等键可修改参数值。按◁键并保持不放，可返回显示上一参数。先按◁键不放接着再按⟲键可退出设置参数状态。如果没有按键操作，约30s后会自动退出设置参数状态。

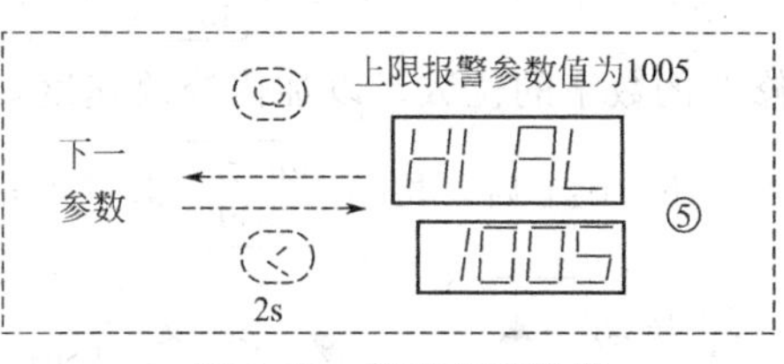

图 9-13　仪表参数设定

(3) AI人工智能调节及自整定（AT）操作

AI人工智能调节算法是采用模糊规则进行PID调节的一种新型算法，在误差大时，运用模糊算法进行调节，以消除PID饱和积分现象，当误差小时，采用改进后的PID算法进行调节，并能在调节中自动学习和记忆被控对象的部分特征以使效果最优化。具有无超调、高精度、参数确定简单、对复杂对象也能获得较好的控制效果等特点。AI系列调节仪表还具备参数自整定功能，AI人工智能调节方式初次使用时，可启动自整定功能来协助确定M5、P、t等控制参数。将参数CtrL设置为2，启动仪表自整定功能，此时仪表下显示器将闪动显示“At”字样，表明仪表已进入自整定状态。自整定时，仪表执行位式调节，经2～3次振荡后，仪表内部微处理器根据位式控制产生的振荡，分析其周期、幅度及波型来自动计算出M5、P、t等控制参数。如果在自整定过程中要提前放弃自整定，可再按◁键并保持约2s，使仪表下显示器停止闪动“At”字样即可。视不同系统，自整定需要的时间可从数秒至数小时不等。仪表在自整定成功结束后，会将参数CtrL设置为3（出厂时为1）或4，这样今后无法从面板再按◁键启动自整定，可以避免人为的误操作再次启动自整定。

系统在不同给定值下整定得出的参数值不完全相同，执行自整定功能前，应先将给定值设置在最常用值或是中间值上。参数Ctl（控制周期）及dF（回差）的设置，对自整定过程也有影响，一般来说，这两个参数的设定值越小，理论上自整定参数准确度越高。但dF值如果过小，则仪表可能因输入波动而在给定值附近引起位式调节的误动作，这样反而可能整定出彻底错误的参数。推荐Ctl＝0～2，dF＝2.0。此外，基于需要学习的原因，自整定结束后初次使用，控制效果可能不是最佳，需要使用一段时间（一般与自整定需要的时间相同）后方可获得最佳效果。

附录 4　变频器的使用

变频器面板如图 9-14 所示。

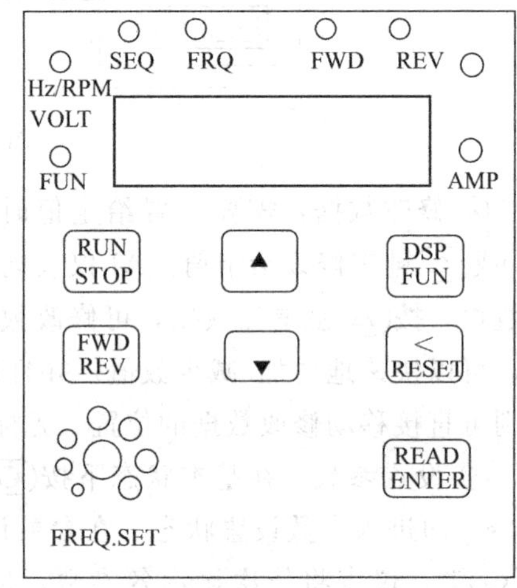

图 9-14　变频器面板图

① 首先按下 [DSP FUN] 键，若面板 LED 上显示 F _ XXX（X 代表 0～9 中任意一位数字），则进入步骤②；如果仍然只显示数字，则继续按 [DSP FUN] 键，直到面板 LED 上显示 F _ XXX 时才进入步骤②。

② 接下来按动 [▲] 或 [▼] 键来选择所要修改的参数号，由于 N2 系列变频器面板 LED 能显示四位数字或字母，可以使用 [< RESET] 键来横向选择所要修改的数字的位数，以加快修改速度，将 F _ XXX 设置为 F _ 011 后，按下 [READ ENTER] 键进入步骤③。

③ 按动 [▲]、[▼] 键及 [< RESET] 键设定或修改具体参数，将参数设置为 0000（或 0002）。

④ 改完参数后，按下 [READ ENTER] 键确认，然后按动 [DSP FUN] 键，将面板 LED 显示切换到频率显示的模式。

⑤ 按动 [▲]、[▼] 键及 [< RESET] 键设定需要的频率值，按下 [READ ENTER] 键确认。

⑥ 按下 [RUN STOP] 键运行或停止。

附录 5　算例

吸收塔：规整波纹填料高 1450mm。解吸塔：规整波纹填料高 1250mm，塔的直径为 100mm，整个吸收过程在常温常压下进行。

液相流量用孔板流量计测量，流量为：

$$L = C_0 A_0 (2Q/\rho)^{0.5} = 0.6 \times 0.7854 \times 25 \times 10^{-6} (2Q \times 1000 \div 996.2)^{0.5}$$
$$= 16.69 Q^{0.5} \times 10^{-6} \ (\mathrm{m^3/s}) = 3.326 Q^{0.5} \ (\mathrm{kmol/h})$$

不同液相流量下，吸收塔的压降与气速的关系如图 9-15 所示。

不同液相流量下，解吸塔的压降与气速的关系如图 9-16 所示。

操作压力：0.103MPa；操作温度：吸收塔 28.8℃，解吸塔 29.7℃。表 9-7 和表 9-8 为改变吸收剂流量、吸收空气流量、吸收空气 CO_2 浓度和解吸空气流量等参数时的原始实验记录。在保证吸收塔和解吸塔塔釜液位高度不变的情况下，解吸塔中解吸剂的流量随吸收塔的吸收剂流量变化而变化。

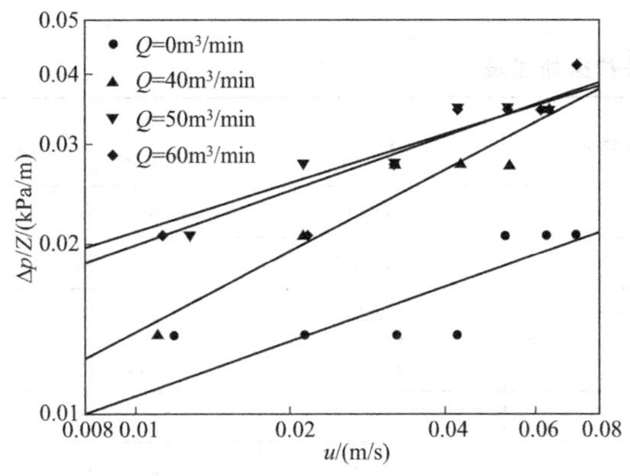

图 9-15 吸收塔压降与气速关系

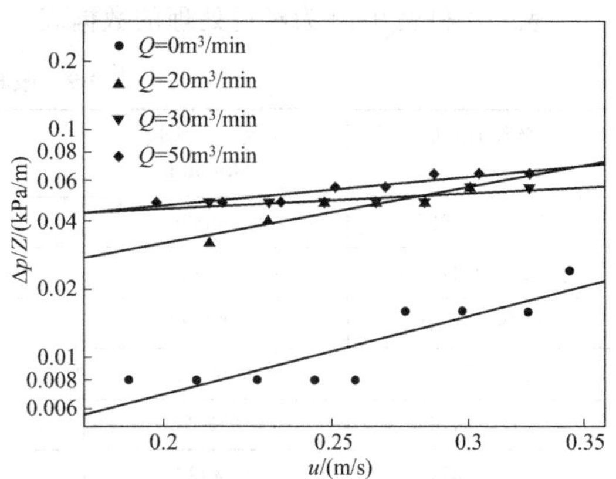

图 9-16 解吸塔压降与气速关系

表 9-7 改变吸收塔吸收条件时数据记录

吸收剂流量 /(m^3/min)	吸收空气流量 /(L/min)	吸收空气 CO_2 浓度	吸收塔釜液 CO_2 浓度 $\times 10^5$	吸收尾气 CO_2 浓度
60	25	0.1	2.0972	0.091
40	25	0.1	1.1415	0.096
20	25	0.1	1.6144	0.096
40	30	0.1	1.0274	0.097
40	25	0.1	1.1415	0.096
40	20	0.1	2.2831	0.09
40	25	0.12	3.1393	0.109
40	25	0.1	1.1415	0.096
40	25	0.08	0.85616	0.077
40	25	0.1	1.7123	0.094
40	25	0.1	1.1415	0.096
40	25	0.1	0.85616	0.097

表 9-8 改变解吸塔解吸条件时数据记录

解吸剂流量 /(m^3/min)	解吸空气流量 /(m^3/h)	解吸塔釜液 CO_2 浓度 $\times 10^5$	解吸尾气 CO_2 浓度 $\times 10^{10}$
50	6.5	2.09661	4538
30	6.5	1.14084	4530
20	6.5	1.61361	4106
30	6.5	1.02667	4662
30	6.5	1.14084	4530
30	6.5	2.28237	4626
30	6.5	3.13845	5140
30	6.5	1.14084	4530
30	6.5	0.855486	4336
30	6	1.71162	4881
30	6.5	1.14084	4530
30	7	0.855417	4442

表 9-9 和表 9-10 为经过处理的数据表。

表 9-9 吸收塔数据处理表

吸收剂流量 L/(kmol/h)	吸收空气流量 G/(kmol/h)	吸收率 ϕ	N_{OG}	K_ya /[kmol/(m^3·h)]
25.76308522	0.062325	0.09	0.118564	0.6488687
21.035471	0.062325	0.04	0.045682	0.2500038
14.87432419	0.062325	0.04	0.048203	0.2638022
21.035471	0.07479	0.03	0.033664	0.2210813
21.035471	0.062325	0.04	0.045682	0.2500038
21.035471	0.04986	0.1	0.13593	0.5951263
21.035471	0.062325	0.092	0.130164	0.7123527
21.035471	0.062325	0.04	0.045682	0.2500038
21.035471	0.062325	0.038	0.042442	0.2322716
21.035471	0.062325	0.06	0.073976	0.404851
21.035471	0.062325	0.04	0.045682	0.2500038
21.035471	0.062325	0.03	0.033067	0.1809675

表 9-10 解吸塔数据处理表

解吸剂流量 L'/(kmol/h)	解吸空气流量 G'/(kmol/h)	解吸率 ϕ'	N'_{OL}	K'_xa /[kmol/(m^3·h)]
23.51837	0.270086207	0.000239	0.000239391	0.00567742
18.21725	0.270086207	0.000567	0.00056686	0.01344371
14.87432	0.270086207	0.000445	0.000444937	0.01055218
18.21725	0.270086207	0.000648	0.000648225	0.01537337
18.21725	0.270086207	0.000567	0.00056686	0.01344371
18.21725	0.270086207	0.000289	0.000289395	0.00686332
18.21725	0.270086207	0.000234	0.000233847	0.00554595
18.21725	0.270086207	0.000567	0.00056686	0.01344371
18.21725	0.270086207	0.000723	0.000723504	0.0171587
18.21725	0.249310345	0.000376	0.000375829	0.00822757
18.21725	0.270086207	0.000567	0.00056686	0.01344371
18.21725	0.290862069	0.000798	0.000798236	0.02038728

第五节 乙酸乙酯产品生产实训

一、产品概述

乙酸乙酯（ethyl acetate）又称醋酸乙酯。纯净的乙酸乙酯是无色透明有芳香气味的液体，是一种用途广泛的精细化工产品，具有优异的溶解性、快干性，用途广泛，是一种非常重要的有机化工原料和极好的工业溶剂，被广泛用于醋酸纤维、乙基纤维、氯化橡胶、乙烯树脂、乙酸纤维树脂、合成橡胶、涂料及油漆等的生产过程中。

1. 产品名称及性质

CAS No.：141-78-6；

分子式：$C_4H_8O_2$；

结构式：$CH_3COOC_2H_5$（见图 9-17）；

相对分子质量：88.11。

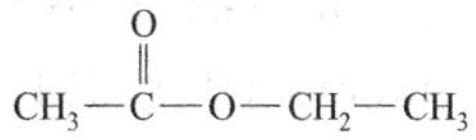

$$CH_3-\overset{\overset{\large O}{\|}}{C}-O-CH_2-CH_3$$

图 9-17 结构式

乙酸乙酯的外观及性状：外观为无色澄清液体；有强烈的醚似的气味，微带果香的酒香，易扩散，不持久；熔点－83.6℃；折光率（20℃）1.3708～1.3730；沸点 77.06℃；相对密度（水＝1）0.894～0.898；相对蒸气密度（空气＝1）3.04；饱和蒸气压 13.33kPa（27℃）；燃烧热 2244.2kJ/mol；临界温度 250.1℃；临界压力 3.83MPa；辛醇/水分配系数的对数值 0.73；闪点－4℃；引燃温度 426℃；爆炸上限（体积分数）11.5%；爆炸下限（体积分数）2.0%；室温下的分子偶极距 6.555×10^{-30}；溶解性：微溶于水，溶于醇、酮、醚、氯仿等多数有机溶剂。

水解反应：在酸的催化下，乙酸乙酯水解为乙酸和乙醇；在碱的催化下，会水解成乙酸钠和乙醇。

醇解反应：即发生酯交换。

2. 产品质量规格（见表 9-11）

参见 GB/T 3728—2007。外观为透明液体，无悬浮杂质。

表 9-11 乙酸乙酯的质量规格

项目	指标		
	优等品	一般品	合格品
乙酸乙酯的质量分数/%	≥99.7	≥99.5	≥99.0
乙醇的质量分数/%	≤0.10	≤0.20	≤0.50
水的质量分数/%	≤0.05	≤0.10	
酸的质量分数(以 CH_3COOH 计)/%	≤0.004	≤0.005	
色度/Hazen 单位(铂-钴色号)/%	≤10		
密度 ρ_{20}/(g/cm^3)	0.897～0.902		
蒸发残渣的质量分数/%	≤0.001	≤0.005	

3. 乙酸乙酯的用途

乙酸乙酯的主要用途有：①作为工业溶剂，用于涂料、黏合剂、乙基纤维素、人造革、油毡着色剂、人造纤维等产品中；②作为黏合剂，用于印刷油墨、人造珍珠的生产；作为提取剂，用于医药、有机酸等产品的生产；③作为香料原料，用于菠萝、香蕉、草莓等水果香精和威士忌、奶油等香料的主要原料。

二、原辅材料名称及规格

本实训装置的原料为无水乙醇、冰醋酸、浓硫酸（93%）和纯净水。乙醇和乙酸的摩尔比在 1∶1 到 2∶1 之间；浓硫酸以浓硫酸和冰醋酸混合物的方式加入反应器，浓硫酸的质量分数为 0.5%左右。

乙醇的结构简式为 CH_3CH_2OH，俗称酒精，它在常温、常压下是一种易燃、易挥发的无色透明液体，它的水溶液具有特殊的、令人愉快的香味，并略带刺激性。密度 0.789g/cm^3（液）；熔点 −117.3℃；沸点 78.3℃；在水中的溶解度 $pK_a=15.9$；黏度 1.200mPa·s(cP)；饱和蒸气压 5.33kPa（19℃）；燃烧热 1365.5kJ/mol；闪点 12℃；引燃温度 363℃。

乙酸分子是含有两个碳原子的饱和羧酸，分子式为 CH_3COOH。因是醋的主要成分，又称醋酸。广泛存在于自然界，例如在水果或植物油中主要以其化合物酯的形式存在；在动物的组织内、排泄物和血液中以游离酸的形式存在。乙酸易溶于水和乙醇，其水溶液呈弱酸性。乙酸盐也易溶于水。无色液体，有刺激性气味。熔点 16.6℃，沸点 117.9℃，相对密度 1.0492（20/4℃），闪点 39℃；爆炸极限（%）4.0～17。纯乙酸在 16.6℃以下时能结成冰状的固体，所以常称为冰醋酸。稀释后对金属有强烈腐蚀性。

浓硫酸是指浓度大于或等于 70%（质量分数）的硫酸溶液。浓硫酸在浓度≥98%时，具有强氧化性，这是它与普通浓硫酸的最大区别之一。纯硫酸是一种无色无味油状液体。常用的浓硫酸中 H_2SO_4 的质量分数为 98.3%，密度为 1.84g/cm^3，物质的量浓度为 18.4mol/L。硫酸是一种高沸点难挥发的强酸，易溶于水，能以任意比与水混溶。浓硫酸溶解时放出大量的热，因此浓硫酸稀释时应该“酸入水，沿器壁，慢慢倒，不断搅”。

三、生产工艺过程

工业行业可以分为两大类：一类以物质转化为核心，从事物质的化学转化，生产新的物质产品，生产环节具有一定的不可分性，形成生产流程并多数连续操作，如石油加工、石油化工、煤化工、非金属矿与金属矿的化学加工、化肥生产、基本无机及有机化工、精细化工等，可以统称为过程工业；另一类以物件的加工和组装为核心，不改变物质的内在形态，多属非连续操作，可以统称为装备与产品制造工业。

过程工业中有物理转化和化学转化两大类过程。物理转化过程包括流体输送、液体搅拌、固体的破碎、过滤、结晶、换热、蒸发、干燥、吸收、精馏、萃取、吸附、增湿、减湿及膜分离等单元操作。化学转化过程按参与反应物质的类别可分为均相和多相（又称为非均相）反应，均相反应包括气相反应和液相反应，多相反应包括液-液相反应、气-液相反应、液-固相反应、气-固相反应、固-固相反应和气-液-固三相反应。化学转化过程即化学反应过程，是生产的关键过程。在进行化学反应过程的装置或化学反应器中进行反应时，必然伴有放热或吸热的热效应。对于多相反应，必然存在处于不同相的物质间的质量传递。在反应装置中必然存在着流体流动或固体颗粒的运动，不同结构的反应器中，又存在着不同的流动形式。

化学反应过程是一个综合化学反应与动量、质量、热量传递交互作用的宏观反应过程，这也就是 20 世纪初期国际化工学术界确立的“三传一反”的概念。

精馏是分离液体混合物的典型单元操作，它是通过加热产生气、液两相物系，利用物系中各组分挥发度不同的特性以实现分离的目的。通常，将低沸点的组分称为易挥发组分，高的称为难挥发组分。

精馏分离具有如下特点：

① 通过精馏分离可以直接获得所需要的产品。

② 精馏分离的适用范围广，它不仅可以分离液体混合物，而且可用于气态或固态混合

物的分离。

③ 精馏过程适用于各种组成混合物的分离。

④ 精馏操作是通过对混合液加热建立气液两相体系进行的，所得到的气相还需要再冷凝。因此，精馏操作耗能较大。

伴有化学反应的精馏方法，有的用精馏促进反应，有的用反应促进精馏。用精馏促进反应，就是通过精馏不断移走反应的生成物，以提高反应转化率和收率。如醇加酸生成酯和水的酯化反应是一种可逆反应，将这个反应放在精馏塔中进行时，一边进行化学反应，一边进行精馏，及时分离出生成物酯和水。这样可使反应持续向酯化的方向进行。这种精馏在同一设备内完成化学反应和产物的分离，使设备投资和操作费用大为降低。但采用这种方法必须具备一定的条件：生成物的沸点必须高于或低于反应物；在精馏温度下不会导致副反应等不利影响的增加。目前在工业上主要应用于酯类（如乙酸乙酯）的生产。

塔设备是最常采用的精馏装置，无论是填料塔还是板式塔都在化工生产过程中得到了广泛的应用，在此我们以填料塔为例向大家介绍精馏设备。

(一) 反应基本原理

目前，世界上工业合成乙酸乙酯的方法主要有乙酸乙醇酯化法、乙醛缩合法、乙醇脱氢歧化法以及最近已工业化生产的乙烯/乙酸直接合成法。

1. 乙酸乙醇酯化法

乙酸酯化法是传统的乙酸乙酯生产方法，在催化剂浓硫酸存在下，由乙酸和乙醇发生酯化反应而得，反应机理如图 9-18 所示。

$$C_2H_5OH + CH_3COOH \longrightarrow CH_3COOC_2H_5 + H_2O$$

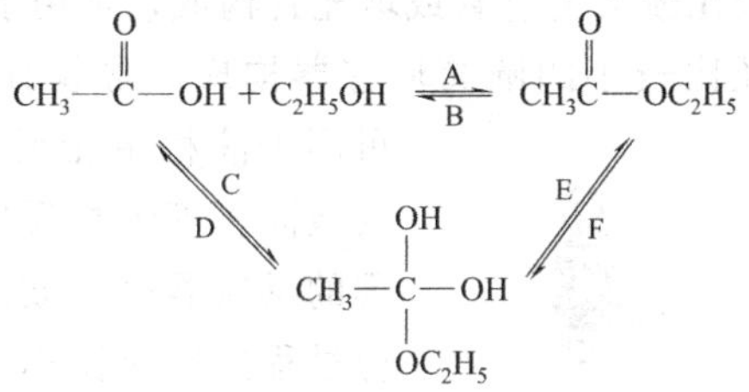

$$CH_3-\overset{O}{\overset{\|}{C}}-OH + C_2H_5OH \underset{B}{\overset{A}{\rightleftharpoons}} CH_3\overset{O}{\overset{\|}{C}}-OC_2H_5$$

$$CH_3-\overset{O}{\overset{\|}{C}}-OH \underset{D}{\overset{C}{\rightleftharpoons}} CH_3-\underset{OC_2H_5}{\underset{|}{\overset{OH}{\overset{|}{C}}}}-OH \underset{F}{\overset{E}{\rightleftharpoons}} CH_3\overset{O}{\overset{\|}{C}}-OC_2H_5$$

图 9-18　乙酸乙醇酯化法反应机理

该法生产乙酸乙酯的主要缺点是成本高、设备腐蚀严重、副反应多、副产物处理困难和对环境造成污染。

但是该法也不是一无是处，在经济和技术都相当发达的美国，至今仍然使用这一生产方法，原因是由于美国的粮食资源十分丰富，可由玉米等粮食经过发酵作用大规模生产乙醇，因此使用乙醇生产乙酸乙酯的成本比较低。这一方法的突破点就在于催化剂的选择上。

2. 乙醛缩合法

在催化剂乙醇铝（三乙氧基铝）的存在下，两分子的乙醛经 Tishchenko 反应自动氧化和缩合，重排形成一分子的乙酸乙酯：

$$2CH_3CHO \longrightarrow CH_3COOC_2H_5$$

缩合法的优点是：在常压低温下进行，转化率与收率高、原料消耗小、工艺简单、条件温和、设备腐蚀小、投资少、三废排放少，是一种比较经济的方法。

该方法在乙醛资源丰富和环保意识比较强的欧美、日本等地已形成了大规模的生产装置，在生产成本和环境保护等方面都有着明显的优势，但这种工艺受原料乙醛的限制，一般应建在乙烯、乙醛联合装置内，而且催化剂乙醇铝无法回收，最后通过加水生成氢氧化铝排放。

3. 乙醇脱氢歧化法

采用铜基催化剂（主要用 Pd/C、骨架 Ni、Cu-Co-Zn-Al 混合氧化物及 Mo-Sb 二元氧化物等催化剂）使乙醇脱氢生成粗乙酸乙酯，经高低压蒸馏分离共沸物，得到高纯度的乙酸乙酯：

$$2C_2H_5OH \longrightarrow CH_3COOC_2H_5 + H_2$$

该方法的优点是收率较酯化法高、成本较酯化法低、腐蚀小，易形成规模化生产。缺点是转化率和选择性低，分离系统尚存在一定问题。该方法只需要乙醇原料，在乙醇比较廉价的地方，用此法生产乙酸乙酯能取得极大的经济效益。

4. 乙烯/乙酸直接合成法

在以附载在二氧化硅等载体上的杂多酸金属盐或杂多酸为催化剂的条件下，乙烯气相水合后与汽化乙酸直接酯化生成乙酸乙酯：

$$CH_2 = CH_2 + CH_3COOH \longrightarrow CH_3COOC_2H_5$$

该法是近年来研究的热点，该工艺由于直接利用来源广泛的乙烯原料，价格较低廉，因而降低了生产成本，加上环境友好，经济效益好，已成为未来乙酸乙酯生产的发展方向。

该工艺技术先进，经济可行。充分利用原料优势，从乙烯和由甲醇低压羰基合成的价廉乙酸制取经济附加值较高的乙酸乙酯。

（二）常用反应器的类型

① 管式反应器：由长径比较大的空管或填充管构成，可用于实现气相反应和液相反应。

② 釜式反应器：由长径比较小的圆筒形容器构成，常装有机械搅拌或气流搅拌装置，可用于液相单相反应过程和液液相、气液相、气液固相等多相反应过程。用于气液相反应过程的反应器称为鼓泡搅拌釜；用于气液固相反应过程的反应器称为搅拌釜式浆态反应器。如图 9-19 所示。

图 9-19 釜式反应器

③ 有固体颗粒床层的反应器：气体或（和）液体通过固定的或运动的固体颗粒床层以实现多相反应过程，包括固定床反应器、流化床反应器、移动床反应器、涓流床反应器等。

④ 塔式反应器：用于实现气液相或液液相反应过程的塔式设备，包括填充塔、板式塔、鼓泡塔等。

⑤ 喷射反应器：利用喷射器进行混合，实现气相或液相单相反应过程和气液相、液液相等多相反应过程的设备。

⑥ 其他多种非典型反应器：如回转窑、曝气池等。

（三）反应器的操作方式

反应器的操作方式分间歇式、连续式和半连续式三种。间歇操作反应器是将原料按一定配比一次加入反应器，待反应达到一定要求后，一次卸出物料。连续操作反应器是连续加入原料，连续排出反应产物。当操作达到定态时，反应器内任何位置上物料的组成、温度等状态参数不随时间而变化。半连续操作反应器也称为半间歇操作反应器，介于上述两者之间，通常是将一种反应物一次加入，然后连续加入另一种反应物。反应达到一定要求后，停止操作并卸出物料。

间歇反应器的优点是设备简单，同一设备可用于生产多种产品，尤其适合于医药、染料等工业部门小批量、多品种的生产。另外，间歇反应器中不存在物料的返混，对大多数反应有利。缺点是需要装卸料、清洗等辅助工序，产品质量不易稳定。

大规模生产应尽可能采用连续反应器。连续反应器的优点是产品质量稳定，易于操作控制。其缺点是连续反应器中都存在程度不同的返混，这对大多数反应皆为不利因素，应通过反应器合理选型和结构设计加以抑制。

1. 反应器的加料方式

对有两种以上原料的连续反应器，物料流向可采用并流或逆流。对几个反应器组成级联的设备，还可采用错流加料，即一种原料依次通过各个反应器，另一种原料分别加入各反应器。除流向外，还有原料是从反应器的一端（或两端）加入和分段加入之分。分段加入指一种原料由一端加入，另一种原料分成几段从反应器的不同位置加入，错流也可看成一种分段加料方式。采用什么加料方式，须根据反应过程的特征决定。

2. 反应器的换热方式

多数反应有明显的热效应。为使反应在适宜的温度条件下进行，往往需对反应物系进行换热。换热方式有间接换热和直接换热。间接换热指反应物料和载热体通过间壁进行换热，直接换热指反应物料和载热体直接接触进行换热。对放热反应，可以用反应产物携带的反应热来加热反应原料，使之达到所需的反应温度，这种反应器称为自热式反应器。

按反应过程中的换热状况，反应器可分为：

① 等温反应器：反应物系温度处处相等的一种理想反应器。反应热效应极小，或反应物料和载热体间充分换热，或反应器内的热量反馈极大（如剧烈搅拌的釜式反应器）的反应器，这样可近似看作等温反应器。

② 绝热反应器：反应区与环境无热量交换的一种理想反应器。反应区内无换热装置的大型工业反应器，与外界换热可忽略时，可近似看作绝热反应器。

③ 非等温非绝热反应器：与外界有热量交换，反应器内也有热反馈，但达不到等温条件的反应器，如列管式固定床反应器。

换热可在反应区进行，如通过夹套进行换热的搅拌釜，也可在反应区间进行，如级间换热的多级反应器。

3. 反应器的操作条件

反应器的操作条件主要指反应器的操作温度和操作压力。温度是影响反应过程的敏感因素，必须选择适宜的操作温度或温度序列，使反应过程在优化条件下进行。例如对可逆放热反应应采用先高后低的温度序列以兼顾反应速率和平衡转化率。

反应器可在常压、加压或负压（真空）下操作。加压操作的反应器主要用于有气体参与的反应过程，提高操作压力有利于加速气相反应，对于总物质的量减小的气相可逆反应，则可提高平衡转化率，如合成氨、合成甲醇等。

4. 反应器的选型

对于特定的反应过程，反应器的选型需综合考虑技术、经济及安全等诸多方面的因素。

反应过程的基本特征决定了适宜的反应器形式。例如气固相反应过程大致是用固定床反应器、流化床反应器或移动床反应器。但是适宜的选型则需考虑反应的热效应、对反应转化率和选择率的要求、催化剂物理化学性质和失活等多种因素，甚至需要对不同的反应器分别作出概念设计，进行技术的和经济的分析以后才能确定。

除反应器的形式以外，反应器的操作方式和加料方式也需考虑。例如，对于有串联或平行副反应的过程，分段进料可能优于一次进料。温度序列也是反应器选型的一个重要因素。例如，对于放热的可逆反应，应采用先高后低的温度序列，多级、级间换热式反应器可使反应器的温度序列趋于合理。反应器在过程工业生产中占有重要地位。就全流程的建设投资和操作费用而言，反应器所占的比例未必很大。但其性能和操作的优劣却影响着前后处理及产品的产量和质量，对原料消耗、能量消耗和产品成本也产生重要影响。因此，反应器的研究和开发工作对于发展各种过程工业有重要的意义。

(四) 精馏基本原理

1. 基本原理

精馏分离是根据溶液中各组分挥发度（或沸点）的差异，使各组分得以分离。其中较易挥发的称为易挥发组分（或轻组分），较难挥发的称为难挥发组分（或重组分）。它通过气、液两相的直接接触，使易挥发组分由液相向气相传递，难挥发组分由气相向液相传递，是气、液两相之间的传递过程。

塔板的形式有多种，最简单的一种是板上有许多小孔（称筛板塔），每层板上都装有降液管，来自下一层（$n+1$ 层）的蒸汽通过板上的小孔上升，而上一层（$n-1$ 层）来的液体通过降液管流到第 n 层板上，在第 n 层板上气液两相密切接触，进行热量和质量的交换。进、出第 n 层板的物流有四种：

① 由第 $n-1$ 板溢流下来的液体量为 L_{n-1}，其组成为 x_{n-1}，温度为 t_{n-1}。

② 由第 n 层板上升的蒸汽量为 V_n，组成为 y_n，温度为 t_n。

③ 从第 n 层板溢流下去的液体量为 L_n，组成为 x_n，温度为 t_n。

④ 由第 $n+1$ 板上升的蒸汽量为 V_{n+1}，组成为 y_{n+1}，温度为 t_{n+1}。

因此，当组成为 x_{n-1} 的液体及组成为 y_{n+1} 的蒸汽同时进入第 n 板，由于存在温度差和浓度差，气液两相在第 n 板上密切接触进行传质和传热，结果会使离开第 n 板的气液两相平衡（如果为理论板，则离开第 n 板的气液两相成平衡），若气液两相在板上的接触时间长，接触比较充分，那么离开该板的气液两相相互平衡，通常称这种板为理论板（y_n，x_n 成平衡）。精馏塔中每层板上都进行着与上述相似的过程，其结果是上升蒸汽中易挥发组分浓度逐渐增高，而下降的液体中难挥发组分越来越浓，只要塔内有足够多的塔板，就可使混合物达到所要求的分离纯度（共沸情况除外）。

加料板把精馏塔分为两段，加料板以上的塔，即塔上半部完成了上升蒸汽的精制，即除去其中的难挥发组分，因而称为精馏段。加料板以下（包括加料板）的塔，即塔的下半部完成了下降液体中难挥发组分的提浓，除去了易挥发组分，因而称为提馏段。一个完整的精馏塔应包括精馏段和提馏段。

精馏段操作方程为：

$$y_{n+1}=\frac{R}{R+1}x_n+\frac{x_D}{R+1}$$

提馏段操作方程为：

$$y_{n+1}=\frac{RD+qF}{(R+1)D-(1-q)F}x_n-\frac{F-D}{(R+1)D-(1-q)F}x_w$$

式中，R 为操作回流比；F 为进料摩尔流率；q 为进料的热状态参数，部分回流时，进料热状况参数的计算式为：

$$q=\frac{c_{pm}(t_{BP}-t_F)+r_m}{r_m}$$

式中 t_F——进料温度，℃；

t_{BP}——进料的泡点温度，℃；

c_{pm}——进料液体在平均温度 $(t_F+t_{BP})/2$ 下的比热容，J/(mol·℃)；

r_m——进料液体在其组成和泡点温度下的汽化热，J/mol。

$$c_{pm}=c_{p1}x_1+c_{p2}x_2$$

$$r_m=r_1x_1+r_2x_2$$

式中 c_{p1}，c_{p2}——分别为纯组分 1 和组分 2 在平均温度下的比热容，J/(mol·℃)。

r_1，r_2——分别为纯组分 1 和组分 2 在泡点温度下的汽化热，J/mol。

x_1，x_2——分别为纯组分 1 和组分 2 在进料中的摩尔分率。

精馏操作涉及气、液两相间的传热和传质过程。塔板上两相间的传热速率和传质速率不仅取决于物系的性质和操作条件，而且还与塔板结构有关，因此它们很难用简单方程加以描述。引入理论板的概念，可使问题简化。

所谓理论板，是指在其上气、液两相都充分混合，且传热和传质过程阻力为零的理想化塔板。因此不论进入理论板的气、液两相组成如何，离开该板时气、液两相达到平衡状态，即两相温度相等，组成互相平衡。

实际上，由于板上气、液两相接触面积和接触时间是有限的，因此在任何形式的塔板上，气、液两相难以达到平衡状态，即理论板是不存在的。理论板仅用作衡量实际板分离效率的依据和标准。通常，在精馏计算中，先求得理论板数，然后利用塔板效率予以修正，即求得实际板数。引入理论板的概念，对精馏过程的分析和计算是十分有用的。

对于二元物系，如已知其汽液相平衡数据，则根据精馏塔的原料液组成，进料热状况，操作回流比及塔顶馏出液组成，塔底釜液组成可由图解法或逐板计算法求出该塔的理论板数 N_T。按照下式可以得到总板效率 E_T，其中 N_P 为实际塔板数。

$$E_T=\frac{N_T-1}{N_P}\times100\%$$

2. 填料精馏塔

填料塔是一种应用很广泛的气液传质设备，塔具有结构简单、压降低、填料易用耐腐蚀材料制造等优点。早期的填料塔主要应用于实验室和小型工厂，由于研究和开发取得了很大的进展，现代填料塔直径可达数米乃至十几米。

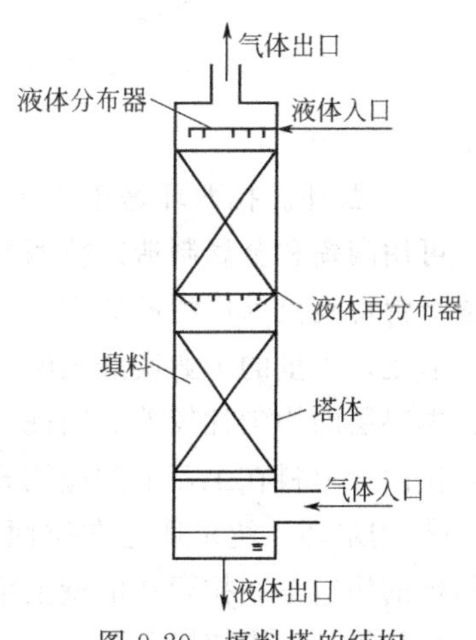

图 9-20 填料塔的结构

典型填料塔的结构如图 9-20 所示。塔体为一圆筒，筒内堆放一定高度的填料。操作时，液体自塔上部进入，通过液体分布器均匀喷洒于塔截面上，在填料表层呈膜状流下。填充高度较高的填料塔可将填料分层，各层填料之间设置液体再分布器，收集上层流下的液体，并将液体重新均布于塔截面。气体自塔下部进入，通过填料层中的空隙从塔顶排出。离开填料层的气体可能夹带少量液沫，必要时可在塔顶安装除沫器。

3. 填料特性的评价

气液两相在填料表面进行逆流接触，填料不仅提供了气液两相接触的传质表面，而且促使气液两相分散，并使液膜不断更新。填料性能可由下列三方面予以评价。

① 比表面积。填料应具有尽可能多的表面积以提供液体铺展，形成较多的气液接触界面。单位填充体积所具有的填料表面称为比表面积 a，单位为 m^2/m^3。对同种填料，小尺寸填料具有较大的比表面积，但填料过小不但造价高而且气体流动的阻力大。

② 空隙率。在填料塔内气体是在填料间的空隙内通过的。流体通过颗粒层的阻力与空隙率 ε 密切相关。为减少气体的流动阻力，提高填料塔的允许气速（处理能力），填料层应有尽可能大的空隙率。对于各向同性的填料层，空隙率等于填料塔的自由截面百分率。

③ 填料的几何形状。虽然填料形状目前尚难以定量表达，但比表面积、空隙率大致接近而形状不同的两种填料在流体力学与传质性能上可有显著区别。形状理想的填料为气液两相提供了合适的通道，气体流动的压降低，通量大，且液流易于铺展成液膜，液膜的表面更新迅速。因此，新型填料的开发主要是改进填料的形状。

此外，理想的填料还需兼顾便于制造、价格低廉、有一定强度和耐热、耐腐蚀性能，表面材质与液体的润湿性好等要求。

几种常用填料：常用填料有散装填料和规整填料两大类，前者可以在塔内乱堆，也可以整砌，各种填料的形状如图 9-21 所示。

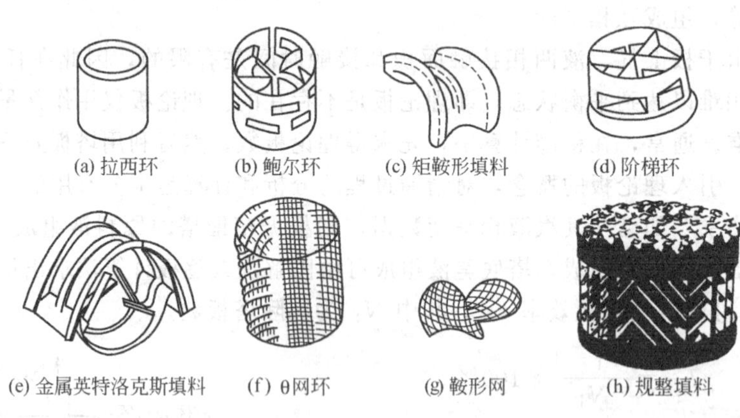

图 9-21　填料的形状

① 拉西环。拉西环是于 1914 年最早使用的人造填料。它是一段高度和外径相等的短管，可用陶瓷和金属制造。拉西环形状简单，制造容易，其流体力学和传质方面的特性比较清楚，曾得到极为广泛的应用。

但是，大量的工业实践表明，拉西环由于高径比太大，堆积时相邻环之间容易形成线接触、填料层的均匀性较差。因此，拉西环填料层中的液体存在着严重的壁流和沟流现象。目前，拉西环填料在工业上的应用日趋减少。

② 鲍尔环。鲍尔环是在拉西环的基础上发展起来的，是近期具有代表性的一种填料。鲍尔环的构造是在拉西环的壁上沿周向冲出一层或两层长方形小孔，但小孔的母材不脱离圆环，而是将其向内弯回环的中心。鲍尔环这种构造提高了环内空间和环内表面的有效利用程

度，使气体流动阻力大为降低，因而对真空操作尤为适用。鲍尔环上的两层方空是错开的，在堆积时即使相邻填料形成线接触，也不会阻碍气液两相的流动，不致产生严重的偏流和沟流现象。因此，采用鲍尔环填料，床层一般无需分段。

鲍尔环是近年来国内外一致公认的性能优良的填料，其应用越来越广。鲍尔环可用陶瓷、金属或塑料制造。

③ 矩鞍形填料。矩鞍形填料又称英特洛克斯鞍（Intalox Saddle）。这种填料结构不对称，填料两面大小不等，堆积时不会重叠，填料层的均匀性大为提高。矩鞍形填料的气体流动阻力小，处理能力大，各方面的性能虽不及鲍尔环，仍不失为一种性能优良的填料。矩鞍形填料的制造比鲍尔环方便。

④ 阶梯环填料。阶梯环填料的构造与鲍尔环相似，环壁上开有长方形孔，环内有两层交错 45 °的十字形翅片。阶梯环比鲍尔环短，高度通常只有直径的一半。阶梯环的一端制成喇叭口形状，因此，在填料层中填料之间呈多点接触，床层均匀且空隙率大。与鲍尔环相比，气体流动阻力可降低 25%左右，生产能力可提高 10%。

⑤ 金属英特洛克斯填料。金属英特洛克斯填料把环形结构与鞍形结构结合在一起，气体压降低，可用于真空精馏，处理能力大。填料表面的液膜更新好，传质单元高度明显低于瓷制矩鞍填料，是现代工业上性能优良的一种散装填料。

⑥ 网体填料。上述几种填料都是用实体材料制成的。此外，还有一类以金属网或多孔金属片为基本材料制成的填料，称为网体填料。网体填料也可制成不同形状，如 θ 网环和鞍形网等。

网体填料的特点是网材薄，填料尺寸小，比表面积和空隙率都很大，液体均布能力强。因此，网体填料的气体阻力小，传质效率高。但是，这种填料的造价过高，在大型的工业生产中难以应用。

⑦ 规整填料。是将金属丝网或多孔板压制成波纹状并叠成圆筒形整块放入塔内。对大直径的塔，可分块拼成圆筒形砌入塔内。这种填料不但空隙率高、压降低，而且液体按预分布器设定的途径流下，只要液体的初始分布均匀，全塔填料层内的液体分布良好，克服了大塔的放大效应，传质性能高。但填料造价高，易被杂物堵塞且难以清洗。目前，丝网波纹和板波纹填料已较广泛的用于分离要求高的精馏塔中。

（五）反应精馏的特点

普通精馏是气液两相传质过程，传质推动力是气液两相中组分浓度差，而反应精馏是气液两相传质和反应的复合过程，传质推动力包括气液两相中组分浓度差和反应效应。它是把化学反应和精馏操作有机地结合起来，使化学反应过程和精馏分离的物理过程同在一个塔设备内进行。这个过程既服从化学反应动力学规律，又遵循精馏的一般原理。因此，既不同于一般的反应器，也不同于一般的精馏塔，被称为反应精馏塔。在这种新型塔设备中，化学反应过程与分离过程相互作用，相互促进，使得这一单元操作能够顺利进行。

该技术具有如下特点：

① 催化反应和精馏在同一设备中进行，虽然在一定程度上增加了该塔器的复杂性，但简化了整个装置流程，降低了工艺的复杂性，可大大减少设备投资，同时操作费用降低。

② 对于放热反应，反应热可以为精馏过程提供一部分热量，降低能耗；对吸热反应，由反应精馏塔再沸器供给反应和精馏所需的总热量，比在反应器和精馏塔分别供热节省，同时还能够减少加热和冷却冷凝的次数，降低能耗。

③ 对于可逆反应过程，由于产物的不断分离，使平衡向需要的方向移动，增大过程的转化率，甚至有可能实现与平衡常数无关的完全转化，减轻后续分离工序的负荷。

④ 对于目标产物具有二次副反应的，通过某一反应的不断分离抑制了副反应，提高了过程的选择性。

⑤ 由于反应热被精馏过程所消耗，且塔内各点温度受汽液相平衡的限制，始终为系统压力下该点处混合物的泡点，故反应温度易于通过调整系统压力来控制，能有效避免飞温问题。

⑥ 容易实现老工艺的改造，对于现有的生产装置基础，在大多数情况下，只需用催化剂结构取代部分塔板或填料，就可以完成向催化精馏塔的改造。对于平衡可逆反应，原有的反应器仍可继续使用，只需在反应器后串联一个催化精馏塔，就有可能使反应进一步进行下去，从而获得更高的转化率。

尽管反应精馏技术具有相当多的优点，但它不能适用于所有的化工过程。反应精馏技术的应用受到以下条件的限制：

① 操作必须在组分的临界点以下，否则气相与液相形成均相混合物，无法分离。

② 在反应适宜操作的温度、压强范围内，反应组分必须能进行精馏操作。

③ 体系中原料与反应产物挥发度大小顺序必须符合下列条件之一。产物的挥发度均大于反应物的挥发度；产物的挥发度均小于反应物的挥发度；反应物的挥发度介于产物的挥发度之间。

④ 若反应过程需要催化剂，则体系各组分不能和催化剂有互溶或相互作用，也不能含有导致催化剂失活的物质，反应过程也不能在催化剂上结焦，且在反应精馏的操作温度内，催化剂必须保持较高的活性和较长的寿命。

⑤ 反应精馏过程的分类方式有多种，按催化剂特点可分为非催化反应精馏和催化反应精馏，后者根据反应特点又可以分为均相反应精馏和非均相反应精馏；根据生产目的则可分为反应型反应精馏和精馏型反应精馏。

(六) 主要物料的平衡及流向

原料乙醇由乙醇贮槽 V101（或水解乙醇贮槽 V404）通过泵 P101 送入酯化反应器 R101；乙酸由乙酸贮槽 V102（或水解乙酸贮槽 V403）通过泵 P102 送入酯化反应器 R101；浓硫酸用量较少，所以它的贮槽 V103 兼作计量槽用。其位置高于酯化反应器 R101，借位差流入酯化反应器 R101。

乙酸和乙醇在浓硫酸的存在下，在酯化反应器 R101 内进行酯化反应。生成的酯化液由泵 P103 送入酯化塔 T101 作为酯化塔的进料之一。酯化塔 T101 的另一部分进料是由提浓塔 T201 底部残液通过提浓塔釜采出泵 P201 打入的。酯化塔塔顶蒸气在冷凝器 E102 中冷凝后聚集到酯化塔凝液罐 D101，部分通过回流泵 P104 送入酯化塔 T101；另一部分借助采出泵 P105 送入提浓塔 T201 作为进料用。酯化塔 T101 底部残液经冷凝器 E101 冷却后进入回收液贮槽 V401。再由回收液泵 P401 送入水解反应器 R401 进行水解。

提浓塔 T201 顶部蒸气经提浓塔顶冷凝器 E202 冷凝后聚集到提浓塔凝液罐 D201，一部分通过回流泵 P202 送回提浓塔 T201，另一部分送去喷射混合器 J201 与精制塔顶产品、纯净水混合后，再到沉降器 V201 进行分离。提浓塔 T201 塔底设有电加热再沸器 E201 作为塔底再沸器。

喷射混合器 J201 的另一部分进料来自精制塔顶出料，三支料流在喷射混合器 J201 中混合均匀后，借位差流入沉降器 V201 中进行沉降分离。下层水层自流入水层中间贮槽 V202，用回收水泵 P204 打入水解反应器作为进料用。上部酯层自流入酯层中间贮槽 V203，通过精制塔进料泵 P301 打入精制塔进料加热器 E301 加热后送入精制塔 T301 作为进料。

精制塔 T301 顶部蒸气进入精制塔顶冷凝器 E302 冷凝后经精制塔凝液罐 D301，一部分送回精制塔 T301，另一部分送入喷射混合器 J201。精制塔 T301 底部设有电加热再沸器。成品乙酸乙酯自精制塔 T301 底部取出，经精制塔底冷却器 E304 冷却后由泵 P304 送入产品贮槽 V301。

来自回收液贮槽 V401 的回收液经回收液泵 P401 送至水解反应器 R401；来自乙酸乙酯产品贮槽 V301 的乙酸乙酯经产品泵 P304 也送至水解反应器 R401。在水解反应器 R401 中进行乙酸乙酯的水解反应，水解反应产物经水解产品冷凝器 E401 冷凝后自流入水解产品贮槽 V402，再用水解塔回流泵 P403 送至水解塔 T401 进一步进行水解同时进行醇酸分离。水解塔顶产品粗乙醇经采出泵 P404 送入水解乙醇贮槽 V404；塔釜产品粗乙酸则自流入水解乙酸贮槽 V403。

带有控制点的工艺及设备流程图（见图 9-22～图 9-25）

四、生产控制技术

在化工生产中，对各工艺变量有一定的控制要求。有些工艺变量对产品的数量和质量起着决定性的作用。例如，精馏塔的塔顶温度必须保持一定，才能得到合格的产品。有些工艺变量虽不直接影响产品的数量和质量，然而保持其平稳却是使生产获得良好控制的前提。例如，用蒸汽加热的再沸器，在蒸汽压力波动剧烈的情况下，要把塔釜温度控制好极为困难。

为了实现控制要求，可以有两种方式，一是人工控制，二是自动控制。自动控制是在人工控制的基础上发展起来的，使用了自动化仪表等控制装置来代替人的观察、判断、决策和操作。

先进控制策略在化工生产过程的推广应用，能够有效提高生产过程的平稳性和产品质量的合格率，对于降低生产成本、节能减排降耗、提升企业的经济效益具有重要意义。

1. 各项工艺操作指标

温度控制：进料温度≤70℃；酯化反应器：70℃；酯化塔顶：74～76℃；酯化塔釜：98～101℃；提浓塔顶：70～72℃；提浓塔釜：80～84℃；精制塔顶：70～72℃；精制塔釜：75～78℃。

加热电压：150～300V。

流量控制：进料流量 3.0～10.0L/h；冷凝水流量 300～400L/h。

液位控制：塔釜液位 350～500mm；塔顶凝液罐液位 200～400mm。

2. 主要控制点的控制方法、仪表控制、装置和设备的报警连锁

（1）进料温度控制（见图 9-26）

（2）塔釜加热电压控制（见图 9-27）

（3）塔顶温度控制（见图 9-28）

（4）流量控制（见图 9-29）

（5）报警连锁

在原料预热和进料泵之间设置了连锁，只有在进料泵开启的情况下进料预热才可以开启。

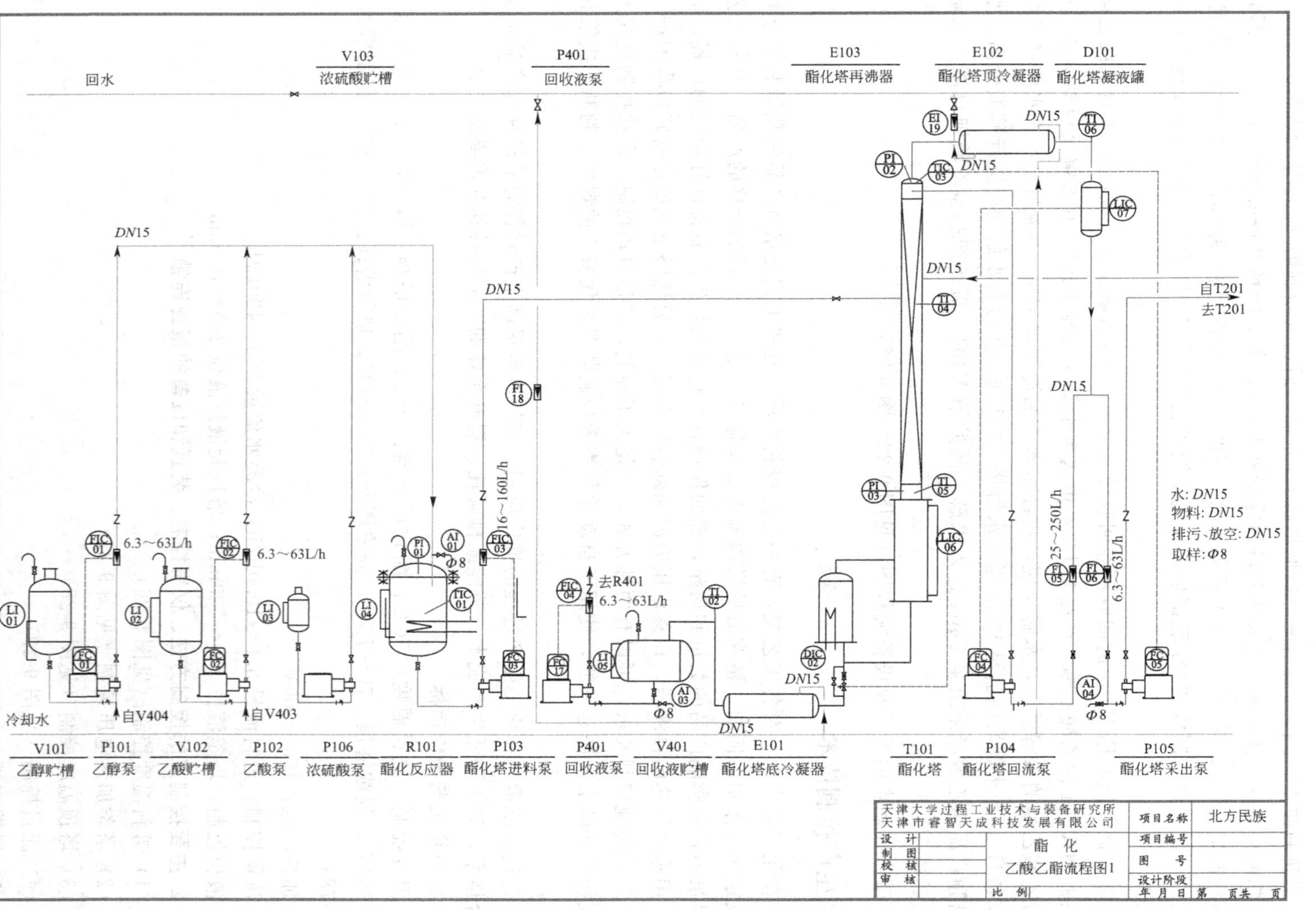

图 9-22 酯化生产乙酸乙酯流程图

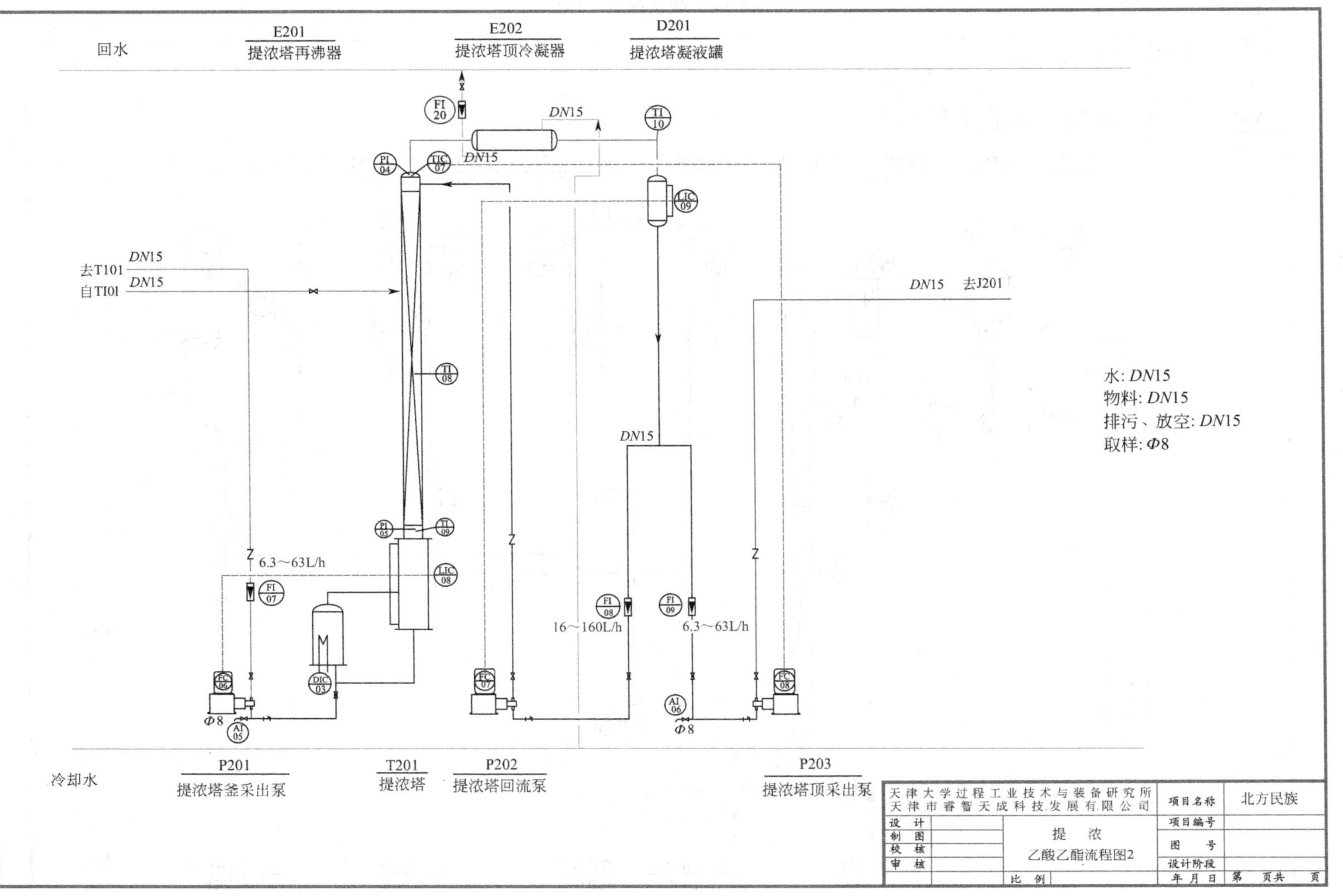

图 9-23 提浓乙酸乙酯流程图

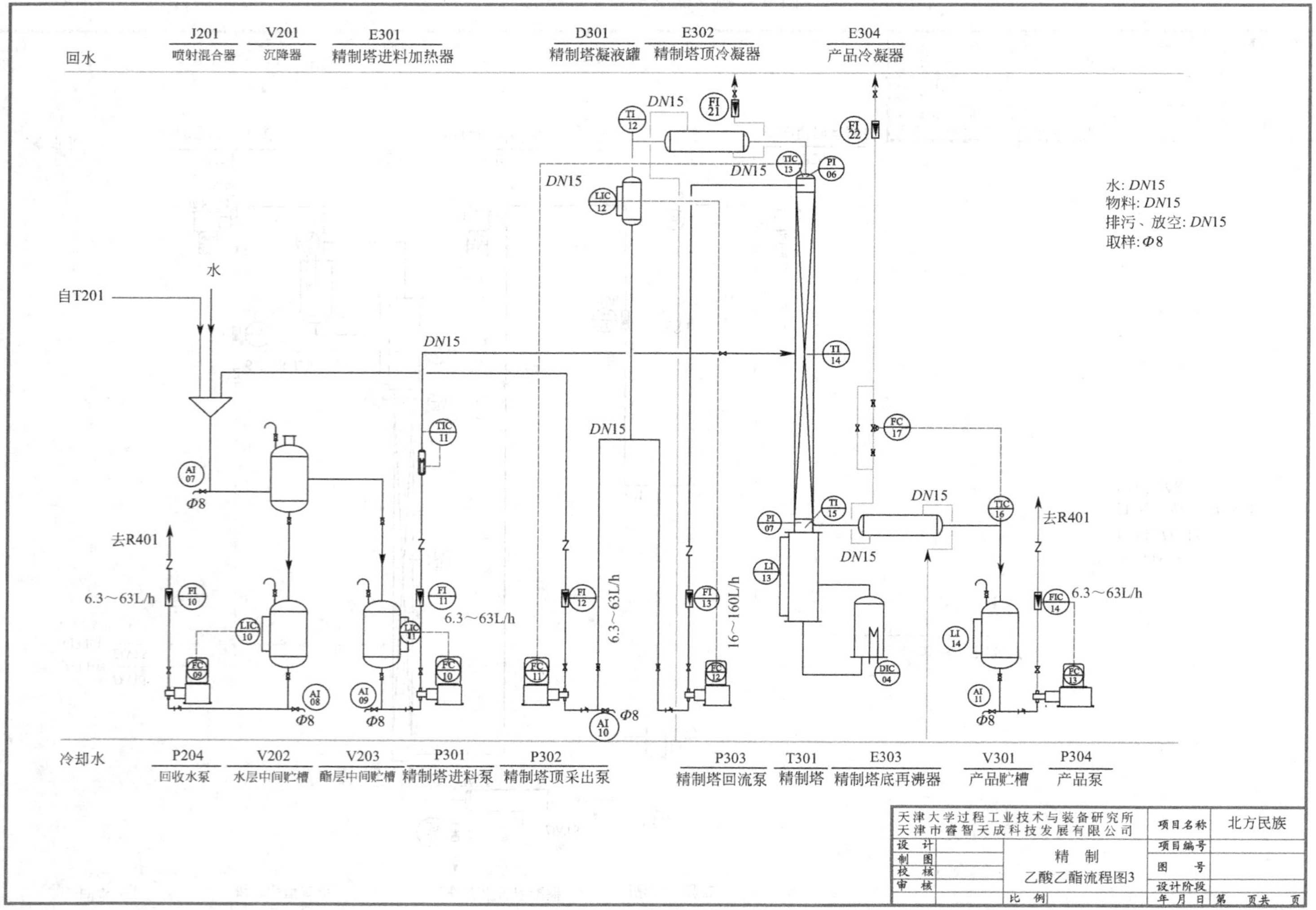

回水

J201 喷射混合器　V201 沉降器　E301 精制塔进料加热器　D301 精制塔凝液罐　E302 精制塔顶冷凝器　E304 产品冷凝器

水: $DN15$
物料: $DN15$
排污、放空: $DN15$
取样: $\Phi 8$

自T201　水　去R401　6.3～63L/h　16～160L/h

冷却水

P204 回收水泵　V202 水层中间贮槽　V203 酯层中间贮槽　P301 精制塔进料泵　P302 精制塔顶采出泵　P303 精制塔回流泵　T301 精制塔　E303 精制塔底再沸器　V301 产品贮槽　P304 产品泵

天津大学过程工业技术与装备研究所 天津市睿智天成科技发展有限公司		项目名称	北方民族
设　计	精　制 乙酸乙酯流程图3	项目编号	
制　图		图　号	
校　核		设计阶段	
审　核	比　例	年　月　日	第　页共　页

图 9-24　精制乙酸乙酯流程图

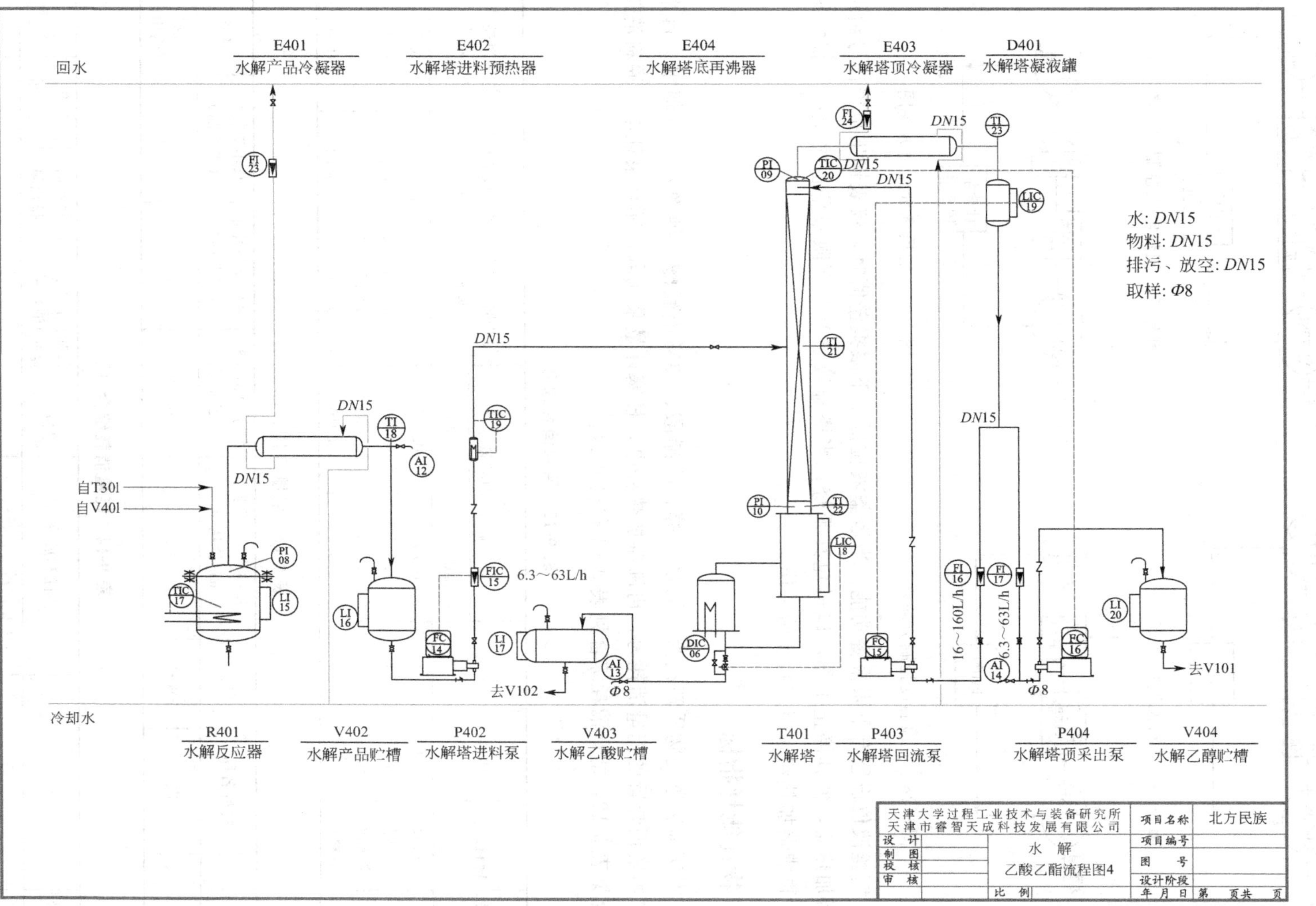

图 9-25 水解乙酸乙酯流程图

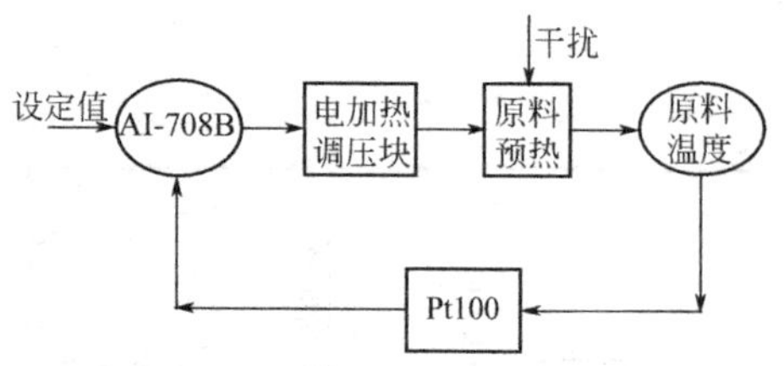

图 9-26　进料温度控制方块图

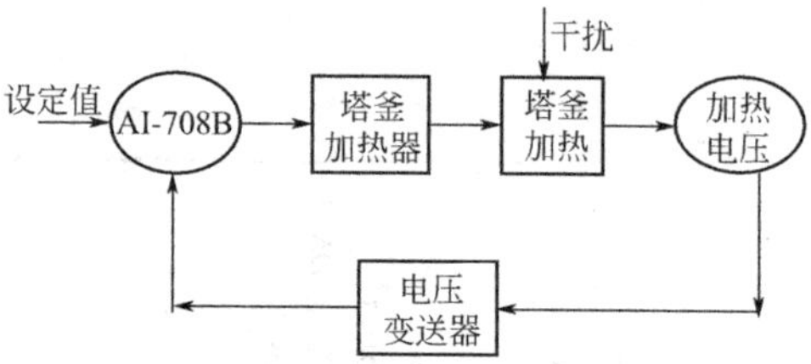

图 9-27　加热电压控制方块图

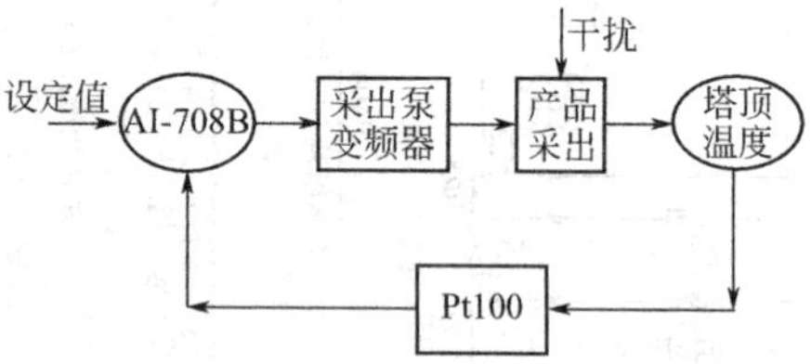

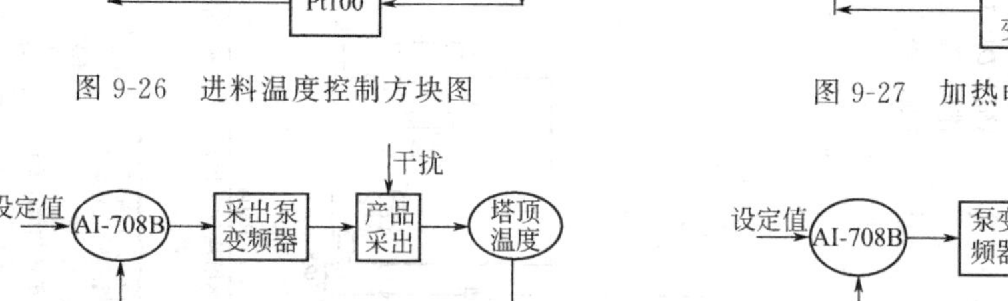

图 9-28　塔顶温度控制方块图

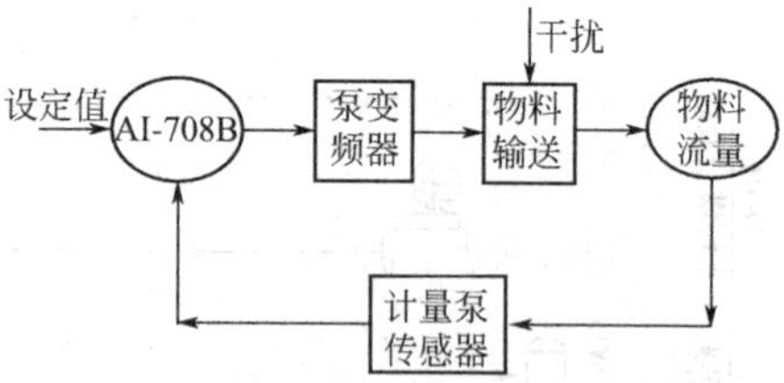

图 9-29　塔顶流量控制方块图

塔釜液位设置有下限报警功能：当塔釜液位低于下限报警值时，仪表输出报警信号给再沸器加热器，使其停止工作，以避免其干烧；当塔釜液位升至下限报警值之上时，报警解除，再沸器加热器才能重新开始工作。

五、物耗能耗指标

本实训装置的物质消耗为：无水乙醇、冰醋酸、93%浓硫酸、纯净水、冷却水、自来水。本实训装置的能量消耗为：再沸器加热耗电；柱塞计量泵耗电；循环泵耗电。原料消耗综合见表 9-12，能量消耗综合见表 9-13 和表 9-14。

表 9-12　原料消耗综合

序号	物料名称	成分	单位	每吨产品(工业品)消耗量		每小时消耗量(工业品)	每昼夜消耗量(工业品)	每年消耗量(工业品)
				100%	工业品			
1	乙酸	100%	t	0.707	0.707	0.00898	0.2155	70.7
2	乙醇	95%	t	0.565	0.593	0.00753	0.1808	59.3
3	浓硫酸	93%	t	0.028	0.030	0.00381	0.0915	30.0
4	原料水	—	t	2.910	2.910	0.03696	0.8872	291.0

表 9-13　能量消耗综合（一）

序号	物料名称	单位	每吨产品(工业品)消耗量	每小时消耗量(工业品)	每昼夜消耗量(工业品)	每年消耗量(工业品)	备注
1	电	kW·h	62	0.788	18.9	6200	不包括照明用电

表 9-14　能量消耗综合（二）

序号	名称	特性和成分	单位	每吨产品(工业品)消耗量	每小时排出量	每年排出量	备注
1	酸性下水（来自塔Ⅰ底部）	其中 EtOAc1.45%，EtOH0.51%，$H_2SO_4$0.86%，温度约 49℃	t	3.24	0.0411	324	回收

续表

序号	名称	特性和成分	单位	每吨产品(工业品)消耗量	每小时排出量	每年排出量	备注
2	净下水(来自冷凝器和冷却器:E-1,E-2,E-3,E-4,E-7,E-8,E-11,E-12)	平均温度 41℃	t	27.2	0.3455	2720	循环

六、不合格产品的处理

本生产实训装置设有乙酸乙酯水解反应单元，不合格的乙酸乙酯经产品泵 P304 送至水解反应器 R401。在水解反应器 R401 中进行乙酸乙酯的水解反应，水解反应产物经水解产品冷凝器 E401 冷凝后自流入水解产品贮槽 V402，再用水解塔回流泵 P403 送至水解塔 T401 进一步进行水解同时进行醇酸分离。水解塔顶产品粗乙醇经采出泵 P404 送入水解乙醇贮槽 V404；塔釜产品粗乙酸则自流入水解乙酸贮槽 V403。水解的乙醇、乙酸再重新进行酯化反应。

七、实训操作步骤

1. 开车准备

① 熟悉各取样点及温度和压力测量与控制点的位置。

② 检查公用工程（水、电）是否处于正常供应状态。

③ 设备上电，检查流程中各设备、仪表是否处于正常开车状态，动设备试车。

④ 检查各产品罐，是否有足够空间贮存实训产生的塔顶产品；如空间不够，向相应下游储罐中倒料。

⑤ 检查原料罐，是否有足够原料供实训使用，检测原料浓度是否符合操作要求，如有问题进行补料或调整浓度的操作。

⑥ 检查流程中各阀门是否处于正常开车状态。

⑦ 按照要求制定操作方案。

2. 酯化工段

① 启动乙醇泵 P101（打开乙醇贮槽 V101 底部出口阀 Q101，乙醇泵出口阀 J101），向酯化反应器 R101 内输入 260L 乙醇，然后停泵（关闭阀门 Q101、J101）。

② 启动乙酸泵 P102（打开乙酸贮槽 V102 底部出口阀 Q102，乙酸泵出口阀 J102），向酯化反应器 R101 内输入 200L 冰醋酸，然后停泵（关闭阀门 Q102、J102）；同时启动浓硫酸泵 P106（打开浓硫酸贮槽 V103 底部出口阀 Q106，浓硫酸泵出口阀 J106）向反应器内输入 600mL 浓硫酸，然后停泵（关闭阀门 Q106、J106）。

③ 打开酯化反应器 R101 的电加热开关，将加热温度设定到 70℃，观察反应器内部的压力 PI01，温度 TIC01，预反应 2h。

④ 将乙醇泵 P101 的流量设定到 17L/h、乙酸泵 P102 的流量设定到 10L/h、浓硫酸 P106 的流量设定到 30mL/h，启动乙醇泵 P101（打开阀门 Q101、J101）、乙酸泵 P102（打开阀门 Q102、J102）、浓硫酸 P106（打开阀门 Q106、J106）连续向酯化反应器 R101 内进料。

⑤ 将酯化塔进料泵 P103 的流量设定到 14L/h，启动进料泵（打开酯化反应器 R101 底

部出口阀 Q103，进料泵出口阀 J103）向酯化塔 T101 内连续进料。

⑥ 待酯化塔 T101 的塔釜液位 LIC06 达到 400mm 时，关闭进料泵 P103（关闭阀门 Q103、J103），同时关闭乙醇泵 P101（关闭阀门 Q101、J101）和乙酸泵 P102（关闭阀门 Q102、J102）以及浓硫酸 P106（关闭阀门 Q106、J106）。

⑦ 打开酯化塔再沸器 E103 的电加热开关，逐渐将加热电压调至 360V（在 100V 保持 10min，200V 保持 10min，300V 保持 10min 后到 360V），加热塔釜内原料液。

⑧ 当塔顶温度 TIC03 开始升高时打开塔顶冷凝器 E102 冷却水调节阀 J107，通入冷凝水。

⑨ 观察酯化塔塔釜液位 LIC06 的变化情况，同时观察塔釜的温度 TI05，填料层的温度 TI04，塔顶的温度 TIC03 变化，塔釜压力 PI03，塔顶压力 PI02；当塔顶温度 TIC03 开始上升时，将加热电压设定在 250～360V 之间的某一数值。

⑩ 当塔顶温度 TIC03 相对稳定时，观察凝液罐 D101 中的液位 LIC07，塔顶凝液温度 TI06 的变化，适时启动回流泵 P104（打开回流泵 P104 的进口阀 J104A、出口阀 J104B）进行全回流操作，并调节回流流量，使塔顶凝液罐 D101 的液位 LIC07 稳定在 200～400mm 之间的某一值。

⑪ 操作稳定半小时后，重新启动酯化塔进料泵 P103（打开阀门 Q103、J103）开始部分回流操作，同时重新启动乙醇泵 P101（打开阀门 Q101、J101）和乙酸泵 P102（打开阀门 Q102、J102）以及浓硫酸泵 P106（打开阀门 Q106、J106）。

⑫ 启动酯化塔采出泵 P105（打开采出泵 P105 的进口阀 J105A、出口阀 J105B），开始向提浓塔 T201 进料，同时适当降低酯化塔回流泵 P104 的流量，回流比控制在 2～3 左右。

3. 提浓工段

① 待提浓塔的塔釜液位 LIC08 达到 400mm 时，关闭进料泵 P105（关闭进料泵 P105 的进口阀 J105A、出口阀 J105B）。

② 打开提浓塔再沸器 E201 的电加热开关，逐渐将加热电压调至 360V（在 100V 保持 10min，200V 保持 10min，300V 保持 10min 后到 360V），加热塔釜内原料液。

③ 当塔顶温度 TIC07 开始升高时打开塔顶冷凝器 E202 冷却水调节阀 J205，通入冷凝水。

④ 观察提浓塔塔釜液位 LIC08 的变化情况，同时观察塔釜温度 TI09，填料层的温度 TI08，塔顶温度 TIC07，塔釜压力 PI05，塔顶压力 PI04 变化；当塔顶温度 TIC07 开始上升时，将加热电压设定在 250～360V 之间的某一数值。

⑤ 当塔顶温度 TIC07 相对稳定时，观察凝液罐 D201 中的液位 LIC09 和冷凝液温度 TI10 的变化，适时启动回流泵 P202（打开回流泵 P202 的进口阀 J202A、出口阀 J202B）进行全回流操作，并调节回流流量，使塔顶凝液罐 D201 的液位稳定在 200～400mm 之间的某一值。

⑥ 操作稳定半小时后，重新启动酯化塔采出泵 P105（打开采出泵 P105 的进口阀 J105A、出口阀 J105B）开始部分回流操作。

⑦ 启动提浓塔顶采出泵 P203（打开采出泵 P203 的进口阀 J203A、出口阀 J203B）和塔釜采出泵 P201（打开塔釜底部出口阀 Q201、采出泵 P201 出口阀 J201）到酯化塔 T101，开始出料，适当调节各泵流量保持物料平衡，回流比控制在 2～3 左右。

⑧ 在提浓塔顶采出泵 P203 启动的同时，打开喷射混合器 J201 的进水阀门（来自回

水)，调节进水流量和提浓塔采出流量相当，同时进入沉降器 V201。

⑨ 注意观察沉降器 V201 内的水-酯界面变化，随时调节水、酯的流量使界面稳定，水层放入水层中间贮槽 V202（打开水层中间贮槽 V202 进口阀 Q205），酯层放入酯层中间贮槽 V203（打开酯层中间贮槽 V203 进口阀 Q206）。

4. 精制工段

① 启动精制塔 T301 进料泵 P301（打开进料泵 P301 进口阀 Q301、出口阀 J301），向精制塔 T301 内进料，同时打开精制塔进料加热器 E301 的电加热开关，控制进料温度 TIC11，待精制塔的塔釜液位 LI13 达到 400mm 时，关闭进料泵 P301（关闭进料泵 P301 进口阀 Q301、出口阀 J301）和进料加热器 E301。

② 打开精制塔底再沸器 E303 的电加热开关，逐渐将加热电压调至 360V（在 100V 保持 10min，200V 保持 10min，300V 保持 10min 后到 360V），加热塔釜内原料液。

③ 当塔顶温度 TIC13 开始升高时打开塔顶冷凝器 E302 冷却水调节阀，通入冷凝水。

④ 观察精制塔塔釜液位 LI13 的变化情况，同时观察塔釜温度 TI15，填料层的温度 TI14，塔顶温度 TIC13，塔釜压力 PI07，塔顶压力 PI06 变化；当塔顶温度 TIC13 开始上升时，将加热电压设定在 250～360V 之间的某一数值。

⑤ 当塔顶温度 TIC13 相对稳定时，观察凝液罐 D301 中的液位 LIC12 和凝液温度 TI12 的变化，适时启动回流泵 P303（打开回流泵 P303 进口阀 Q303、出口阀 J303）进行全回流操作，并调节回流流量，使塔顶凝液罐的液位 LIC12 稳定在 200～400mm 之间的某一值。

⑥ 操作稳定半小时后，重新启动精制塔进料泵 P301（打开进料泵 P301 进口阀 Q301、出口阀 J301）开始部分回流操作。

⑦ 启动精制塔顶采出泵 P302（打开采出泵 P302 进口阀 Q302、出口阀 J302），开始向喷射混合器 J201 出料，同时适当降低精制塔回流泵 P303 的流量，回流比控制在 2～3 左右。

⑧ 打开乙酸乙酯产品冷凝器 E304 冷却水阀门，导通产品输出管路，开始产出成品乙酸乙酯到产品贮槽 V301，观察 V301 液位 LI14 和产品进口温度 TIC16。

5. 水解工段

① 启动产品泵 P304（打开产品泵 P304 进口阀 Q304、出口阀 J304）、回收液泵 P401（打开回收液泵 P401 进口阀 Q401、出口阀 J401）和回收水泵 P204（打开回收水泵 P204 进口阀 Q204、出口阀 J204），向乙酸乙酯水解反应器 R401 内进料。

② 水解反应器的液位 LI15 达到 750mm 后，打开水解反应器 R401 电加热开关，并将加热温度设定在 120℃。

③ 当 R401 内温度 TIC17 开始升高时打开水解产品冷凝器 E401 冷却水，产品进入水解产品贮槽 V402，观察 V402 的液位 LI16 和产品进口温度 TI18 的变化。

④ 启动水解塔进料泵 P402（打开水解塔进料泵 P402 进口阀 Q402、出口阀 J402）向水解塔 T401 内进料，同时打开水解塔进料预热器 E402 电加热开关，控制进料温度 TIC19，待水解塔 T401 的塔釜液位 LIC18 达到 400mm 时，关闭进料泵 P402（关闭水解塔进料泵 P402 进口阀 Q402、出口阀 J402）和预热器 E402 电加热。

⑤ 开水解塔底再沸器 E404 的电加热开关，逐渐将加热电压调至 360V（在 100V 保持 10min，200V 保持 10min，300V 保持 10min 后到 360V），加热塔釜内原料液。

⑥ 打开冷凝器 E403 冷却水调节阀，通入冷凝水。

⑦ 观察水解塔塔釜液位 LIC18 的变化情况，同时观察塔釜温度 TI22，填料层的温度 TI21，塔顶温度 TIC20 变化，塔釜压力 PI10，塔顶压力 PI09；当塔顶温度 TIC20 开始上升时，将加热电压设定在 250～360V 之间的某一数值。

⑧ 塔顶温度 TIC20 相对稳定时，观察凝液罐 D401 中的液位 LIC19 和冷凝液温度 TI23 的变化，适时启动回流泵 P403（打开回流泵 P403 进口阀 J403A、出口阀 J403B）进行全回流操作，并调节回流流量，使塔顶凝液罐 D401 的液位 LIC19 稳定在 200～400mm 之间的某一值。

⑨ 稳定半小时后，重新启动水解塔进料泵 P402（打开水解塔进料泵 P402 进口阀 Q402、出口阀 J402）开始部分回流操作。

⑩ 打开水解塔顶采出泵 P404（打开采出泵 P404 进口阀 J404A、出口阀 J404B），开始出料到水解乙醇贮槽 V404，观察水解乙醇液位 LI20，同时适当降低水解塔回流泵 P403 的流量，回流比控制在 2～3 左右。

⑪ 最后塔釜水解乙酸自流到水解乙酸贮槽 V403，观察贮槽液位 LI17。

八、安全生产技术

（一）使用、产生有毒有害物质的有关参数

1. 乙醇

（1）健康危害

本品为中枢神经系统抑制剂。首先引起兴奋，随后抑制。

急性中毒：急性中毒多发生于口服。一般可分为兴奋、催眠、麻醉、窒息四阶段。患者进入第三或第四阶段，出现意识丧失、瞳孔扩大、呼吸不规律、休克、心力循环衰竭及呼吸停止。

慢性影响：在生产中长期接触高浓度本品可引起鼻、眼、黏膜刺激症状，以及头痛、头晕、疲乏、易激动、震颤、恶心等。长期酗酒可引起多发性神经病、慢性胃炎、脂肪肝、肝硬化、心肌损害及器质性精神病等。皮肤长期接触可引起干燥、脱屑、皲裂和皮炎。

乙醇具有成瘾性及致癌性，但乙醇并不是直接导致癌症的物质，而是致癌物质普遍溶于乙醇。在中国传统医药观点上，乙醇有促进人体吸收药物的功能，并能促进血液循环，治疗虚冷症状。药酒便是依照此原理制备出来的。

（2）燃爆危险

本品易燃，具刺激性。

（3）危险特性

易燃，其蒸气与空气可形成爆炸性混合物，遇明火、高热能引起燃烧爆炸。与氧化剂接触发生化学反应或引起燃烧。在火场中，受热的容器有爆炸危险。其蒸气比空气重，能在较低处扩散到相当远的地方，遇火源会着火回燃。

（4）急救措施

皮肤接触：脱去污染的衣物，用肥皂水和清水彻底冲洗皮肤。

眼睛接触：提起眼睑，用流动清水或生理盐水冲洗。就医。

吸入：迅速脱离现场至空气新鲜处。保持呼吸道通畅。如呼吸困难，给输氧。如呼吸停止，立即进行人工呼吸。就医。

食入：饮足量温水，催吐。就医。

（5）防护措施

工程控制：密闭操作，加强通风。

呼吸系统防护：空气中浓度较高时，应该佩戴自吸过滤式防尘口罩。必要时，建议佩戴自给式呼吸器。

眼睛防护：戴化学安全防护眼镜。

身体防护：穿胶布防毒衣。

手防护：戴橡胶手套。

其他防护：工作完毕，淋浴更衣。保持良好的卫生习惯。

2. 乙酸

（1）健康危害

侵入途径：吸入、食入、经皮肤吸收。

健康危害：吸入后对鼻、喉和呼吸道有刺激性。对眼有强烈刺激作用。皮肤接触，轻者出现红斑，重者引起化学灼伤。误服浓乙酸，口腔和消化道可产生糜烂，重者可因休克而致死。

慢性影响：眼睑水肿、结膜充血、慢性咽炎和支气管炎。长期反复接触，可致皮肤干燥、脱脂和皮炎。

（2）毒理学资料及环境行为

毒性：属低毒类。

急性毒性：LD_{50}为3530mg/kg（大鼠经口），1060mg/kg（兔经皮）；LC_{50}为5620ppm，1小时（小鼠吸入）；人经口1.47mg/kg，最低中毒量，出现消化道症状；人经口20～50g，致死剂量。

亚急性和慢性毒性：人长期（7～12年）吸入200～490mg/m^{3}乙酸，会产生眼睑水肿，结膜充血，慢性咽炎，支气管炎等症状。

致突变性：微生物致突变：大肠杆菌300ppm（3h）。姊妹染色单体交换：人淋巴细胞5mmol/L。

生殖毒性：大鼠经口最低中毒剂量（TDL0）为700mg/kg（18d，产后），对新生鼠行为有影响。大鼠睾丸内最低中毒剂量（TDL0）为400mg/kg（1d，雄性），对雄性生育指数有影响。

危险特性：其蒸气与空气形成爆炸性混合物，遇明火、高热能引起燃烧爆炸。与强氧化剂可发生反应。

燃烧（分解）产物：一氧化碳、二氧化碳。

（3）急救措施

皮肤接触：皮肤接触先用水冲洗，再用肥皂彻底洗涤。

眼睛接触：眼睛受刺激用水冲洗，严重的须送医院诊治。

吸入：若吸入蒸气应使患者脱离污染区，安置休息并保暖。

食入：误服立即漱口，给予催吐剂催吐，急送医院诊治。

（4）防护措施

呼吸系统防护：空气中浓度超标时，应佩戴防毒面具。

眼睛防护：戴化学安全防护眼镜。

手防护：戴橡皮手套。

其他：工作后，淋浴更衣，不要将工作服带入生活区。

3. 浓硫酸

（1）健康危害

对皮肤、黏膜等组织有强烈的刺激和腐蚀作用。蒸气或雾可引起结膜炎、结膜水肿、角膜混浊，以致失明；引起呼吸道刺激，重者发生呼吸困难和肺水肿；高浓度引起喉痉挛或声门水肿而窒息死亡。口服后引起消化道烧伤以致溃疡形成；严重者可能有胃穿孔、腹膜炎、肾损害、休克等。皮肤灼伤轻者出现红斑、重者形成溃疡，愈后瘢痕收缩影响功能。溅入眼内可造成灼伤，甚至角膜穿孔、全眼炎以至失明。慢性影响：牙齿酸蚀症、慢性支气管炎、肺气肿和肺硬化。

（2）环境危害

对环境有危害，对水体和土壤可造成污染。

（3）燃爆危险

本品助燃，具强腐蚀性、强刺激性，可致人体灼伤。

（4）短期过量暴露的影响

吸入：吸入高浓度的硫酸酸雾能产生上呼吸道刺激症状，严重者发生喉头水肿、支气管炎甚至肺水肿。

眼睛接触：溅入硫酸后引起结膜炎及水肿，角膜混浊以至穿孔。

皮肤接触：局部刺痛，皮肤由潮红转为暗褐色。

口服：误服硫酸后，口腔、咽部、胸部和腹部立即有剧烈的灼热痛，唇、口腔、咽部均见灼伤以致形成溃疡，呕吐物及腹泻物呈黑色血性，胃肠道穿孔。口服浓硫酸致死量约为5mL。

（5）人身防护

吸入：硫酸雾浓度超过暴露限值，应佩戴防酸型防毒口罩。

眼睛：带化学防溅眼镜。

皮肤：戴橡胶手套，穿防酸工作服和胶鞋。工作场所应设安全淋浴和眼睛冲洗器具。

（6）急救措施

吸入：将患者移离现场至空气新鲜处，有呼吸道刺激症状者应吸氧。

眼睛：张开眼睑用大量清水或2%碳酸氢钠溶液彻底冲洗。

皮肤：用大量清水冲洗20min以上。

口服：立即用氧化镁悬浮液、牛奶、豆浆等内服。

注：所有患者应请医生或及时送医疗机构治疗。

4. 乙酸乙酯

（1）健康危害

对眼、鼻、咽喉有刺激作用。高浓度吸入可引起麻醉作用，急性肺水肿，肝、肾损害。持续大量吸入，可致呼吸麻痹。误服者可产生恶心、呕吐、腹痛、腹泻等症状。有致敏作用，因血管神经障碍而致牙龈出血；可致湿疹样皮炎。慢性影响：长期接触本品有时可致角膜混浊、继发性贫血、白细胞增多等。

(2) 燃爆危险

本品易燃，具刺激性，具致敏性。

(3) 危险特性

易燃，其蒸气与空气可形成爆炸性混合物，遇明火、高热能引起燃烧爆炸。与氧化剂接触猛烈反应。其蒸气比空气重，能在较低处扩散到相当远的地方，遇火源会着火回燃。

(4) 急救措施

皮肤接触：皮肤接触先用水冲洗，再用肥皂彻底洗涤。

眼睛接触：眼睛受刺激用水冲洗，严重的须送医院诊治。

吸入：若吸入蒸气需使患者脱离污染区，安置休息并保暖。

食入：误服立即漱口，给予催吐剂催吐，急送医院诊治。

(5) 防护措施

呼吸系统防护：空气中浓度超标时，应佩戴防毒面具。

眼睛防护：戴化学安全防护眼镜。

手防护：戴橡皮手套。

其他：工作后，淋浴更衣，不要将工作服带入生活区。

(二) 危险化学品的安全管理

① 岗位人员必须熟知物品的危险性质，预防措施。

② 岗位上必须配备相应的安全消防设施和防护器材。

③ 储存和保管化学危险品必须进行验收登记，并定期检查。

④ 储存化学危险物品的场所必须有泄漏报警设施。

⑤ 化学危险物品不准超量充装，流速不得大于规定值。

⑥ 装卸和运输化学危险物品要轻拿轻放，防止撞击、摩擦、拖拉、重压和倾倒。

⑦ 岗位人员要精心操作，按时巡检，发现泄漏及时进行处理。

⑧ 发生泄漏事故时要正确选用防护用具和用品，防止中毒窒息。

⑨ 发生事故时本着先救人后救灾的原则。

⑩ 发生事故后要及时清理残留物，减少环境污染。

(三) 可能发生的事故及处理预案

1. 塔顶温度的变化

本装置造成塔顶温度变化的原因主要有进料浓度的变化，进料量的变化，回流量与温度的变化和再沸器加热量的变化。

稳定操作过程中，塔顶温度上升的处理措施有：

① 检查回流量是否正常，如是回流泵的故障，及时报告指导教师进行处理；如回流量变小，要检查塔顶冷凝器是否正常，对于水冷装置，发现冷凝器工作不正常，一般是冷凝水供水管线上的阀门故障，此时可以打开与电磁阀并联的备用阀门；如是一次水管网供水中断，及时报告指导教师进行处理。

② 分别检查乙醇的进料量和乙酸的进料量，如发现进料发生了变化，及时报告指导教师，同时检测进料浓度，根据浓度的变化调整进料板的位置和再沸器的加热量。

③ 当进料量减小很多，如再沸器的加热量不变，经过一段时间后，塔顶温度会上升，此时可以将进料量调整回原值或减小再沸器的加热量。

④ 当塔顶压力升高后，在同样操作条件下，会使塔顶温度升高，应降低塔顶压力为正常操作值。

待操作稳定后，记录实训数据；继续进行其他实训。

稳定操作过程中，塔顶温度下降的处理措施有：

① 检查回流量是否正常，适当减小回流量加大采出量。检查塔顶冷凝液的温度是否过低，适当提高回流液的温度。

② 分别检查乙醇的进料量和乙酸的进料量，如发现进料发生了变化，及时报告指导教师，同时检测进料浓度，根据浓度的变化调整进料板的位置和再沸器的加热量。

③ 当进料量增加很多，如再沸器的加热量不变，经过一段时间后，塔顶温度会下降，此时可以将进料量调整回原值或加大再沸器的加热量。

④ 当塔顶压力减低后，在同样操作条件下，会使塔顶温度下降，应提高塔顶压力为正常操作值。

2. 液泛或漏液

当塔底再沸器加热量过大、进料轻组分过多可能导致液泛。处理措施为：

① 减小再沸器的加热电压，如产品不合格停止出料和进料；

② 检测进料浓度，调整进料位置和再沸器的加热量。

当塔底再沸器加热量过小、进料轻组分过少或温度过低可能导致漏液。处理措施为：

① 加大再沸器的加热电压，如产品不合格停止出料和进料；

② 检测进料浓度和温度，调整进料位置和温度，增加再沸器的加热量。

（四）工业卫生和劳动保护

进入化工单元实训基地后必须穿戴劳防用品：在指定区域正确戴上安全帽，穿上安全鞋，在任何作业过程中均需佩戴安全防护眼镜和合适的防护手套。无关人员不得进入化工单元实训基地。

（1）动设备操作安全注意事项

① 启动电动机，上电前先用手转动一下电机的轴，通电后，立即查看电机是否已转动；若不转动，应立即断电，否则电机很容易烧毁。

② 检查柱塞计量泵润滑油油位是否正常。

③ 检查冷却水系统是否正常。

④ 确认工艺管线，工艺条件正常。

⑤ 启动电机后看其工艺参数是否正常。

⑥ 观察有无过大噪声，振动及松动的螺栓。

⑦ 观察有无泄漏。

⑧ 电机运转时不可接触转动件。

（2）静设备操作安全注意事项

① 操作及取样过程中注意防止静电产生。

② 装置内的塔、罐、储槽在需清理或检修时应按安全作业规定进行。

③ 容器应严格按规定的装料系数装料。

（3）安全技术

进行实训之前必须了解室内总电源开关与分电源开关的位置，以便出现用电事故时及时切断电源；在启动仪表柜电源前，必须清楚每个开关的作用。

设备配有温度、液位等测量仪表，一旦出现异常将发出报警信号并将所获取的测量信息输送至中控机，对相关设备的工作进行集中监视并做适当处理。

由于本实训装置产生蒸汽，因此凡是有蒸汽通过的地方都有烫伤的可能，尤其是保温层没有覆盖的地方更应注意。尤其不能站在再沸器旁边以免烫伤。

不能使用有缺陷的梯子，登梯前必须确保梯子支撑稳固，面向梯子上下并双手扶梯，一人登梯时要有同伴护稳梯子。

(4) 防火措施

乙醇、乙酸乙酯属于易燃易爆品，操作过程中要严禁烟火。尤其是当塔顶温度升高时，要时刻注意塔顶冷凝器的放风口处是否有白色雾滴出现。

① 消防器材要达到齐全、好用，做到人人会使用。

② 认真执行工艺纪律及冬季操作法，搞好春季防火和冬季防冻。加强检查，确保安全生产。

③ 禁止用汽油及轻烃擦洗设备。

④ 动火必须按厂区动火规定进行。

⑤ 无施工方案及事故预案，不准任意拆卸盲板或动用新设备。

⑥ 禁止穿带有铁钉的鞋及化纤衣物进入装置。

⑦ 在装置内禁用不防爆的通讯器材。

⑧ 发现火情时，根据火源及火势立即做出正确的判断并决定是否报火警（119）。

⑨ 确保消防水系统的备用和报警器材的完好在用状态，定期进行演练和试用。

(5) 行为规范

① 不准吸烟。

② 保持实训环境的整洁。

③ 不准从高处乱扔杂物。

④ 不准随意坐在灭火器箱、地板和教室外的凳子上。

⑤ 非紧急情况下不得随意使用消防器材（训练除外）。

⑥ 不得靠在实训装置上。

⑦ 在实训基地、教室里不得打骂和嬉闹。

⑧ 使用好的清洁用具按规定放置整齐。

附录

附录 1　乙酸乙酯-乙醇-水体系相图（见图 9-30）

计算条件：Pressure：101325N/SQM

Envelope Type：Vapor-Liquid-Liquid

VLE/VLLE Model：NRTL-HOC

LLE Model：NRTL-HOC

Valid Phases：Vapor-Liquid-Liquid

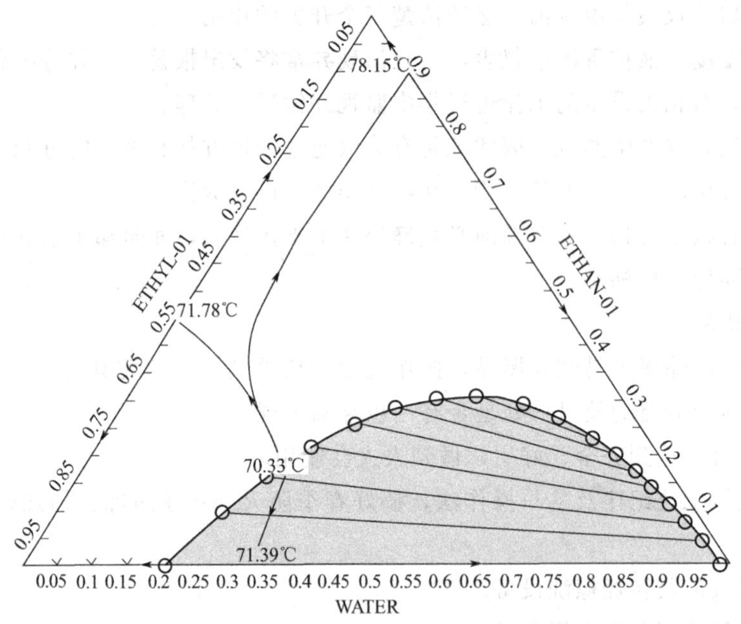

图 9-30　乙酸乙酯-乙醇-水三元相图

附录 2　体系共沸物及组成（见表 9-15）

表 9-15　共沸物及其组成（101.3kPa）

纯物质沸点		
名称		沸点
乙酸乙酯		77.20℃
乙醇		78.31℃
水		100.02℃
乙酸乙酯-乙醇共沸物 共沸点 71.78℃		
名称	物质的量组成	质量组成
乙酸乙酯	0.5524	0.7024
乙醇	0.4476	0.2976
乙酸乙酯-乙醇-水共沸物 共沸点 70.33℃		
名称	物质的量组成	质量组成
乙酸乙酯	0.5403	0.7864
乙醇	0.1658	0.1262
水	0.2939	0.0875
乙酸乙酯-水共沸物 共沸点 71.39℃		
名称	物质的量组成	质量组成
乙酸乙酯	0.6731	0.9097
水	0.3269	0.0903
乙醇-水共沸物 共沸点 78.15℃		
名称	物质的量组成	质量组成
乙醇	0.8952	0.9562
水	0.1048	0.0438

参 考 文 献

[1] 王训遒，宁卓远，高健. 煤制甲醇半实物仿真实训教程. 北京：中国石化出版社，2015.

[2] 薛金辉. 煤化工专业实训指导. 北京：化学工业出版社，2005.

[3] 李霞. 生物化工实训指导. 天津：天津大学出版社，2007.

[4] 卢正. 建筑工程测量实训指导. 第2版. 北京：科学出版社，2005.

[5] 董应学. 机械拆装实训指导. 武汉：华中师范大学出版社，2011.

[6] 杨惠英，王玉坤. 机械制图. 北京：清华大学出版社，2010.

[7] 申小颂. 工程制图. 北京：机械工业出版社，2013.

[8] 周文玲. 互换性与测量技术. 北京：机械工业出版社，2013.

[9] 李正峰，蒋利强. 机械设计基础. 北京：化学工业出版社，2015.

[10] 成大先. 机械设计手册. 北京：化学工业出版社，2010.